Basistextseite

① Einstiegskasten

Hier wird dir gezeigt, mit welchem Inhalt sich diese Seite beschäftigt.

② Lernwörterbox

Die wichtigsten Begriffe werden hier für dich gesammelt. Viele von ihnen findest du außerdem im Lexikon.

③ Merk dir!

Die wichtigsten Inhalte werden am Ende der Seite für dich zusammengefasst.

④ Arbeitsaufträge

Leichte (grün) und schwierigere (rot) Arbeitsaufträge unterstützen dich beim selbstständigen Lernen und helfen dir, Wissen anzueignen und anzuwenden.

Natur und Technik

Biologie

Grundausgabe
Nordrhein-Westfalen

1

Cornelsen

Natur und Technik
Biologie

Autorinnen und Autoren: Monika Bartels-Eder, Ebenhausen; Ekkehard Darge, Kassel; Elke Bauer, Bochum; Susanne Heise, Leipzig; Michael Jütte, Dortmund; Anja Jütz, Berlin; Dr. Walter Kleesattel, Schwäbisch Gmünd; Cornelia Pätzelt, Borgholzhausen; Dr. Jutta Rach, Münster; Ulrike Reinold, Vaterstetten; Dr. Julia Schwanewedel, Kassel; Karl-Heinz Werner, Klein Nordende

Bearbeiterinnen und Bearbeiter: Michael Jütte, Dortmund; Cornelia Pätzelt, Borgholzhausen; Dr. Jutta Rach, Münster

Auf Basis der Herausgeberschaft von Prof. Dr. Corinna Hößle beim Vorgängerband.

Der Aufbau dieses Buches folgt dem Kernlehrplan für das Fach Biologie des Ministeriums für Schule und Weiterbildung des Landes Nordrhein-Westfalen, in Kraft gesetzt zum 01.08.2011.

Die Abfolge der Inhaltsfelder ist nicht starr, sondern kann durch die Fachkonferenzen didaktisch begründet verändert werden. Deshalb sind nicht alle im Buch angegebenen Beispiele obligatorisch zu behandeln. So ist innerhalb der Inhaltsfelder „Tiere und Pflanzen in Lebensräumen" und „Tiere und Pflanzen im Jahresverlauf" eine lehrplankonforme Auswahl durch die Fachkonferenzen vorzunehmen.

Redaktion: Christine Amling, Dr. Astrid Kalenberg, Ulrike Reinold

Berater: Hans Tüllmann, Münster; Franz Walz, Billigheim

Bildrecherche: Kathrin Kretschmer, Berlin

Illustration und Grafik: diGraph, Lahr; Peter Hesse, Berlin; Kurt Krischke, Marbach; Jörg Mair, München; Karin Mall, Berlin; Heike Möller, Rödental; Lutz-Erich Müller, Leipzig; Hans Wunderlich, Berlin

Designberatung: Ellen Meister

Layoutkonzept: Rosendahl Grafikdesign, Berlin
Technische Umsetzung: Rosendahl Grafikdesign, Berlin; zweiband.media, Berlin
Umschlaggestaltung: SOFAROBOTNIK GbR, Augsburg und München

www.cornelsen.de

1. Auflage, 1. Druck 2012

Alle Drucke dieser Auflage sind inhaltlich unverändert und können im Unterricht nebeneinander verwendet werden.

Druck: Stürtz GmbH, Würzburg

ISBN 978-3-06-014838-7

Inhalt gedruckt auf säurefreiem Papier aus nachhaltiger Forstwirtschaft.

Inhalt

Kennzeichen der Lebewesen ... 8
Rennmäuse im Haus und im Freiland ... 10
Sind auch Pflanzen Lebewesen? ... 12
Der Mensch als Lebewesen ... 14
Kennzeichen der Lebewesen ... 16
Methode Beobachten mit dem Mikroskop ... 18
Alle Lebewesen bestehen aus Zellen ... 20
Aktion Zellen – bunt und vielgestaltig ... 22
Zusammenfassung ... 24
Test ... 26

Was lebt in meiner Nachbarschaft? ... 28
Lebensräume überall ... 30
Lebensraum Baum ... 32
Methode Blätter sammeln und ordnen ... 34
Hecke – ein vielfältiger Lebensraum ... 36
Wer lebt in der Hecke? ... 38
Insekten – die große Welt der Kleinen ... 40
Methode Wir bestimmen Insekten ... 44
Aktion Wir erfassen einen Lebensraum ... 46
Geh mir aus dem Weg! ... 48
Der Kreislauf der Stoffe in einer Hecke ... 50
Tier- und Pflanzenschutz ... 52
Projekt Wir tun etwas für Tiere und Pflanzen ... 54
Zusammenfassung ... 56
Test ... 58

Tiere in ihren Lebensräumen 60
Leben unter Wasser – Fische 62
Lurche führen ein Doppelleben 66
Kriechtiere mögen es trocken und warm 70
Vögel beobachten 74
Wie Vögel fliegen 76
Das Vogeljahr 78
Projekt Vögel im Herbst und Winter 80
Überleben in schwierigen Zeiten 82
Methode Wir führen eine Internetrecherche durch 84
Methode Umgang mit Tabellen und Diagrammen 86
Warum frieren Eisbär und Pinguin nicht? 88
Leben in der Wüste 90
Fächerübergreifendes Projekt Wärme in der Natur und in der Technik 92
Vielfalt lässt sich ordnen 96
Wirbeltiere und Wirbellose im Vergleich 98
Aktion Wirbeltiere – ganz verschieden und doch ähnlich 100
Zusammenfassung 102
Test 104

Pflanzen in ihren Lebensräumen 106
Die Pflanze besteht nicht nur aus Blättern 108
Solarfabrik Pflanze 112
Aktion Was brauchen Pflanzen zum Leben? 114
Blüten – mehr als nur schön anzusehen 116
Methode Wie bestimmt man Pflanzen? 118
Pflanzenfamilien 120
Wie kommt die Kirsche an den Baum? 122
Wie kommt der Löwenzahn auf die Mauer? 124
Vom Samen zum Baum 126
Vermehrung ohne Samen 128
Methode Experimente durchführen 130
Pflanzen verändern sich im Jahr 132
Zusammenfassung 134
Test 136

Nutztiere und Nutzpflanzen . . . 138
Vom Wildtier zum Haustier . . . 140
So kam der Mensch auf den Hund . . . 142
Methode Wir fertigen einen Steckbrief an . . . 144
Ein Hund als Haustier . . . 146
Die Katze – ein Schleichjäger . . . 148
Wie Katzen Junge bekommen . . . 150
Das Rind liefert uns Milch und Fleisch . . . 152
Rinder sind Wiederkäuer . . . 154
Haltung von Nutztieren . . . 156
Aktion Rund um Haustiere . . . 158
Wir vergleichen und ordnen Säugetiere . . . 160
Pflanzen für unsere Ernährung . . . 162
Magazin Wichtige Nutzpflanzen der Welt . . . 164
Magazin Berufe rund um Tiere und Pflanzen . . . 166
Zusammenfassung . . . 168
Test . . . 170

Gesundheitsbewusstes Leben 172
Ohne Energie läuft nichts! 174
Was steckt in unserer Nahrung? 176
Aktion Wir untersuchen Lebensmittel 178
Was passiert mit dem Frühstücksbrötchen? 180
Pizza, Pommes, Schokolade – alles verboten? 182
Projekt Wie gehe ich mit meinem Körper um? 184
Gesunde Zähne 186
Stabil und doch beweglich 188
Bewegung durch Muskelkraft 190
Methode Wir arbeiten mit einem Modell 192
Ganz schön biegsam 194
Aktion Wie fit bist du? 196
Immer in Aktion! 198
Unsere Atmung 200
Das Herz als Kreislaufmotor 202
Zusammensetzung und Aufgaben des Blutes 204
Projekt Immer gut drauf – auch ohne Alkohol und Zigaretten! 206
Zusammenfassung 208
Test 210

Sinne und Wahrnehmung 212
Wahrnehmung mit den Sinnesorganen 214
Aktion Mit allen Sinnen 216
Schau mir in die Augen 218
Das Auge erzeugt Bilder 220
Aktion Versuche zum Auge 222
Mit den Ohren auf Schallempfang 224
Gefahren für Ohren und Augen 226
Starke Verpackung mit vielen Aufgaben – die Haut 228
Die Supersinne der Tiere 232
Unser Nervensystem 234
Zusammenfassung 236
Test 238

Wachsen und Erwachsenwerden 240
Was ist los mit mir? 242
Vom Jungen zum Mann 244
Vom Mädchen zur Frau 246
Vom Ja- und Neinsagen 248
Beim ersten Mal kann doch nichts passieren – oder? 250
Wie entsteht ein Baby? 252
Geburt und Entwicklung eines Kindes 254
Vom Säugling zum Schulkind 256
Zusammenfassung 258
Test 260

Anhang 262
Test Lösungen 262
Lexikon 266
Register 274
Bildnachweis 280

Kennzeichen der Lebewesen

Vorsichtig kommt die Rennmaus aus ihrem Schlafhäuschen. Jetzt richtet sie sich halb auf, schaut umher und putzt sich. Sie sieht eine Karotte und nagt daran. Gleich darauf rennt sie zurück in ihr Haus – irgendetwas hat sie erschreckt. Eine Rennmaus ist natürlich ein Lebewesen. Oft ist es leicht, ein Lebewesen zu erkennen. Manchmal ist das aber auch schwierig. Der Biologe kann anhand von bestimmten Kennzeichen erkennen, ob es sich um ein Lebewesen handelt oder nicht. Diese Kennzeichen lernst du hier kennen.

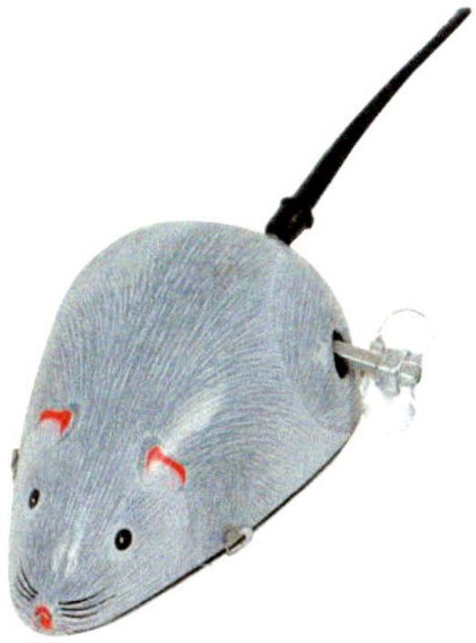

1 Rennmaus und Spielzeugmaus sehen auf den ersten Blick recht ähnlich aus. Findest du Unterschiede zwischen den beiden? (Siehe Seite 11.)

2 Die Venusfliegenfalle reagiert auf Berührung. Bedeutet das, dass Pflanzen Lebewesen sind? (Siehe Seite 12.)

3 Der Pullover passt nicht mehr. Bist du schon wieder gewachsen? (Siehe Seite 14.)

4 Es gibt Lebewesen und Gegenstände. Woran kann man sie unterscheiden? (Siehe Seite 16.)

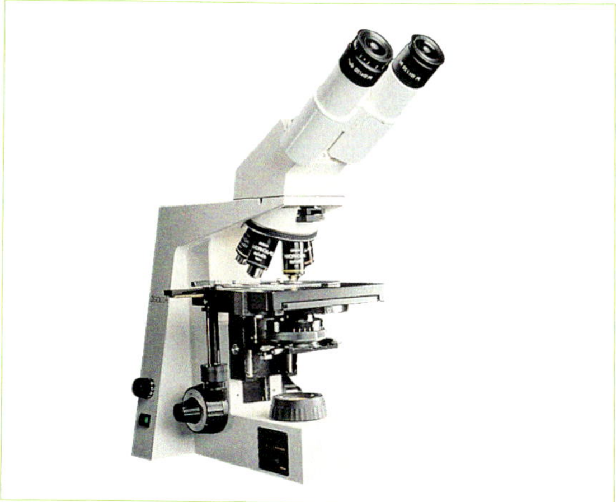

5 Viele Dinge sind mit dem bloßen Auge nicht mehr zu erkennen. Wie lässt sich die Welt des Kleinen erkunden? (Siehe Seite 18.)

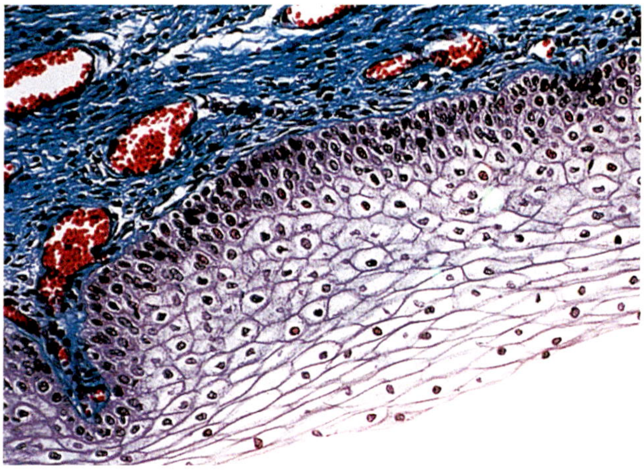

6 Alle Lebewesen bestehen aus Zellen. Welche Gemeinsamkeiten und Unterschiede gibt es zwischen Pflanzen und Tieren? (Siehe Seite 20.)

Jeder aus der Klasse will unbedingt Ronny streicheln. Ronny ist die zutraulichste Rennmaus im Käfig auf der Fensterbank im Biologiesaal.
Wie groß sind Rennmäuse? Was und wie fressen sie? Wie verhalten sich Rennmäuse?

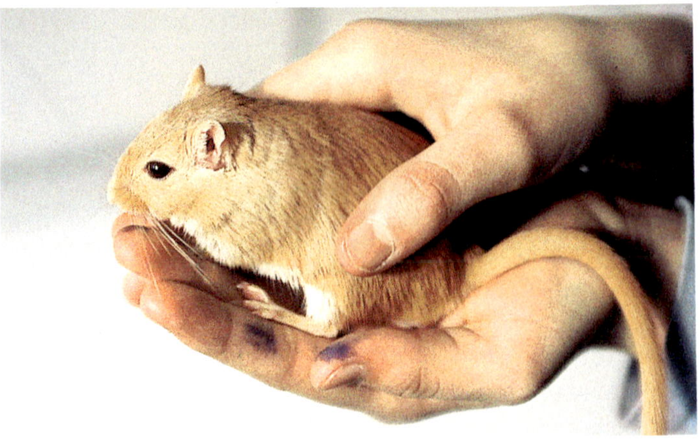

1 So trägt man eine Rennmaus.

Rennmäuse im Haus und im Freiland

Die Heimat der Rennmaus

Die Mongolische **Rennmaus** stammt aus den trockenen Steppen Zentralasiens. → 2 Dort wird es im Sommer oft bis zu 35 °C heiß. Die Winter sind bis – 40 °C kalt.

Lebensweise

Rennmäuse leben in Familien zusammen. Sie können gut laufen, klettern und springen. Immer wieder richten sie sich auf ihren Hinterbeinen auf und sichern die Umgebung ab. Unter Wurzeln von Sträuchern und Gräsern legen sie ausgedehnte Gangsysteme an.

2 Rennmaus im Freiland

Nahrung

Die Rennmaus frisst Gräser, Blätter, Früchte und Wurzeln, aber auch Insekten und Würmer. Das Wasser, das in der Nahrung enthalten ist, reicht den Tieren aus. Sie brauchen also nicht zu trinken. Dies ist eine Angepasstheit an den trockenen Lebensraum der Rennmaus. In der Steppe findet man keine freien Wasserstellen.

Feinde

Greifvögel, Schlangen und Wüstenfüchse machen Jagd auf Rennmäuse. Sobald eine Rennmaus einen Feind erkennt, rennt sie schnell zum Baueingang. Durch Trommeln mit den Hinterbeinen warnt sie die anderen Familienmitglieder.

Fortpflanzung

Rennmäuse vermehren sich rasch. Die Jungtiere entwickeln sich im Mutterleib. Bei der Rennmaus dauert die Tragzeit 23 bis 26 Tage. Dann gebären die Weibchen bis zu 12 Junge. → 3

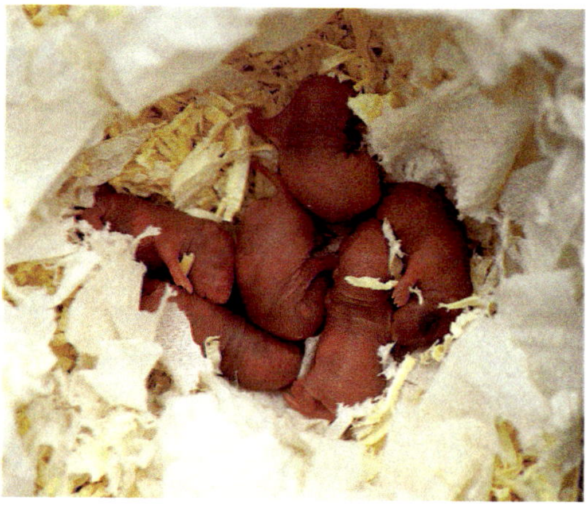

3 Neugeborene Rennmäuse im Nest

4 Drei Wochen alte Rennmäuse

Säugen

Bei der Geburt sind die Jungen nackt und blind. Sie suchen sofort die Zitzen der Mutter, um daran zu saugen. Zitzen sind die Austrittsöffnungen der Muttermilch. Die Mutter säugt ihre Jungen mit Muttermilch.

Entwicklung

Erst nach einer Woche beginnen die Haare zu wachsen. Bis das Fell dicht ist, vergeht eine weitere Woche. → 4 Nach etwa 5 bis 6 Wochen entwöhnt sie die Mutter von der Milch. Von nun an müssen die Jungen Körner, Samen und Früchte nagen.

→ Merk dir! Rennmäuse leben über und unter der Erde. Sie ernähren sich von Früchten und Körnern. Die Jungen werden von der Mutter gesäugt.

Arbeitsaufträge

1. Damit Ronny sich wohlfühlt, muss der Käfig so ausgestattet sein, dass er dem natürlichen Lebensraum ähnelt. Lies dazu noch einmal den Text.
- **a** Nenne die Dinge, die Ronny in seinem Käfig unbedingt braucht.
- **b** Fertige eine Zeichnung an, die deinen Käfig zeigt.

2. Vergleiche alle abgebildeten „Mäuse". → 5 Prüfe sie dabei auf die nebenstehenden Kennzeichen. Trage die Ergebnisse in eine Tabelle in dein Heft ein.

Kennzeichen:
Bewegung?
Ernährung?
Wachstum?
Reaktion auf Reize?
Fortpflanzung?

5 Verschiedene „Mäuse"

**Eine Pflanze rennt nicht flink umher wie eine Rennmaus. Sie schnüffelt nicht an der Futterschale und frisst keine frischen Möhren. Eine Pflanze säugt auch keine Jungen.
Sind Pflanzen trotzdem Lebewesen?**

1 Ackerwinde

Sind auch Pflanzen Lebewesen?

Die Rosskastanie im Stadtpark

Der große Baum ist aus einem Samen entstanden, der von einer anderen Rosskastanie abgefallen ist (Fortpflanzung). → 2 Im Laufe von vielen Jahren ist der Baum herangewachsen (Wachstum). Jedes Jahr bildet er Blätter, die im Herbst abfallen (Stoffwechsel). → 3 Wenn sich im nächsten Frühjahr die Knospen öffnen, wenden sich die jungen Blätter dem Licht zu (Reizbarkeit). → 4, 5

2 Rosskastanie

3 Blätter der Rosskastanie

4 Knospen der Rosskastanie

5 Blüten der Rosskastanie

6 Ackerwinde durchbricht den Asphalt.

7 Kennzeichen der Ackerwinde

Die Ackerwinde keimt und wächst

Durch ein Loch im Asphalt wächst eine Ackerwinde. → 6 Bevor der Asphalt aufgetragen wurde, hatte der Wind Samen herangetragen. Unter der Asphaltdecke konnte der Samen keimen. Nun durchbricht die junge Pflanze den Asphalt und gelangt dabei ans Licht. Im Laufe des Sommers wird sie immer weiterwachsen und sich dabei verzweigen. Findet die Ackerwinde eine Stütze, klettert sie daran empor. → 7

Auch bei allen anderen **Pflanzen** kannst du die Kennzeichen des Lebens entdecken. Pflanzen gehören daher zu den Lebewesen wie die Tiere.

> → Merk dir! Auch Pflanzen sind Lebewesen. Sie zeigen die Kennzeichen des Lebens: Bewegung, Stoffwechsel, Reizbarkeit, Wachstum und Entwicklung sowie Fortpflanzung – wie die Tiere.

Arbeitsaufträge

1. Betrachte die Abbildungen 6 und 7 und lies den Text dazu genau durch.
   - **a** Versuche anhand der Abbildungen und des Textes Merkmale herauszufinden, an denen du die Ackerwinde als Lebewesen erkennst. Schreibe zu den Merkmalen jeweils einen Satz in dein Heft.
   - **b** Begründe nun, warum die Pflanze Ackerwinde ein Lebewesen ist.

2. Betrachte das Foto der Rose. → 8
Erkläre, an welchen Merkmalen du feststellen kannst, ob sie echt ist.

8 Echte Rose oder Kunstrose?

Am Sonntag war Familienfest. Oma hatte Geburtstag. Natürlich sagte Opa wie immer, als er die Enkel in den Arm genommen hatte: „Was bist du groß geworden!" Es gab reichlich zu essen. Der Kuchen duftete und munter wurde an der Kaffeetafel geplaudert. Welche Kennzeichen der Lebewesen zeigen die Geburtstagsgäste?

1 Familienfest

Der Mensch als Lebewesen

Menschen zeigen Kennzeichen der Lebewesen

Auf der Erde leben ungefähr 6,6 Milliarden **Menschen**. Sie wohnen auf unterschiedlichen Erdteilen in der Stadt oder auf dem Land. → 2 Aber trotzdem haben sie vieles gemeinsam. Wie du atmen alle Menschen den Sauerstoff der Luft, sie müssen Nahrung zu sich nehmen und trinken. Beim Essen nehmen wir alle Stoffe auf, die wir zum Leben brauchen. Unverdauliche Reste werden ausgeschieden.

Wachsen und Älterwerden

Alle Kinder wachsen und werden älter. Dabei durchlaufen sie verschiedene Wachstums- und Altersstufen. Besonders Kinder sind bei ihrer Entwicklung auf die Hilfe anderer Menschen angewiesen. Man unterscheidet die Entwicklungsstufen Kleinkind, Kind, Jugendlicher und Erwachsener. Viele bekommen im Erwachsenenalter Nachkommen, die ihnen ähneln. So haben viele Kinder die gleiche Augenfarbe wie ihre Mutter oder die Nasenform von ihrem Vater. → 3

2 Menschen – verschieden und doch gleich

3 Familie

4 Mithilfe der Sinnesorgane finden wir uns zurecht.

Sichzurechtfinden

Auch Menschen müssen sich in ihrer Umgebung orientieren können. Wenn wir über eine stark befahrene Straße gehen wollen, helfen uns unsere Augen und unsere Ohren, damit wir uns zurechtfinden. → 4 Bei der Auswahl von Nahrung helfen uns Nase und Zunge.

> → **Merk dir!** Der Mensch nimmt Stoffe auf und scheidet Stoffe aus. Er wächst und bekommt Kinder. Mithilfe von Augen und Ohren findet er sich zurecht. Am Menschen lassen sich also alle Kennzeichen der Lebewesen beobachten: Bewegung, Stoffwechsel, Reizbarkeit, Wachstum und Fortpflanzung.

Arbeitsaufträge

Alle Menschen weisen den gleichen Körperbau auf. Nenne Merkmale, die bei verschiedenen Menschen unterschiedlich sind. → 5, 6

1. Der Mensch ist auf den Kontakt mit anderen Menschen angewiesen. Gib an, wobei du andere Menschen brauchst.
2. Hätte sich Frau Maier bei der Auswahl eines Geschenks nicht für ein Parfüm, sondern für einen Schal oder eine CD entschieden, hätte sie das Geschenk mit anderen Sinnesorganen geprüft. → 7 Beschreibe, mit welchen Sinnesorganen wir unsere Umwelt prüfen.

5 Asiatin

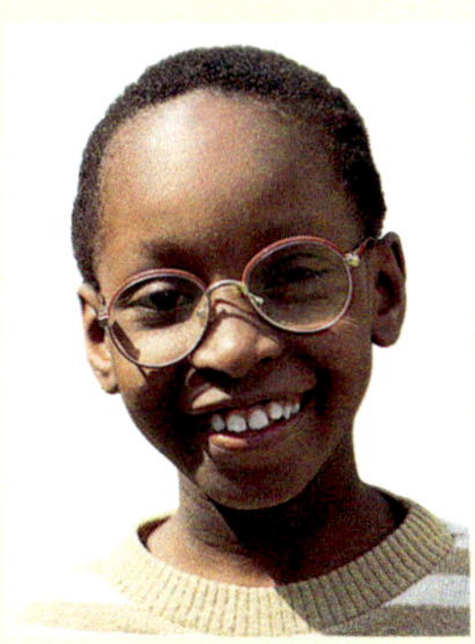

6 Afroamerikaner

7 Bei der Parfümauswahl

Die Puppe von Annas kleiner Schwester ist wie ein richtiges Baby: Sie kann trinken, in die Windel machen, essen und aufs Töpfchen gehen, weinen und quietschen. Sie ist voll beweglich und kann auch gebadet werden. Wenn man ihr ihren Schnuller in den Mund steckt, schließt sie die Augen.
Ist die Puppe ein lebendiges Baby? Woran kannst du ein Lebewesen erkennen?

1 Eine Puppe – fast wie ein richtiges Baby?

Kennzeichen der Lebewesen

Lebewesen und Gegenstände

Anhand von Kennzeichen können Biologen Lebewesen erkennen. Nur wenn alle Kennzeichen vorhanden sind, spricht man von einem Lebewesen. Gegenstände können einzelne Eigenschaften von Lebewesen besitzen, aber nicht alle zusammen.

Bewegung durch eigene Kraft

Rennmäuse können graben, laufen und springen. Die Spielzeugmaus braucht dazu einen Motor. Die Rennmaus bewegt sich durch eigene Muskelkraft. → 2

Reizbarkeit

Beim Rennen hält die Rennmaus immer wieder an, schnuppert und horcht. Willst du sie festhalten, flüchtet sie. Lebewesen können Reize aus der Umwelt aufnehmen und entsprechend reagieren. Lebewesen zeigen **Reizbarkeit**. → 3

Stoffwechsel

Rennmäuse müssen fressen. Sie nehmen ihre Nahrung auf. Aus den in der Nahrung enthaltenen Nährstoffen gewinnen Rennmäuse Energie. Die Nährstoffe werden auch

2 Lebewesen sind durch Bewegung …

3 … und Reizbarkeit gekennzeichnet.

Bewegung
Entwicklung
Fortpflanzung
Reizbarkeit
Stoffwechsel
Vererbung
Wachstum

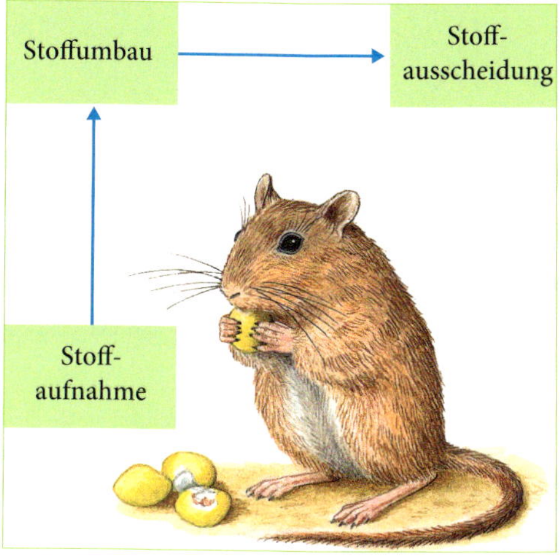

4 Auch Stoffwechsel, Wachstum, Entwicklung, Fortpflanzung und Vererbung kennzeichnen Lebewesen.

als notwendige Baustoffe für das Wachstum benötigt. Die Stoffaufnahme, den Stoffumbau im Körper und das Ausscheiden von nicht verwertbaren Abfallstoffen nennt man **Stoffwechsel.** → 4

Wachstum und Entwicklung

Eine Rennmaus wiegt bei der Geburt etwa drei Gramm. Durch ihren Stoffwechsel wächst sie rasch heran. Während ihrer **Entwicklung** wird sie ihren Eltern immer ähnlicher. Nach drei Wochen kann sie sich selbstständig ernähren. Die aufgenommene Nahrung benötigt die junge Rennmaus, um zu wachsen. Mit etwa zwölf Wochen ist die Rennmaus ausgewachsen.

Fortpflanzung und Vererbung

Nach zwölf Wochen sind Rennmäuse geschlechtsreif. Sie können sich fortpflanzen und nun selbst Junge bekommen. Die Nachkommen gleichen in vielen Eigenschaften ihren Eltern. Diese Eigenschaften werden von den Eltern auf die Nachkommen vererbt.

→ Merk dir! Tiere, Pflanzen und Menschen sind Lebewesen, die sich in folgenden Kennzeichen von den unbelebten Dingen der Natur unterscheiden: Bewegung, Stoffwechsel, Reizbarkeit, Wachstum und Entwicklung sowie Fortpflanzung und Vererbung.

Arbeitsaufträge

1. Sammle Abbildungen von Tieren. Fertige dazu Steckbriefe an, die du im Biologieraum an der Pinnwand befestigst.
2. Entzünde eine Kerze und beobachte die Flamme. Beantworte mithilfe deines Wissens über Kennzeichen von Lebewesen folgende Frage: Lebt die Kerzenflamme?
3. Entscheide, ob es sich bei einem Vogelei um ein Lebewesen handelt, und begründe deine Entscheidung. → 5

5 Vogeleier

Beobachten mit dem Mikroskop

Manche Dinge sind so klein, dass man sie mit dem bloßen Auge kaum oder gar nicht erkennen kann. Diese „Welt der kleinen Dinge“ ist aber größer, als man denkt. Mithilfe eines Mikroskops kannst du viele Geheimnisse dieser Welt erkunden.
Um mit dem Lichtmikroskop arbeiten zu können, musst du seine einzelnen Bestandteile genau kennen und mit ihnen umgehen können.

1 Arbeit mit dem Mikroskop

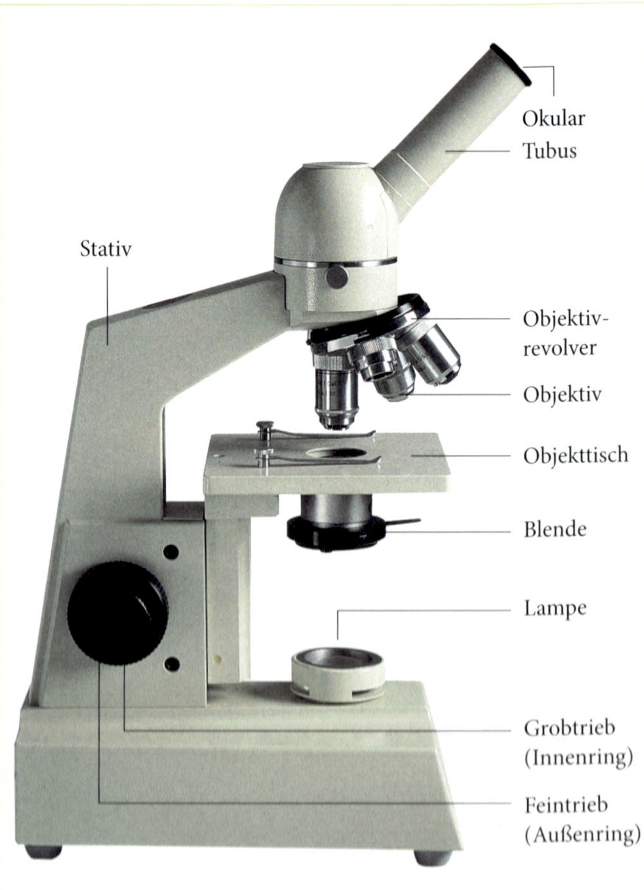

2 Lichtmikroskop

Okular	Es vergrößert das Bild des zu untersuchenden Objekts.
Tubus	Er verbindet Okular und Objektiv.
Objektivrevolver	Durch Drehen des Revolvers werden ein anderes Objektiv und damit eine andere Vergrößerung eingestellt.
Objektiv	Es liefert ein vergrößertes Bild des Objekts. Die Vergrößerung ist umso größer, je länger das Objektiv ist.
Objekttisch	Das zu untersuchende Objekt wird hier abgelegt und mit Halteklammern befestigt.
Blende	Sie reguliert die Helligkeit und den Kontrast des Bildes.
Grobtrieb, Feintrieb	Hiermit lässt sich der richtige Abstand zwischen Objektiv und Objekt einstellen und man erhält ein scharfes Bild.
Lampe	Sie liefert das nötige Licht zur Durchleuchtung des Objekts.
Stativ	An ihm sind die einzelnen Teile befestigt. Das Stativ dient als Tragegriff.

Wie ermittelt man die Vergrößerung des Mikroskops?

Die Zahl auf dem Objektiv gibt an, wievielmal das Bild des Objekts vergrößert wird. Die Zahl auf dem Okular zeigt, wievielmal das Bild zusätzlich durch das Okular vergrößert wird. Wenn du beide Zahlen miteinander multiplizierst, erhältst du die Gesamtvergrößerung.

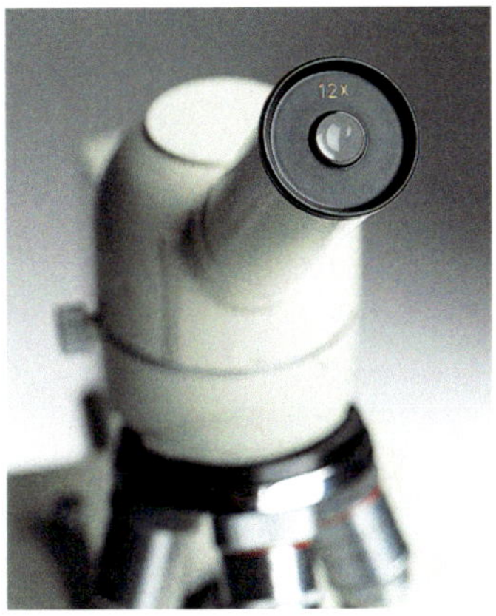

3 Okular

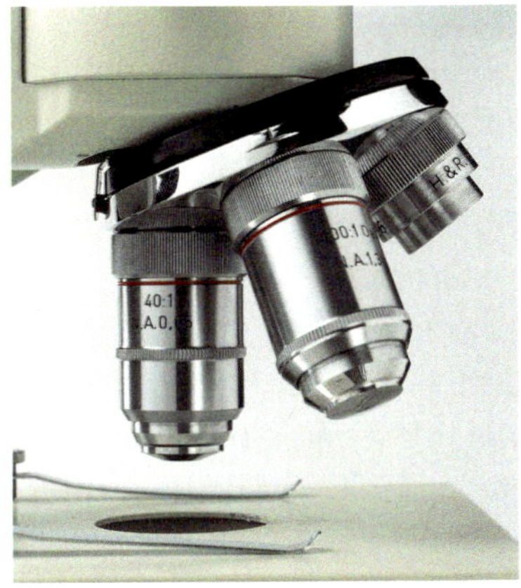

4 Objektiv

Wichtige Schritte beim Mikroskopieren

Schritt 1 Fasse das Mikroskop immer nur am Stativ an und trage es grundsätzlich aufrecht. Berühre die Linsen niemals mit den Fingern. Entferne Schmutz immer mit einem Reinigungstuch.

Schritt 2 Drehe den Objekttisch am Grobtrieb so weit wie möglich nach unten. Lege nun den Objektträger mit deinem Objekt auf den Objekttisch und schiebe ihn unter die Halteklammern. Schalte die Beleuchtung ein.

Schritt 3 Um dein Objekt richtig betrachten zu können, beginne immer mit der kleinsten Vergrößerung, also dem kürzesten Objektiv. Drehe dazu immer am Objektivrevolver, nie am Objektiv selbst.

Schritt 4 Schließe die Blende, während du durch das Okular schaust. Du siehst, wie sich das ausgeleuchtete Feld verkleinert. Den besten Kontrast erreichst du, wenn du die Blende so weit öffnest, dass die Ränder gerade aus dem Sichtfeld verschwinden.

Schritt 5 Beim Einstellen der nächsthöheren Vergrößerung wiederholst du die Schritte 2 bis 4.

Schritt 6 Du beendest das Mikroskopieren, indem du das Objekt vom Tisch nimmst. Stelle das kleinste Objektiv ein und schalte die Lampe aus. Stelle das Mikroskop an seinen Aufbewahrungsort zurück.

Arbeitsaufträge

1. Klebe ein Haar mit durchsichtigem Klebeband auf einen Objektträger. Achte darauf, dass sich in dem Bereich, den du mikroskopieren willst, kein Klebeband befindet.
2. Mikroskopiere das Präparat mit unterschiedlichen Vergrößerungen und zeichne einen Ausschnitt auf ein DIN-A4-Blatt.
3. Du wählst für die Betrachtung deines Haarpräparats das Objektiv mit der Aufschrift 40×. Auf dem Okular steht 10×. Berechne die Gesamtvergrößerung.

„Alle Lebewesen bestehen am Anfang ihres Lebens aus nur einer Zelle und die Zellen sind eigentlich alle gleich groß“, erklärt Aylin. „Das kann nicht sein“, protestiert Alex. „Der Blauwal ist doch viel größer als ein Marienkäfer!“ Haben vielleicht beide recht?

1 Bestehen Blauwal und Marienkäfer aus Zellen?

Alle Lebewesen bestehen aus Zellen

Grundbaustein aller Lebewesen

Alle Pflanzen und Tiere sind aus **Zellen** aufgebaut. Zellen von Pflanzen und Tieren sind ungefähr gleich groß. Eine Zelle ist ein bis zehn Mikrometer groß. → 2 Ein Mikrometer (µm) entspricht einem Tausenstelmillimeter. Große und kleine Lebewesen, wie Wal und Marienkäfer, unterscheiden sich also lediglich in der Zahl ihrer Zellen. Eine Zelle entsteht niemals neu: Zellen können nur durch Teilung bereits vorhandener Zellen entstehen.

Pflanzenzelle

Wenn man ein Blättchen der Wasserpest unter dem Mikroskop betrachtet, erkennt man viele abgerundete Vier- bis Sechsecke. → 2, 3 Sie liegen dicht beieinander und bilden Reihen. Das sind die Zellen. Erkennbar sind die **Zellwände**, die der Zelle ihre feste Gestalt geben. Das **Zellplasma** füllt die Zellen aus. Das Zellplasma ist von einem dünnen Häutchen, der **Zellmembran**, umgeben. Da sie ganz dicht an der Zellwand anliegt, kann man sie im Mikroskop aber nicht

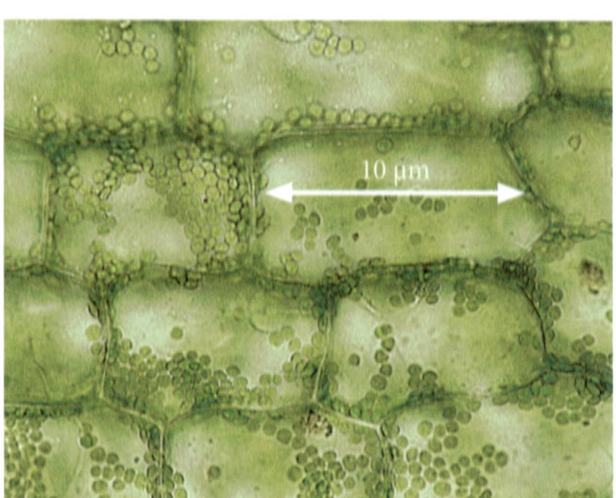

2 Pflanzenzellen im Mikroskop

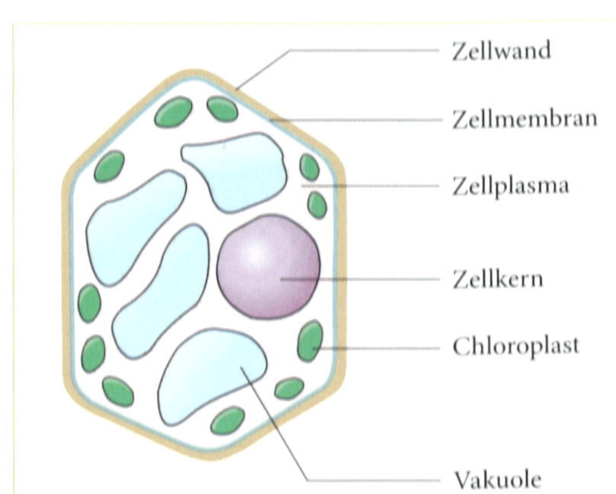

3 Schema einer Pflanzenzelle

Zelle
Zellkern
Zellmembran
Zellplasma
Zellsaftraum
Zellwand

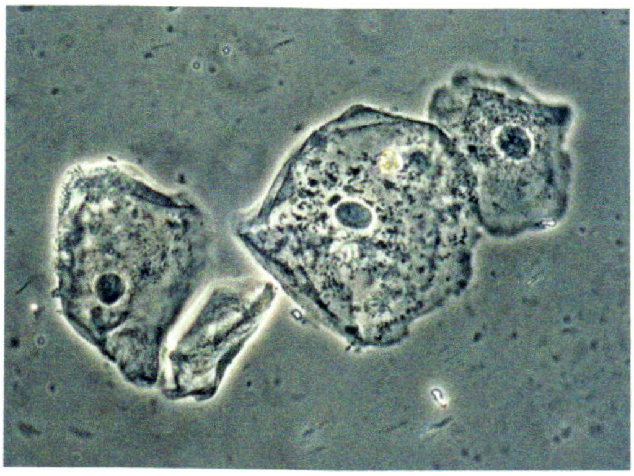

4 Tierzelle im Mikroskop

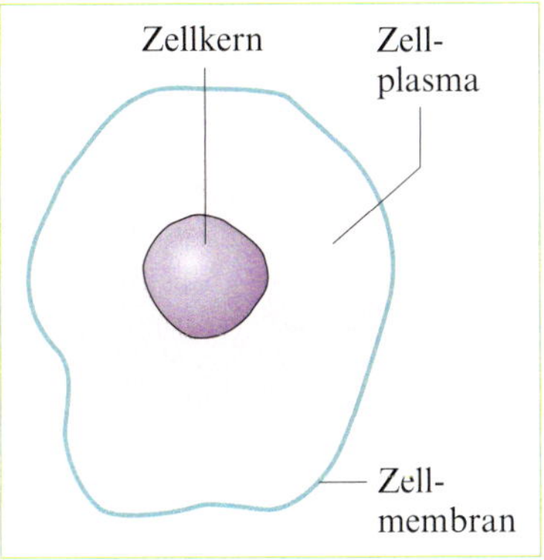

5 Schema einer Tierzelle

erkennen. Im Zellplasma liegt der **Zellkern**. Weiter sind in einer Pflanzenzelle ein **Zellsaftraum** (Vakuole) und in grünen Pflanzenteilen zusätzlich die Zellmembran zu erkennen. → 2, 3

Tierzelle

Auch die Zellen der Tiere und des Menschen besitzen eine Zellmembran, Zellplasma und einen Zellkern. Sie haben aber keinen Zellsaftraum (Vakuole), keine Blattgrünkörner (Chloroplasten) und keine Zellwand. Bei den Zellen der Mundschleimhaut kannst du daher die dünne Zellmembran erkennen. → 4, 5

Merk dir! Die Grundbausteine aller Lebewesen heißen Zellen. Alle Pflanzen und Tiere sind daraus aufgebaut. Die Zelle ist ein wesentliches Kennzeichen der Lebewesen.

Arbeitsaufträge

1. Übernimm die Abbildungen 3 und 5 möglichst exakt in dein Heft und beschrifte sie.

2. Vergleiche Pflanzenzelle und Tierzelle. Stelle Gemeinsamkeiten und Unterschiede in einer Tabelle zusammen.

3. Untersuche Zellen deines eigenen Körpers:
- **a** Schabe dazu von der Innenseite deiner Wange mit einem Teelöffel etwas Mundschleimhaut ab.
- **b** Gib mit einer Pipette einen Tropfen Wasser auf einen Objektträger und bringe die Mundschleimhaut ein. Decke dein Präparat mit einem Deckgläschen ab. → 6
- **c** Mikroskopiere dein Präparat und zeichne, was du siehst.

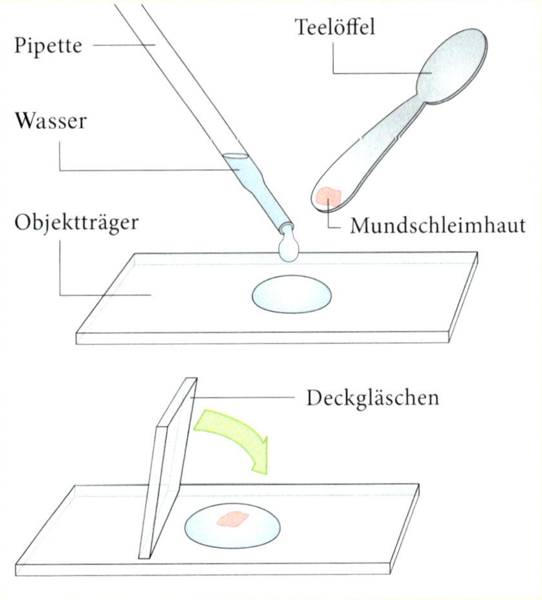

6 Versuchsdurchführung

Zellen – bunt und vielgestaltig

1. Pflanzenzellen – immer gleich?

1 Dreimasterblume

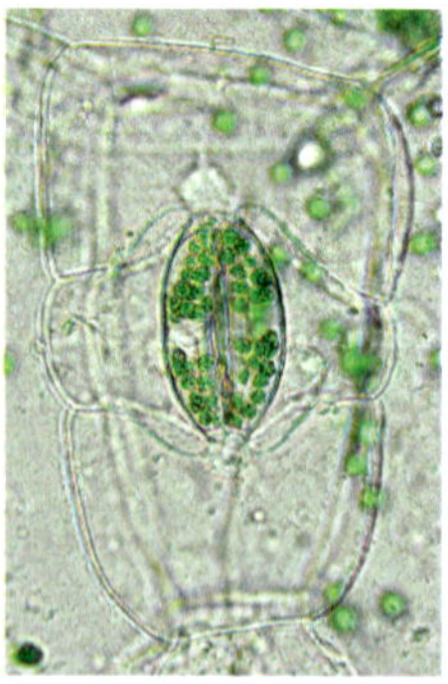

2 Spaltöffnungszelle

Ihr braucht: Dreimasterblume, Mikroskop, Objektträger, Deckgläschen, Pipette, Pinzette.

Brich ein Blatt der Dreimasterblume vorsichtig durch, sodass die Blattunterseite innen liegt. Die unterste Zellschicht bleibt dabei an einigen Stellen intakt.

Schiebe die beiden Blatthälften aneinander vorbei, sodass du die Fasern der untersten Zellschicht mit der Pinzette abziehen kannst.

Tropfe mit der Pipette Wasser auf den Objektträger und lege die abgezogenen Fasern hinein. Lege ein Deckgläschen auf.

a Mikroskopiere dein Präparat wie bei der Methode „Beobachten mit dem Mikroskop" beschrieben.

b Untersuche, ob alle Zellen auf der Blattunterseite gleich sind. Suche besonders nach den Zellen aus Abbildung 2. Diese Zellen heißen Spaltöffnungszellen. Mit ihrer Hilfe kann die Pflanze ihren Wasserhaushalt regulieren. Zeichne dein Präparat.

c Beschrifte deine Zeichnung.

2. Wieso sind Tomaten rot?

3 Tomaten

Ihr braucht: Tomaten, Präpariernadel, Mikroskop, Objektträger, Deckgläschen, Messer.

Schneide eine Tomate mit dem Messer in mehrere Teile.

Schabe mit der Präpariernadel einen Teil des Fruchtfleisches ab und verteile es auf dem Objektträger. Lege ein Deckgläschen auf.

a Mikroskopiere dein Präparat wie bei der Methode „Beobachten mit dem Mikroskop" beschrieben.

b Zeichne dein Präparat. Achte besonders auf die farbigen Anteile in den Zellen.

c Beschrifte deine Zeichnung. Die farbigen Bestandteile heißen Chromoplasten.

d Beantworte die Frage: Wieso sind Tomaten rot?

3. Steine in der Birne?

4 Aufgeschnittene Birne

Ihr braucht: Birnen, Messer, Präpariernadel, Mikroskop, Objektträger, Deckgläschen.

Zerteile eine Birne mit dem Messer in mehrere Teile.

Schabe einen Teil des Fruchtfleisches ab und verteile es auf dem Objektträger.

> ➔ ***Achtung:*** *Nun wird vom Lehrer ein Tropfen Phloroglucin-Salzsäure (ätzend, Färbemittel) hinzugetropft.*

Lege ein Deckgläschen auf.

a Mikroskopiere dein Präparat wie bei der Methode „Beobachten mit dem Mikroskop" beschrieben.

b Zeichne dein Präparat. Achte besonders auf die gefärbten Zellen. → 5 Das Färbemittel Phloroglucin-Salzsäure färbt die pflanzliche Zellwand rot.

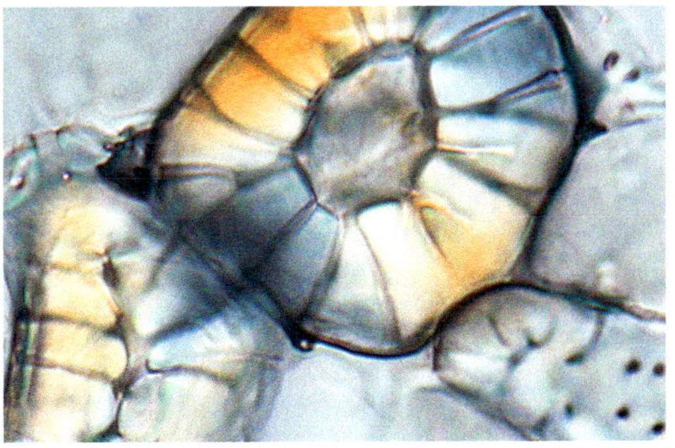

5 Steinzellen

c Beschrifte deine Zeichnung.

d Beim Kauen einer Birne kann man kleine Körner im Mund spüren. Erkläre diese Beobachtung.

4. Zellen im Blut?

Ihr braucht: Schweineblut (vom Schlachthof), Mikroskop, Objektträger, Deckgläschen, Pipette.

Tropfe mit der Pipette Schweineblut auf einen Objektträger.

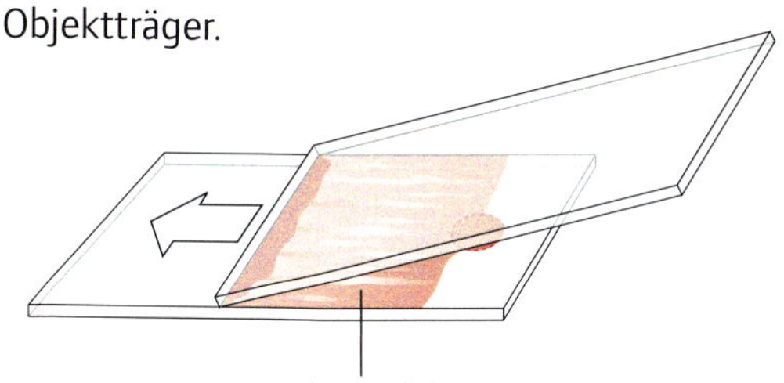

6 Versuchsdurchführung

Setze einen zweiten Objektträger an den Rand des Tropfens und verteile den Tropfen auf dem Objektträger. → 6 Es entsteht eine dünne Blutschicht.

Lege ein Deckgläschen auf.

a Mikroskopiere dein Präparat wie bei der Methode „Beobachten mit dem Mikroskop" beschrieben.

b Zeichne dein Präparat mithilfe von Abbildung 7.

c Beschrifte dein Präparat.

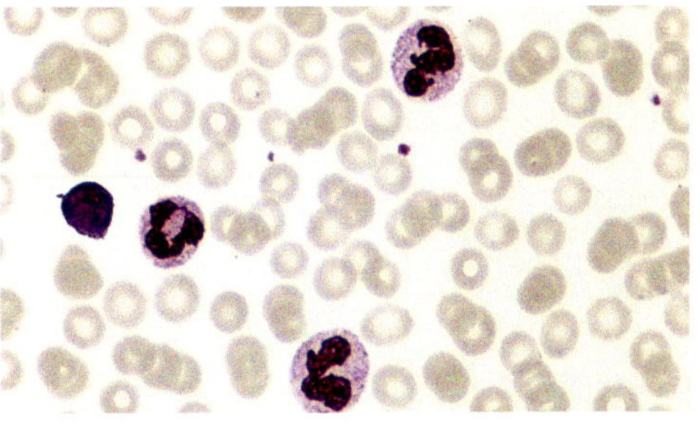

7 Mikroskopisches Bild eines Blutausstriches

Kennzeichen der Lebewesen

→ Lebewesen haben bestimmte Kennzeichen, die sie von Gegenständen unterscheiden. (Siehe Seite 10–17.)

→ Lebewesen nehmen Stoffe auf, verarbeiten sie und scheiden nicht verwertbare Reste aus. Dieser Stoffwechsel dient dazu, den Körper mit Energie zu versorgen. (Siehe Seite 12, 14.)

→ Neue Lebewesen entstehen durch Fortpflanzung. (Siehe Seite 11, 14, 17.)

Jedes Lebewesen durchläuft eine Entwicklung, während es heranwächst. Mit seinen Sinnesorganen nimmt ein Lebewesen Reize aus der Umwelt auf und reagiert. (Siehe Seite 11, 14, 17.)

Pflanzen besitzen wie Tiere und Menschen alle Merkmale von Lebewesen. (Siehe Seite 12.)

Weil er denken kann und über sich selbst Bescheid weiß, ist der Mensch ein ganz besonderes Lebewesen. (Siehe Seite 14.)

Die Grundbausteine aller Lebewesen heißen Zellen. Alle Pflanzen, Tiere und der Mensch sind daraus aufgebaut. (Siehe Seite 20.)

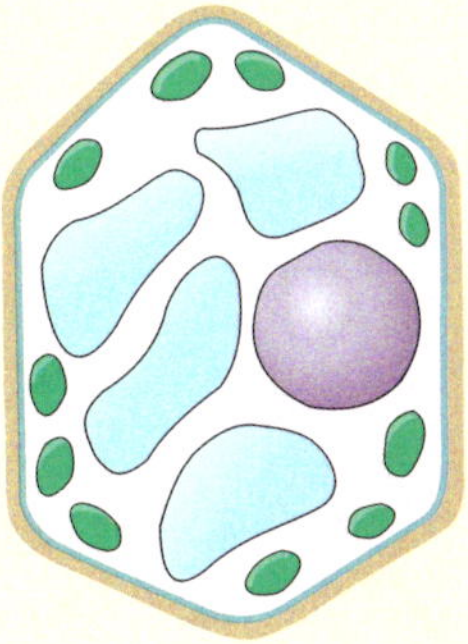

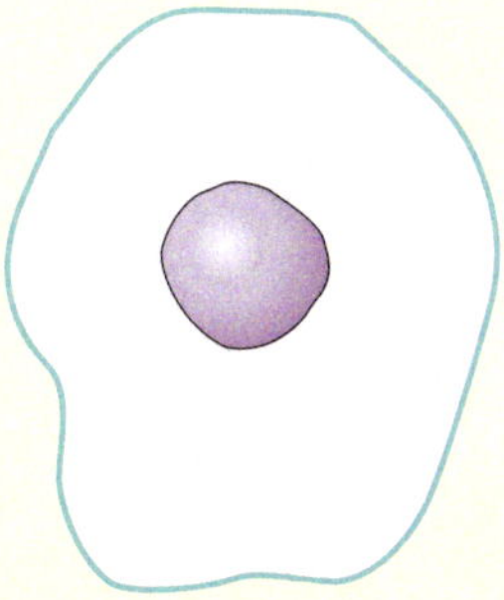

1 Eiskristall

2 Windfahne

3 Heckenrose

4 Singvogel

1. Betrachte die Abbildungen 1 bis 4 und entscheide, ob auf ihnen auch Lebewesen abgebildet sind. Begründe deine Entscheidung.

5 Roboter

2. Auch ein Roboter zeigt einige Merkmale eines Lebewesens. → 5

a Beschreibe Kennzeichen des Lebens, die auch ein Roboter aufweist.

b Erläutere, warum Roboter dennoch keine Lebewesen sind, und begründe deine Meinung.

6 Ziege mit Zicklein

3. Lies den Text aufmerksam durch. Liste Kennzeichen der Lebewesen auf, die im Text angesprochen werden.

Auf der Wiese vor dem Bauernhof stehen einige Ziegen. Vor wenigen Tagen erst kamen die Jungziegen zur Welt. → 6 Schon können sie der Mutter überallhin folgen. Das Euter der Geiß ist prall gefüllt mit Milch. Sie macht die Zicklein in den ersten Wochen ihres Lebens immer satt. Erst später beginnen sie selbst nach Pflanzen zu suchen. Der Hofhund nähert sich den Ziegen. Erschreckt rennen die Zicklein davon. Die Geiß geht langsam hinterher. Sie weiß, dass der Hofhund für sie keine Gefahr bedeutet.

4. Mindmaps sind eine gute Hilfe, wenn du Lernstoff wiederholen willst. In Abbildung 7 siehst du eine Mindmap für Kennzeichen des Lebens bei der Rennmaus.

a Suche dir ein Tier aus und schreibe seinen Namen in die Mitte des Papierblatts. Füge Begriffe hinzu, die dir zu dem Tier einfallen.

b Versuche die Begriffe Bewegung, Reizbarkeit, Stoffwechsel, Fortpflanzung und Wachstum einzubauen.

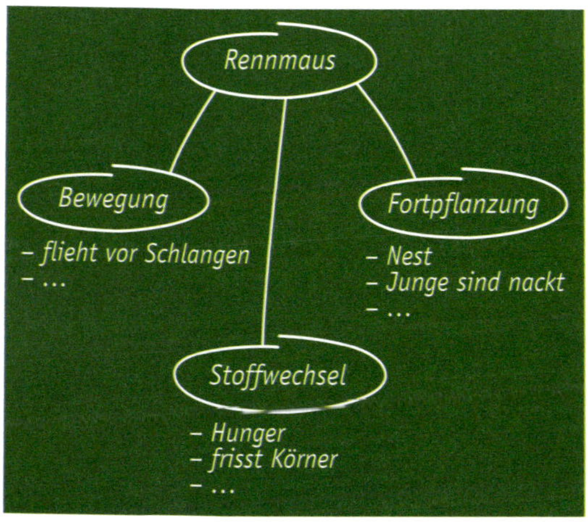

7 Mindmap zu Kennzeichen der Lebewesen

5. Erkläre den Aufbau und die Handhabung eines Mikroskops. → 8

8 Mikroskopieren

6. Vergleiche Tier- und Pflanzenzelle. Nenne Gemeinsamkeiten und Unterschiede. Erstelle dazu eine Tabelle nach folgendem Muster:

Bestandteile der Pflanzenzelle	Bestandteile der Tierzelle
…	…

Ordne deiner Lösung im Heft ein Smiley zu:

☺ Ich habe die Aufgabe richtig lösen können.

😐 Ich habe die Aufgabe nicht komplett lösen können.

☹ Ich habe die Aufgabe nicht lösen können.

Aufgabe	Fähigkeit	Hilfe findest du auf Seite …
1, 2	Ich kann entscheiden und begründen, ob Dinge leben oder unbelebt sind.	16
3	Ich kann den Lebensäußerungen von Tieren die richtigen Begriffe zuordnen und die Merkmale des Lebens darstellen. Ich kann den Begriff Stoffwechsel erklären.	16
4	Ich kann eine Gedankenkarte für die Kennzeichen der Lebewesen am Beispiel eines Tieres anfertigen. Ich kann die allgemeinen Kennzeichen der Lebewesen richtig hinzufügen.	16
5	Ich weiß, wie man mit einem Lichtmikroskop umgeht und wie es aufgebaut ist.	18
6	Ich kenne den Grundaufbau einer Zelle und die Unterschiede zwischen Tier- und Pflanzenzelle.	20

Was lebt in meiner Nachbarschaft?

Wenn du dein Zuhause verlässt, siehst du Häuser. Du läufst durch Straßen. Bäume und andere Pflanzen stehen am Wegesrand. Du hörst Vögel singen und beobachtest, wie ein Eichhörnchen den Baum hochklettert. In deiner Nachbarschaft leben nicht nur Menschen. Auch Pflanzen und Tiere haben hier ihr Zuhause.

1 Eichhörnchen sind an ein Leben auf den Bäumen angepasst. Wie können sie von Baum zu Baum springen? (Siehe Seite 32.)

2 Eine Sammlung von Laubblättern hilft, Bäume und Sträucher besser kennenzulernen. Was ist was? (Siehe Seite 34.)

3 Ein Igel hat sich im Laub der Hecke versteckt. Welche Tiere leben noch in der Hecke? (Siehe Seite 38.)

4 Insekten gelten als heimliche Herrscher der Welt. Warum? (Siehe Seite 40.)

5 Solche Tierspuren kann man auf dem Schulgelände, in Parks oder unter Hecken finden. Wer hat sie hinterlassen? (Siehe Seite 46.)

6 In der Natur gilt „Fressen und Gefressenwerden". Was heißt das? (Siehe Seite 48.)

7 Aus Laub wird neue Erde. Wie funktioniert das? (Siehe Seite 50.)

8 Was ist Naturschutz? Warum sind manche Tiere bedroht? (Siehe Seite 52.)

„Eigentlich ist auf unserem Schulgelände nicht viel los. Es ist langweilig, kahl und unbewohnbar“, behauptet Lena. „Das finde ich überhaupt nicht“, entgegnet Aylin. „Unser Schulhof ist doch voller Leben.“ Wer hat wohl recht?

1 Der Schulhof – ein Lebensraum für Pflanzen und Tiere

Lebensräume überall

Auf dem Schulhof ist was los

Kaum ist der Schulhof verlassen, fliegt eine Krähe heran. Der liegen gebliebene Müll hat es ihr angetan. → 2 Ein Schmetterling sonnt sich auf einem Blatt. → 3 Selbst an Orten, die zunächst kahl und unbewohnbar erscheinen, leben zahlreiche Lebewesen.

Was ist ein Lebensraum?

Wiesen, Teiche, Bäume, aber auch Pflasterritzen und Hauswände sind **Lebensräume**, sogenannte **Biotope**. → 4–6 Jeder Lebensraum ist hinsichtlich Boden, Licht, Feuchtigkeit, Wind und Temperatur verschieden. Pflanzen und Tiere haben unterschiedliche Ansprüche. Bäume können nur dort wachsen, wo ihre Wurzeln Fuß fassen können. Der Löwenzahn wächst zwischen Steinen, weil er auch dort mit seinen langen Wurzeln an Wasser kommt. → 4 Tiere leben nur dort, wo sie Nahrung, Verstecke oder einen Nistplatz finden. Die Erdkröte braucht zum Beispiel eine hohe Luftfeuchtigkeit und Schatten, damit ihre feuchte Haut nicht aus-

2 Krähe

3 Tagpfauenauge

4 Löwenzahn

Biotop
Kulturfolger
Lebensraum

5 Teich

6 Begrünte Hauswand

trocknet. Sie lebt in der Hecke. Pflanzen und Tiere sind an ihren Lebensraum angepasst.

Angepasstheit ist alles

Das Schulgelände ist wie Dörfer und Städte vom Menschen geschaffen. Viele Tiere wie Amsel, Krähe, Elster, Steinmarder, Hausmaus und Haustaube leben in dieser Umgebung. Solche Tiere nennt man **Kulturfolger**.

> **Merk dir!** Tiere und Pflanzen sind an die Bedingungen ihres Lebensraums – ihres Biotops – angepasst.

Lebensräume	Beschreibung
Baum	besonders großer, alter Baum
Garten	vom Menschen mehr oder weniger naturnah angelegte Fläche
Gewässer	Bach, Teich, See, Fluss
Grüne Fassade	mit Kletterpflanzen begrünte Gebäudewand
Hecke	Kräuter, Sträucher und Bäume, in einer Reihe wachsend
Rasen	Fläche, die hauptsächlich aus Gräsern besteht; wird in kurzen Abständen gemäht und auch gedüngt
Wald	Laub-, Nadel- oder Mischwald

7 Lebensräume

Arbeitsaufträge

1. Vergleiche Abbildung 5 und 6 miteinander.
   a Zähle Unterschiede und Gemeinsamkeiten der beiden Lebensräume auf.
   b Begründe, warum du an einer begrünten Hauswand und im Teich selten die gleichen Pflanzen und Tiere finden wirst.
2. Erkläre den Begriff „Lebensraum" am Beispiel von Abbildung 8 mit eigenen Worten.

8 Wiese

Unter der riesigen Eiche im Park kann man sich prima ausruhen. Ab und zu fliegt ein Vogel zwischen die Blätter. Wenn man genauer hinsieht, stellt man fest, dass in einem einzigen Baum sehr viele verschiedene Lebewesen zu Hause sind.
Wie können in einem einzigen Baum nur so viele Tiere leben?

1 Die Eiche ist Lebensraum für viele verschiedene Tiere.

Lebensraum Baum

Lebensraum Baum

Wir finden **Bäume** fast überall: im Wald, auf dem Schulgelände, im Garten, am Straßenrand und im Stadtpark. Sie dienen im Sommer als Schattenspender und stellen den für uns lebensnotwendigen Sauerstoff her. Neben diesem Nutzen für den Menschen bietet jeder Baum mit seinem Wurzelbereich, dem Stamm, den Blättern und der Baumkrone aber auch einen Lebensraum. Er ist die Wohnstätte für eine Vielzahl von Lebewesen, Pflanzen und Tieren. → 2 Er dient als Nahrung, Nistplatz und bietet Verstecke.

Ein Kletterkünstler mit Steuerschwanz

Das **Eichhörnchen** lässt sich manchmal ganz oben in der Baumkrone beobachten. → 3 Sein langer, buschiger Schwanz dient zum Halten des Gleichgewichts beim Klettern und Springen von Baum zu Baum. Ihre

2 Lebensraum Baum

3 Eichhörnchen

4 Nahrung des Eichhörnchens

5 Gartenkreuzspinne

Nahrung suchen Eichhörnchen in den Baumwipfeln. Sie fressen Nüsse, Baumsamen, Rinden, Knospen, Insekten und Vogeleier. → 4 Haltbare Nahrung wie Haselnüsse sammeln sie und verstecken sie für den Winter im Waldboden.
In den Baumkronen bauen sich Eichhörnchen aus Ästen und Zweigen rundliche Nester, die man Kobel nennt. Diese polstern sie mit Moos und Gras aus. Der Kobel dient als Versteck, als Nest für die Jungenaufzucht und für die Winterruhe.
Eichhörnchen verlassen während der kalten Jahreszeit immer wieder den Kobel und suchen die Vorräte, die sie im Herbst im Boden versteckt haben. So verhungern sie im Winter nicht.

Ein Baumbewohner mit 8 Beinen

Zwischen den Zweigen der Eiche hat eine **Kreuzspinne** ihr Netz gebaut. Auf ihrem Hinterleib ist deutlich ein weißes Kreuz zu erkennen. → 5 Daher hat das Tier seinen Namen. Die Kreuzspinne wird etwa zwölf Millimeter groß. In ihrem Netz fängt sie Insekten wie Fliegen und Hummeln. Diese Tiere bleiben an den klebrigen Fangfäden des Netzes hängen und werden von der Spinne ausgesaugt.

→ Merk dir! Bäume bieten vielen verschiedenen Tierarten einen Lebensraum. Sie finden am und im Baum ihre Nahrung, Nistmöglichkeiten und Verstecke vor Feinden.

Arbeitsaufträge

1. Suche dir einen Baum im Garten, im Park oder auf dem Schulgelände.
   - **a** Suche an deinem Baum nach weiteren Tieren. Erstelle eine Liste. Notiere, an welcher Stelle des Baumes du die Tiere gefunden hast.
   - **b** Vergleiche deine Ergebnisse mit denen deiner Mitschüler. Stellt gemeinsam eine Liste der Baumbewohner zusammen.
   - **c** Wähle einen deiner Baumbewohner aus. Besorge dir Informationen über ihn aus Büchern oder aus dem Internet und erstelle einen Steckbrief.

Blätter sammeln und ordnen

Viele Menschen sammeln etwas in ihrer Freizeit. Einige sammeln Bilder von Kinostars, Puppen oder Postkarten. Hast du auch eine Sammlung? Wissenschaftler legen Sammlungen an, um die Natur besser erforschen zu können.

1 Sammeln von Blättern an einer Hecke

Darauf solltest du beim Sammeln und Ordnen achten

Schritt 1 Überlege dir als Erstes, was du sammeln möchtest. Was interessiert dich besonders?

Schritt 2 Benutze zum Sammeln geeignete Gefäße. Wenn du schon mehr über dein Sammelgut weißt, kannst du es vorsortieren. Nimm dazu mehrere Behälter oder Tüten zum Sammeln mit. → 1

Schritt 3 Lege die Dinge, die du gesammelt hast, auf ein großes Blatt Papier. Überlege dir, wonach du sie ordnen möchtest. Du kannst das Gesammelte zum Beispiel nach Farben, Formen oder Größe ordnen.

Schritt 4 Beim Ordnen bilden sich Gruppen. Beschrifte die Gruppen, indem du sinnvolle Begriffe auf das Papier schreibst.

Schritt 5 Beschreibe die Gruppen genau und vergleiche sie miteinander. Bestimme die Dinge mithilfe von Bestimmungsbüchern.

Schritt 6 Bewahre die Gegenstände nach dem Ordnen so auf, dass du sie später wieder gut erkennen kannst. Lagere sie in geeigneten Gefäßen, die du sinnvoll beschriftest. Flache Gegenstände kannst du in Ordner einkleben.

Welche Bäume und Sträucher wachsen auf dem Schulgelände oder im Park?

Du kannst das herausfinden, indem du Blätter einer Hecke sammelst.

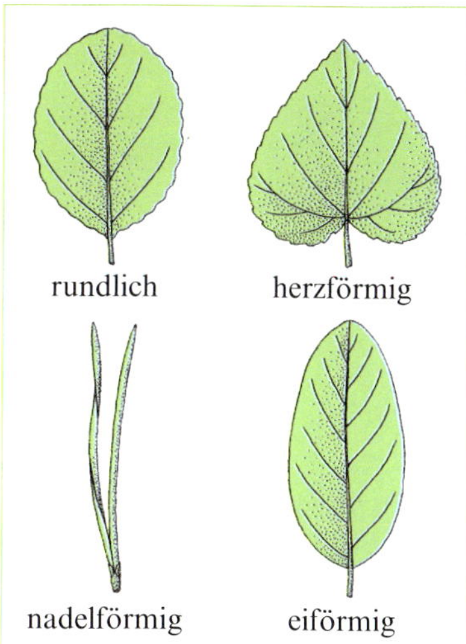

2 Blattformen

3 Blattränder

4 Blätter

Arbeitsaufträge

1. **Sammeln** Suche dir Bäume und Sträucher im Park oder auf dem Schulgelände. Sammle Blätter in Plastiktüten. → 1 Breite die Blätter nach dem Sammeln auf einem Tisch aus.

2. **Ordnen und Vergleichen** Vergleiche die Blätter und sortiere sie nach ihrer Form. → 2 Untersuche anschließend den Rand dieser Blätter. → 3

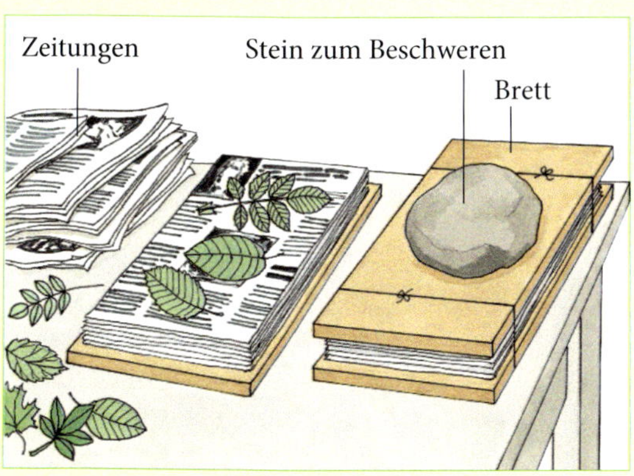

5 So trocknest du Blätter.

3. **Erkennen und Benennen** Finde heraus, welche Blätter zu welchen Bäumen gehören. → 4

4. **Aufbewahren** Trockne die Blätter zwischen Zeitungspapier. Beschwere die Zeitungen mit Büchern. Durch das Gewicht werden die Blätter gepresst. → 5 Das Trocknen dauert etwa eine Woche. Klebe von jeder Blattart ein Blatt auf Zeichenkarton. Beschrifte den Karton folgendermaßen: Name der Pflanze, Fundort und Funddatum. → 6

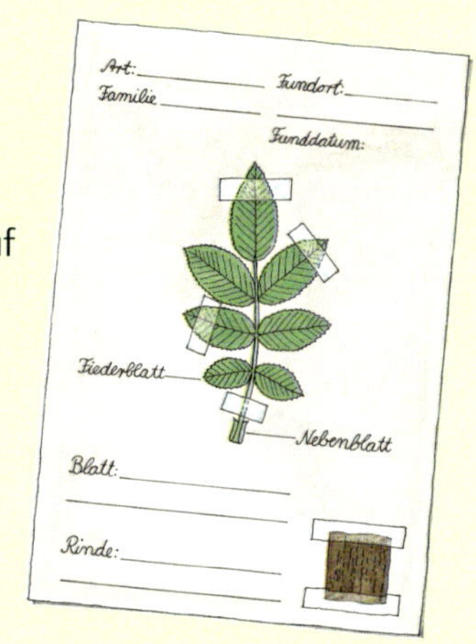

6 So kann ein Blatt deiner Blattsammlung aussehen.

Alex ist enttäuscht. In der ordentlich geschnittenen Hecke in seinem Garten sind kaum Tiere zu beobachten. Warum wohl?

1 Hecke aus nur einer Pflanzenart

Hecke – ein vielfältiger Lebensraum

Verschiedene Hecken

Oft werden **Hecken** vom Menschen angepflanzt. Sie können aber auch allein durch Anflug von Pflanzensamen entstehen. Hecken mit verschiedenen Pflanzenarten bieten vielen Tieren einen Lebensraum. → 2, 3 Sie sorgen für Windschutz. Außerdem ist es an sonnigen Tagen dort etwas kühler, an kalten Tagen etwas wärmer als in der Umgebung. In Gärten und Parks bestehen Hecken oft nur aus einer Pflanzenart. Diese Hecken werden oft mehrmals im Jahr stark zurückgeschnitten. Tiere finden in einer solchen Hecke kein Zuhause mehr. → 1

Nicht nur Stacheln

Die **Heckenrose** ist ein häufiger Strauch, der an Waldrändern wächst, aber oft auch ein Bestandteil von Hecken ist. → 4 Eine Hecke aus Heckenrosen ist sehr dicht. Wenn du genau hinschaust, fallen dir folgende beson-

2 Hecke aus verschiedenen Pflanzenarten

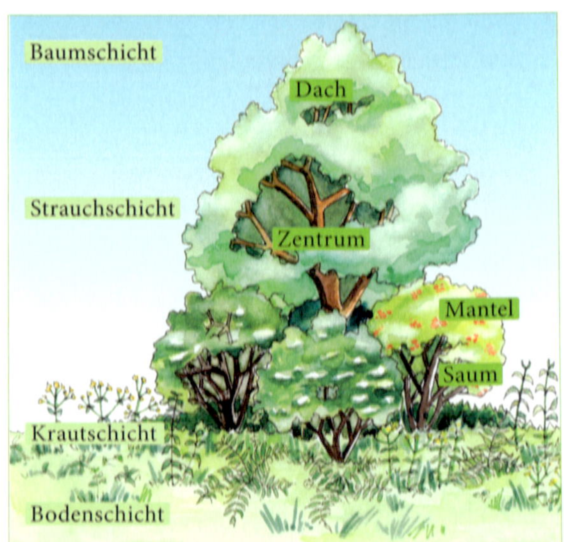

3 Querschnitt durch eine Hecke

Hagebutte
Hecken
Heckenrose
Neuntöter

4 Heckenrosenstrauch

5 Hagebutten

dere Kennzeichen der Heckenrose auf: zahlreiche rötliche Blüten, die Zweige sind mit Stacheln besetzt. Aus der Blüte bildet sich die **Hagebutte**. → 5

Ein Untermieter in Hecken

Der **Neuntöter** kann nur in Landschaften mit Hecken und Dornbüschen leben. → 6 Die Hecken braucht er, um nach seiner Beute, Mäusen und Insekten, Ausschau zu halten. Manchmal spießt er seine Beute als Reserve auf Dornen auf. In dichten Dornenhecken baut er gerne sein Nest.

6 Neuntöter mit Jungen

→ Merk dir! Eine Hecke besteht aus Bäumen, Sträuchern und Krautpflanzen. Dichte Hecken aus verschiedenen Pflanzenarten bieten für viele Tiere einen Lebensraum.

Arbeitsaufträge

1. Erkläre den Aufbau einer vielfältigen Hecke nach Abbildung 3.

2. Die Frucht der Heckenrose nennt man Hagebutte.

a Schneide mit einem Messer eine Hagebutte der Länge nach durch. Beschreibe die Schnittflächen. Vergleiche mit der Abbildung 7.

7 Aufgeschnittene Hagebutte

b Stelle Vermutungen an, welche Bedeutung die weißen Nüsschen im Innern der Hagebutte haben könnten.

3. Betrachte die Nüsschen genauer. Wenn sie auf die Haut gelangen, verursachen sie einen Juckreiz. Finde heraus, weshalb die Nüsschen einen Juckreiz verursachen.

4. Erkläre Alex, warum in seiner Hecke nicht viel los ist. Gib ihm Tipps, wie er mehr Tiere anlocken könnte.

Hecken liefern mit ihren Früchten den Tieren nicht nur Nahrung. Sie dienen auch als Wohn- und Nistplatz, sind Orte zum Verstecken und Überwintern. Welche Tiere leben in der Hecke und wie leben sie dort?

1 Bewohner der Hecke

Wer lebt in der Hecke?

Ein Paradies für Tiere

Hecken aus verschiedenen Pflanzenarten können bis zu 1 000 Tierarten ein Zuhause bieten. Insekten, Spinnen, Bodentiere, Kriechtiere, Lurche, Säugetiere und Vögel finden hier einen Lebensraum. → 1

Ein Tier mit zwei Lebensräumen

Erwachsene **Erdkröten** werden etwa 13 Zentimeter groß. → 2 Sie besiedeln feuchte Lebensräume wie den Heckenboden. Nachts jagen sie nach Würmern, Schnecken, Spinnen und Insekten, die es hier reichlich gibt. Unter Laub und Steinen finden sie auch ihr Winterquartier. In den ersten Frühlingsnächten wandern die Erdkröten zum Wasser, wo sie ihre Eier ablegen.

Ein schuppiger Heckenbewohner

Auf einem warmen Stein vor der Hecke liegt reglos eine **Zauneidechse**. → 3 Kommt man näher, huscht das Tier flink weg und verschwindet im Schutz der Hecke. Zauneidechsen können über 20 Zentimeter lang werden. Sie ernähren sich von Insekten, Spinnen und Regenwürmern, die sie in der

2 Erdkröte

3 Zauneidechse

Erdkröte
Haselmaus
Igel
Zauneidechse

4 Igel

5 Haselmaus an einer Hagebutte

Hecke finden. In der Nacht und im Winter findet die Zauneidechse in der Hecke Unterschlupf.

Ein stachliger Insektenfresser

In der Dämmerung faucht und schmatzt es laut. Ein **Igel** ist aus seinem Tagesversteck in der Hecke gekommen und auf Nahrungssuche nach Regenwürmern, Schnecken, Fallobst und Insekten gegangen. Er sammelt ein, was er mit seinen scharfen, spitzen Zähnen bewältigen kann. Sein Stachelkleid schützt ihn gut. Bei Gefahr richtet der Igel die Stacheln auf und rollt sich zusammen. → 4

Ein daumengroßer Winzling

Im dichten Gebüsch der Hecke ist ein kugeliges Nest versteckt. Es gehört der **Haselmaus**. → 5 Sie ist in der Nacht aktiv und ernährt sich vorwiegend von Pflanzen, manchmal auch von Insekten. Zur Nahrungssuche klettert die Haselmaus geschickt auf den Ästen und Zweigen der Heckenpflanze.

→ Merk dir! **Die Hecke ist für Tiere von großer Bedeutung. Sie ist Wohn- und Nistplatz, Ort zum Überwintern und Verstecken und bietet abwechslungsreiche Nahrung.**

Arbeitsaufträge

1. Erkläre, was eine artenreiche Hecke ihren Bewohnern bieten kann.

2. Sieh dir Abbildung 1 genau an.
- **a** Finde mithilfe des Lexikons oder eines Bestimmungsbuchs heraus, welche Tiere abgebildet sind.
- **b** Fertige eine Liste dieser Tiere an.
- **c** Suche dir drei Tiere aus und erstelle einen Steckbrief von ihnen.

3. Trotz seiner Stacheln ist der Igel gefährdet. Durch Beseitigung von Hecken und durch strauchfreie Gärten findet er immer weniger ungestörte Schlafplätze. Nenne Maßnahmen, um dem Igel Schutz im Garten oder auf dem Schulgelände zu bieten.
- **a** Vergleicht eure Vorschläge in der Klasse.
- **b** Fertigt ein Plakat mit der Überschrift „Schutz für Igel an“.

Lena und Tarek beobachten die vielen bunten Libellen, die geschickt über den Gartenteich fliegen. „Wusstest du, dass Libellen bis zu 35 000 Augen besitzen?", fragt Tarek. „Wie können sie mit so vielen Augen denn überhaupt sehen?", wundert sich Lena.

1 Eine Libelle im Flug

Insekten – die große Welt der Kleinen

Die große Vielfalt

Von den 1,5 Millionen Tierarten stellen die Insekten mit etwa 900 000 heute bekannten Arten die artenreichste Tierklasse auf der Erde dar. Sie krabbeln auf dem Boden, graben sich durch die Erde, laufen auf dem Wasser oder tauchen darin und sie fliegen als wahre Flugkünstler durch die Luft. → 1 Insekten besiedeln fast alle Lebensräume. Nur auf dem offenen Meer fehlen sie.

2 Typische Gliederung eines Insektenkörpers

Körperbau – harte Schale, weicher Kern

Im Gegensatz zu den Wirbeltieren besitzen Insekten ein **Außenskelett**. Dabei handelt es sich um eine Hülle aus starrem Material, dem **Chitin**. Dieser Panzer ist in viele Körperringe gegliedert, die miteinander durch dünne Chitinhäutchen verbunden sind. Dadurch wird der Insektenkörper beweglich. Der Körper aller Insekten ist in die drei Abschnitte Kopf, Brust und Hinterleib gegliedert. Am Kopf sitzen die Fühler, die Augen und die Mundwerkzeuge. An der Brust sitzen sechs Beine und meist zwei Paar Flügel. → 2

Viele Augen werden ein Ganzes

Betrachtest du die großen, vorgewölbten Augen einer Libelle mit der Lupe, so siehst du unzählige winzige Sechsecke, die Facetten, die das gesamte Auge wie ein Netz überziehen. → 3 Die Libelle besitzt viele Tausend solcher Einzelaugen. Alle zusammen bilden das Netz- oder **Facettenauge** der Insekten.

3 Facettenaugen einer Libelle

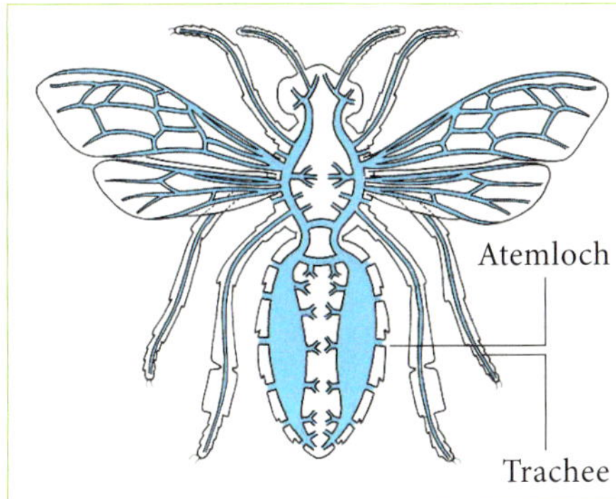

4 Tracheensystem

Atemlöcher
Außenskelett
Chitin
Facettenauge
offener Blutkreislauf
Tracheen

Die „Nase" der Insekten

Insekten haben einen ausgezeichneten Geruchssinn. Mit ihren Fühlern können sie über mehrere Kilometer Gerüche wahrnehmen. Die Fühler werden deshalb auch als Geruchsantennen bezeichnet.

Fortbewegungsorgane

Die sechs Beine sind in fünf Abschnitte gegliedert. Sie haben bei den verschiedenen Insektenarten unterschiedlichste Aufgaben. Das grüne Heupferd besitzt lange Hinterbeine, die ihm Sprünge bis zu 70 cm ermöglichen. Die Beine einer Laus haben Greifklauen. Damit können sie sich in den Haaren ihrer Opfer festklammern. Die Honigbiene nutzt ein Beinpaar als Sammelbein, das ihr als Tragetasche beim Honigsammeln dient.

Atmen ohne Lunge

In den Körperseiten findet sich eine Reihe kleiner Öffnungen, die **Atemlöcher**. Feine Röhrchen aus Chitin, die **Tracheen**, führen von hier aus in das Körperinnere und leiten den Sauerstoff der Luft zu den Organen weiter. → 4

Eine Röhre als Herz

Das Herz der Insekten ist röhrenförmig und liegt am Rücken. Es saugt das farblose Blut von der einen Seite an und pumpt es auf der anderen Seite in den gesamten Körper. Das Blut fließt bei Insekten nicht in Adern, sondern frei durch den Körper. Insekten haben einen **offenen Blutkreislauf**.

> → **Merk dir!** Insekten besitzen ein Außenskelett. Ihr Körper ist in Kopf, Brust und Hinterleib gegliedert. Sie besitzen sechs gegliederte Beine, zwei Paar Flügel, Facettenaugen und Fühler, mit denen sie riechen. Insekten atmen mithilfe eines Tracheensystems und besitzen einen offenen Blutkreislauf.

Arbeitsaufträge

1. Liste wesentliche Unterschiede zwischen den Insekten und den Wirbeltieren auf.

2. Sprungbeine, Greifklauen und Sammelbeine hast du bereits kennengelernt. Recherchiere mithilfe des Internets oder von Fachliteratur, welche Formen von Beinen es noch bei Insekten gibt. Finde Beispiele.

1 Entwicklung eines Käfers

Insekten zum Kennenlernen

Die große Klasse der Insekten wird in 32 Gruppen oder Ordnungen unterteilt. Alle Vertreter haben den gleichen Grundbauplan, der je nach Lebensraum unterschiedlich abgewandelt ist.

Ordnung Käfer

Die größte Gruppe mit etwa 500 000 Arten bilden die Käfer. Sie besitzen ein Paar harte Vorderflügel, die die zwei häutigen Hinterflügel bedecken. Die Nachkommen der Käfer, die Larven, sehen völlig anders aus als die erwachsenen Tiere. Nachdem sie sich mehrere Male gehäutet haben, entsteht die Puppe, aus der schließlich der erwachsene Käfer schlüpft. Man spricht von einer **vollkommenen Verwandlung**. → 1, 2

2 Maikäfer im Flug

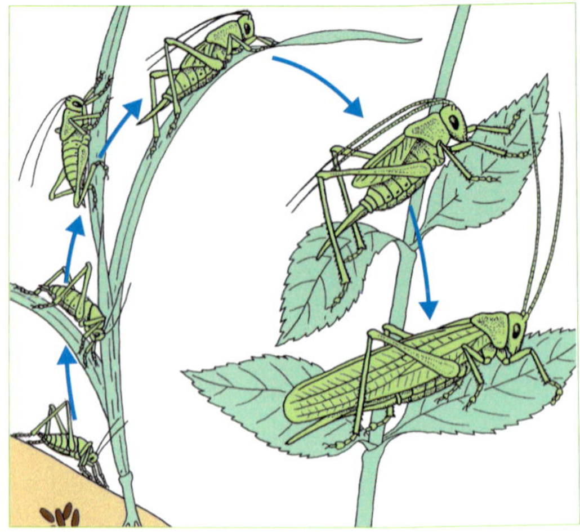

3 Entwicklung einer Heuschrecke

Ordnung Heuschrecken

Heuschreckenlarven gleichen in ihrem Aussehen schon den erwachsenen Tieren. Ohne Puppenstadium entwickeln sie sich durch mehrere Häutungen zum fertigen Insekt. Man spricht von einer **unvollkommenen Verwandlung**. → 3 Heuschrecken können in großen Schwärmen auftreten. Da sie sich von Pflanzen ernähren, können sie dann ganze Landstriche kahlfressen.

Ordnung Schmetterlinge

Die meisten Schmetterlinge lassen sich leicht an ihren bunten Flügeln erkennen. Beim Kleinen Fuchs haben die Flügel ein typisches Fleckenmuster. → 4 Schmetterlinge saugen mit ihrem langen Rüssel vor allem Nektar aus Blüten. Die Raupen sind Pflanzenfresser.

4 Kleiner Fuchs

Nützlinge
Schädlinge
unvollkommene Verwandlung
vollkommene Verwandlung

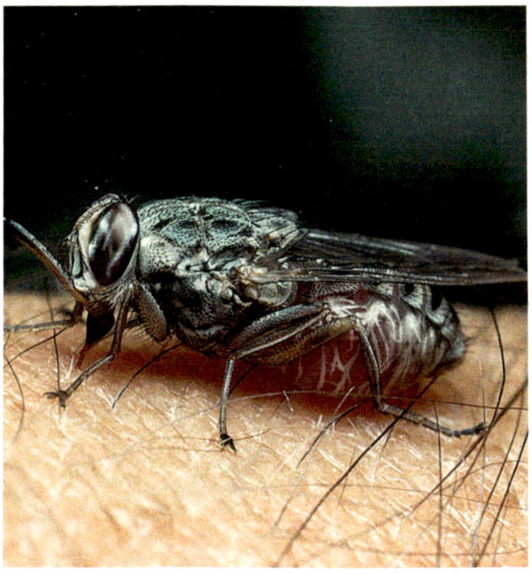

5 Tsetsefliege

6 Marienkäfer

Gehasst und geliebt

Insekten können als **Schädlinge** riesige Ernteschäden verursachen oder Nahrungsmittel zerstören. Auch als Überträger von Krankheiten sind sie gefürchtet. So überträgt zum Beispiel die Tsetsefliege die gefürchtete Schlafkrankheit. → 5

Als **Nützlinge** sind sie beispielsweise gern gesehene Gäste in unseren Gärten. So verzehren Florfliege und Marienkäfer in ihrem Leben bis zu 3000 Blattläuse. → 6 Auch als Blütenbestäuber und Abfallbeseitiger spielen Insekten eine wichtige Rolle. Manche Insekten werden vom Menschen gezüchtet. Dazu gehören neben der Honigbiene zum Beispiel auch Lackschildläuse. Sie scheiden Stoffe aus, die in Asien zur Herstellung von Möbelpolituren und Lacken verwendet werden. Seidenspinnerraupen werden gezüchtet, um Seide zu gewinnen.

→ **Merk dir!** Die Klasse der Insekten wird in 32 Ordnungen unterteilt. Die Ordnung der Käfer hat die meisten Arten. Unter den Insekten gibt es Nützlinge und Schädlinge.

Arbeitsaufträge

1. Erstelle eine Liste mit schädlichen und nützlichen Insektenarten.
2. Nenne weitere Insektenordnungen. Bildet anschließend Gruppen und stellt die wichtigsten Merkmale in einer Tabelle zusammen.
3. Betrachte Abbildung 7. Gib die Art der Entwicklung an. Begründe deine Entscheidung.

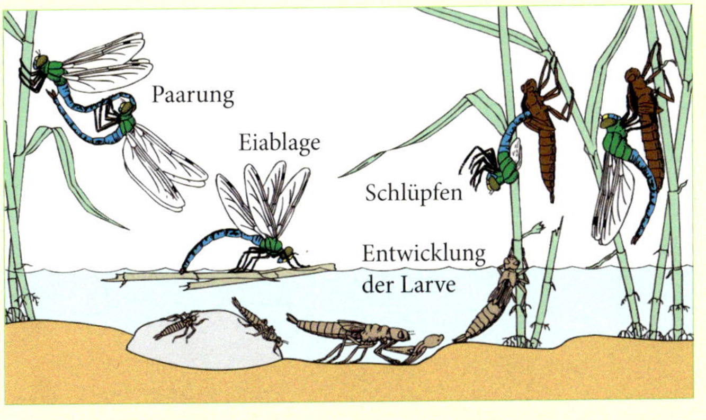

7 Entwicklung der Libelle

Wir bestimmen Insekten

Täglich begegnen dir viele ganz unterschiedlich aussehende Tierarten, die dennoch alle zu den Insekten gehören. Ein Bestimmungsschlüssel hilft dir, die Insekten zu unterscheiden und den richtigen Namen zu finden.

1 Große Vielfalt – die Insekten

Arbeiten mit dem Bestimmungsschlüssel

Schritt 1 Fange mit einem Kescher lebende Insekten. Achte darauf, sie unversehrt zu lassen! Arbeite vorsichtig mit einer Federstahlpinzette. Nach dem Bestimmen setzt du die Tiere lebend wieder aus!

Schritt 2 Betrachte das Insekt genau in der Becherlupe.

Schritt 3 Das sorgfältige Betrachten gibt dir Auskunft über Details im Aussehen des Insekts. Der Bestimmungsschlüssel beschreibt Körpermerkmale der Insekten. Du entscheidest dich immer nur zwischen zwei Körpermerkmalen. So arbeitest du dich Schritt für Schritt bis zur Familie deines Insekts voran.

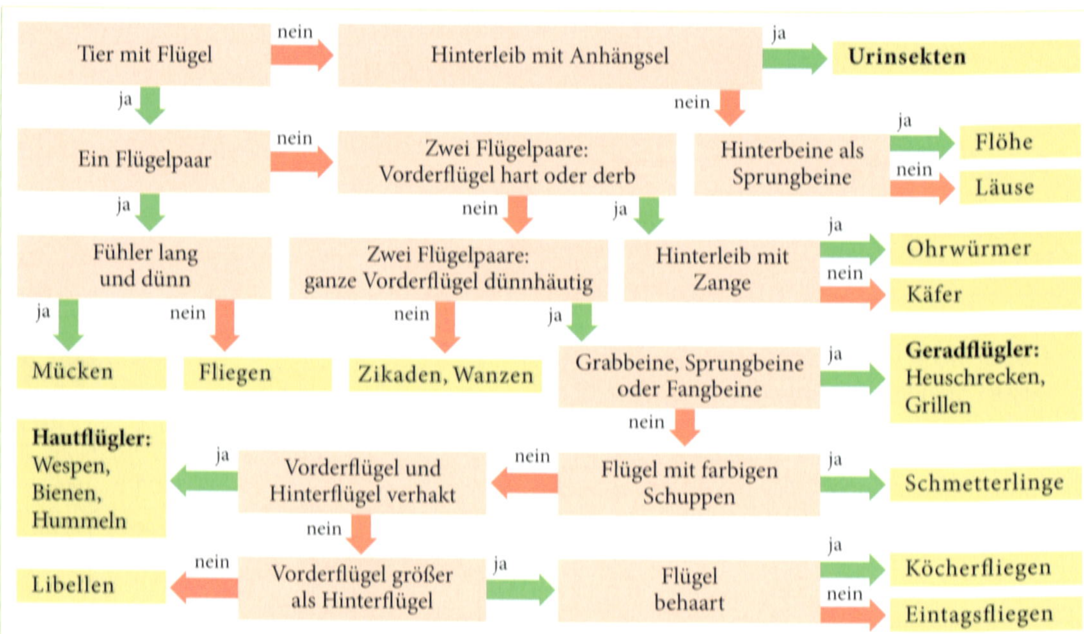

2 Der Bestimmungsschlüssel unterscheidet Körpermerkmale.

3 Dieses Insekt besitzt dünnhäutige Vorderflügel. Die Flügel sind farbig geschuppt.

4 Das Tier sitzt auf Blättern. Nicht die ganzen Vorderflügel sind dünnhäutig.

5 Dieses Insekt kann weit springen. Es besitzt dünnhäutige Vorderflügel und starke Sprungbeine.

6 Dies ist ein dunkles, schnell laufendes Insekt. Es besitzt harte Vorderflügel. Beim genauen Betrachten erkennst du am Hinterleib eine Zange.

7 Das Insekt besitzt dünnhäutige Flügelpaare. Unter der Lupe siehst du, dass Vorder- und Hinterflügel miteinander verhakt sind.

8 Dieses Insekt ist groß und besitzt zwei dünnhäutige Flügelpaare. Das Vorderflügelpaar ist genauso groß wie das Hinterflügelpaar.

Arbeitsaufträge

1. Bestimme die Familien der abgebildeten Insekten in den Abbildungen 3 bis 8 mithilfe des Bestimmungsschlüssels in Abbildung 2. Notiere den Familiennamen der Insekten.

2. Informiere dich mithilfe eines Bestimmungsbuchs für Insekten über zwei von dir ausgewählte Familien. Finde den Namen deines Insekts heraus.

Wir erfassen einen Lebensraum

1. Was wächst in der Hecke?

Ihr braucht: Maßband oder Zollstock, Notizblock, Pflanzenbestimmungsbuch.

Bildet mehrere Gruppen und sucht euch eine Hecke im Park oder auf dem Schulgelände.

a Grenzt ein Stück Hecke ab. Messt die Breite und Länge des Heckenabschnitts und übertragt die Fläche verkleinert auf weißes Papier.

b Zeichnet nun die Bäume und Sträucher als rote Kreise ein. Die Größe der Kreise richtet sich nach der Größe der Pflanzen. → 1

c Jede Pflanze der Skizze bekommt eine Nummer. → 1

d Tragt wenn möglich die Pflanzennamen in die Skizze ein. → 1

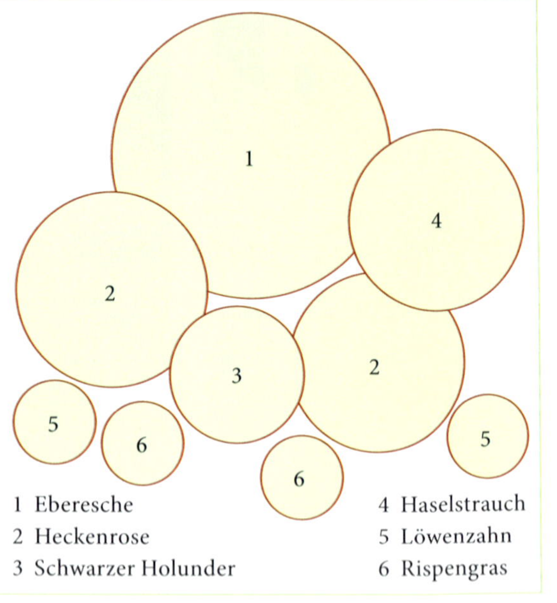

1 Schematische Darstellung einer Hecke

2. Welche Kleintiere leben in der Hecke?

Ihr braucht: Betttuch, Fangnetz, Pinzette, Klarsichtdosen, Becherlupen, Tierbestimmungsbuch.

→ ***Achtung:*** *Nachdem du die Tiere bestimmt hast, lässt du sie wieder frei. Schmetterlinge bestimmst du, ohne sie einzufangen. Geschützte Tiere wie Erdkröte, Zauneidechse oder Blindschleiche sammelst du nicht ein. Vogelnester lässt du bitte in Ruhe!*

a Wie findest du Tiere in der Hecke? Sieh dir einen Zweig genau an. Drehe einen Stein um und schaue nach. Nimm abgefallene Blätter und untersuche sie. Betrachte ein Spinnennetz. Findest du die Spinne?

b Suche Zweige in Augenhöhe und sieh dir die Blätter an. Findest du Fraßspuren?
Vergleiche unterschiedliche Pflanzenarten. Erkennst du Unterschiede in der Häufigkeit der Spuren?

c Halte ein Betttuch unter einen Zweig. Klopfe ein paar Mal kräftig auf einen Ast. → 3
Ordne die Tiere nach Ähnlichkeit. Bestimme die gefangenen Tiere.

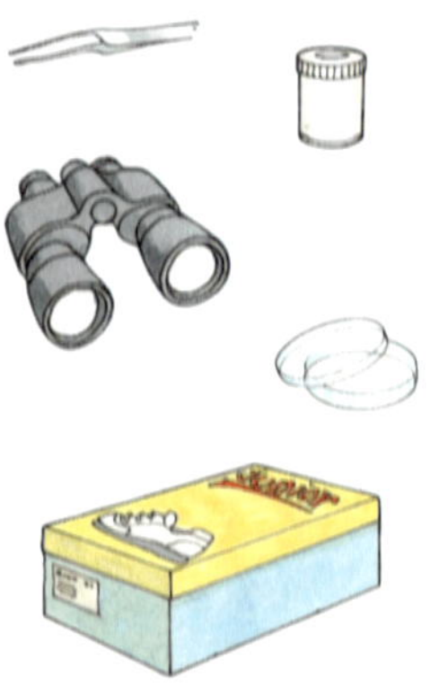

2 Material für die Untersuchung einer Hecke

3 Abklopfen von Zweigen

3. Welche Spuren findest du rund um die Hecke?

Ihr braucht: Lexikon, Tierbestimmungsbuch.

Viele Säugetiere sind nur in der Dämmerung oder nachts aktiv. Um herauszufinden, welche Tiere im Park und Garten vorkommen, musst du auf Spuren der Tiere achten. → 4

a Vom Maulwurf kannst du nur seine aufgeworfenen Erdhaufen sehen.

b Mäuse verraten sich durch Löcher im Boden oder Nagespuren an der Rinde. Suche Anzeichen dafür.

c Haselnüsse mit Nagespuren sind oft Überreste einer Mahlzeit des Eichhörnchens. Kannst du das Eichhörnchen entdecken?

d Weitere Spuren in der Hecke sind leere Vogelnester und Vogelfedern.

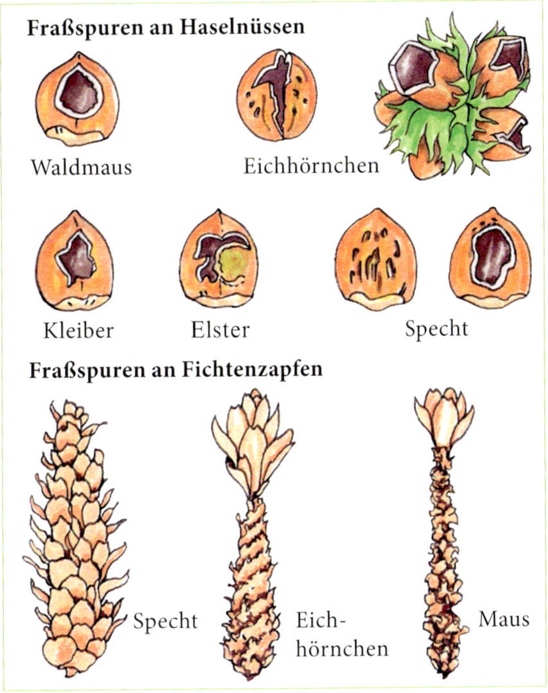

4 Fraßspuren verschiedener Tiere

4. Eine Ausstellung im Klassenzimmer

Ihr braucht: Plakatpapier, Buntstifte, Bilder und Fotos aus Zeitschriften.
Fasst nach Abschluss eurer Untersuchungen die Ergebnisse auf einem Plakat zusammen. → 5

> → ***Tipp:***
> - *Entscheidet euch, welche Tiere ihr darstellen wollt.*
> - *Verteilt verschiedene Aufgaben für die Erstellung des Plakats.*
> - *Bereitet einen Vortrag dazu vor.*

5 Präsentation der Untersuchungsergebnisse

Ein Grünes Heupferd frisst am Blatt der Heckenrose. Wenn es sich vermehrt, werden bald sehr viele Heupferde die Heckenrose ganz kahl fressen. Ob das wohl stimmt?

1 Grünes Heupferd an einer Heckenrose

Geh mir aus dem Weg!

Bevorzugte Nahrung

Jede Tierart in der Hecke ernährt sich von bestimmten Pflanzen oder Tieren. Blattläuse können nur Pflanzensaft saugen, Blattkäfer fressen Laubblätter, die Raupe des Zitronenfalters frisst nur die Blätter des Faulbaums. Der Neuntöter frisst kleine Insekten, der Sperber jagt Singvögel. Andere Tiere der Hecke wie die Wegschnecke oder die Assel sind nicht so wählerisch. Sie fressen verschiedene Pilze und abgestorbene Pflanzenreste. Auch Asseln und Schnecken dienen als Beute anderen Tieren als Nahrung.

Fressen und Gefressenwerden

Heckenrosenblätter dienen dem Grünen Heupferd als Nahrung. → 1 Das Heupferd wird von einem Neuntöter gefressen und dieser wiederum von einem Sperber. Heckenrose, Grünes Heupferd, Neuntöter und Sperber stehen durch die Nahrungsaufnahme in Beziehung zueinander. Sie sind durch ihre Ernährungsweise wie die Glieder einer Kette miteinander verbunden. Eine solche Kette von Nahrungsbeziehungen nennt man **Nahrungskette**. → 2 Am Anfang jeder Nahrungskette steht immer eine Pflanze.

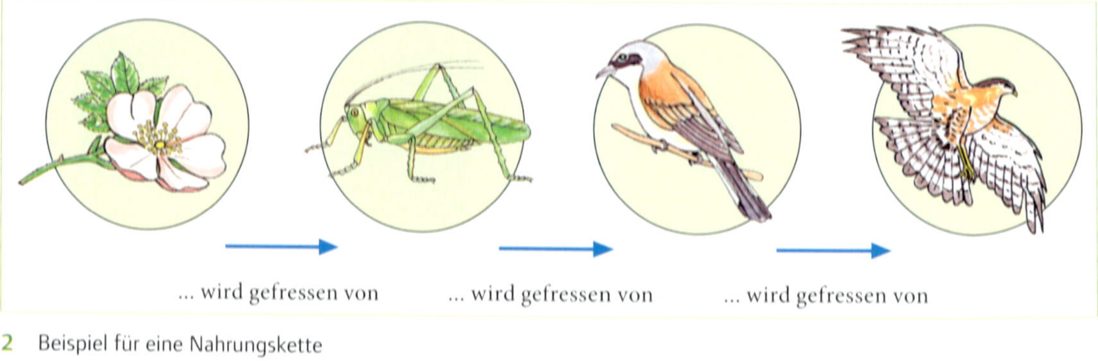

2 Beispiel für eine Nahrungskette

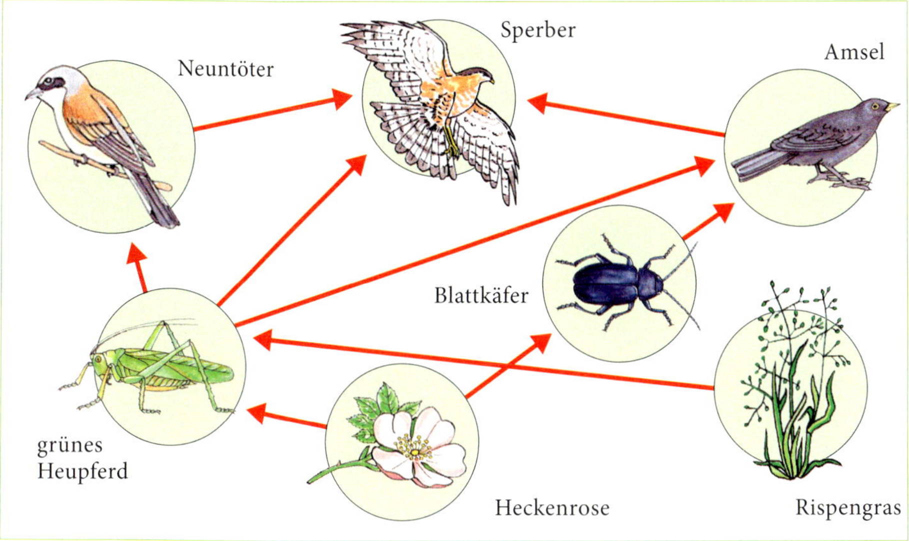

3 Beispiel für eine Nahrungsnetz

Das Nahrungsnetz

Eine Nahrungskette wie von der Heckenrose zum Sperber ist nur eine vereinfachte Darstellung. Die meisten Tiere haben mehrere Nahrungsquellen. So erbeutet der Sperber nicht nur Neuntöter, sondern auch viele andere Singvögel. Das Grüne Heupferd wiederum dient mehreren Vogelarten als Nahrung. Pflanzen und Tiere gehören also meist zu mehreren verschiedenen Nahrungsketten, die wie ein Netz miteinander verbunden sind. Man spricht von einem **Nahrungsnetz**. → 3

Merk dir! Lebewesen stehen in Nahrungsbeziehungen zueinander. Die einen Lebewesen bilden die Nahrung für die anderen Lebewesen. Man kann die Beziehungen als Nahrungskette oder Nahrungsnetz darstellen.

Arbeitsaufträge

1. Zeichne deine Pflanzen- und Tierfunde aus der Hecke auf runde Papierscheiben. → 4 Ein großes Plakat soll die Hecke darstellen.
- **a** Klebe deine Zeichnung jeweils an den Ort, an dem du die Pflanzen oder Tiere gefunden hast.
- **b** Deine Mitschüler bringen ihre Zeichnungen ebenfalls auf dem Plakat an.
- **c** Sucht gemeinsam nach Nahrungsketten und verbindet diese durch rote Pfeile. → 4

2. Beantworte die Einstiegsfrage: Wird der Heckenrosenstrauch mit dem Grünen Heupferd bald kahl sein? Begründe.

4 Wer frisst wen?

Die Blätter, die im Herbst in Aylins Garten abgefallen sind, kann man im Frühjahr fast nicht mehr erkennen. Sie sind ganz zerfressen und teilweise ist aus den Blättern sogar schon neue Erde entstanden.
Was ist hier wohl geschehen?

1 Zersetzte Laubblätter

Der Kreislauf der Stoffe in einer Hecke

Die erste Stufe

Wenn Tiere und Pflanzen in einer Hecke sterben, werden ihre Überreste von anderen Tieren, Pilzen und Bakterien abgebaut. Lebewesen, die sich von toten Pflanzen und Tieren ernähren, heißen **Zersetzer**. → 2 Abgestorbene Pflanzen, Blätter, tote Tiere, aber auch Kot oder ausgefallene Haare werden von den Zersetzern in Kohlenstoffdioxid, Wasser und Mineralstoffe umgewandelt.

Nichts geht verloren

Alle Stoffe, die die Zersetzer hergestellt haben, können von den grünen Pflanzen der Hecke wieder aufgenommen werden. Die Mineralstoffe werden im Bodenwasser gelöst und können dann von den Pflanzenwurzeln mit dem Wasser aufgenommen werden. Das von den Tieren ausgeatmete Kohlenstoffdioxid nehmen die Pflanzen über ihre Blätter auf und stellen mithilfe des Sonnenlichts

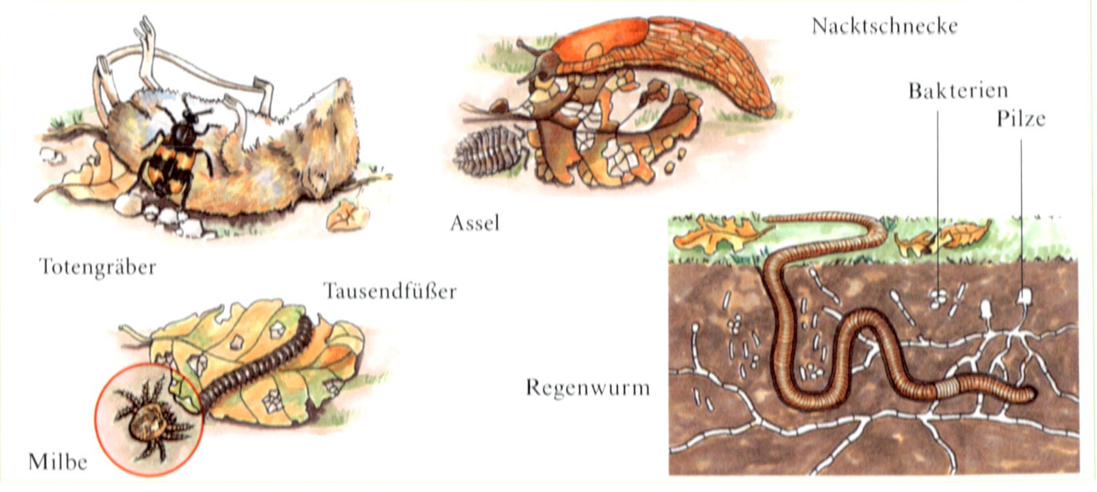

2 Zersetzer

Erzeuger
Stoffkreisläufe
Verbraucher
Zersetzer

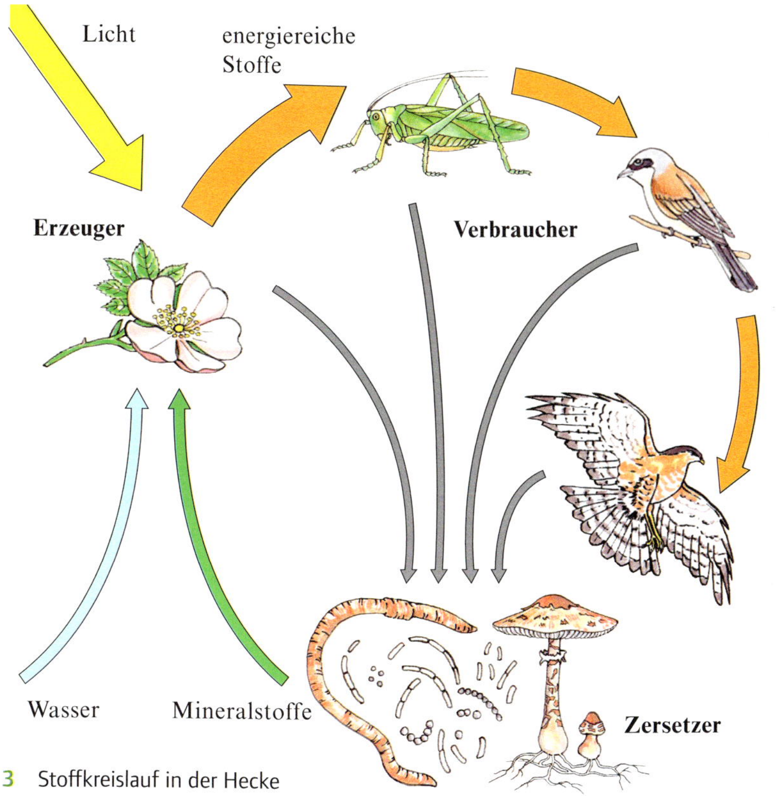

3 Stoffkreislauf in der Hecke

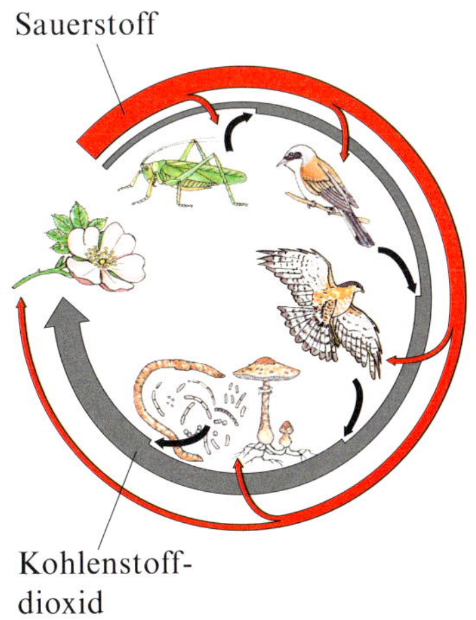

4 Kohlenstoffkreislauf

wieder energiereiche Stoffe her, zu denen Zucker, Stärke und Eiweiß gehören. Als Abfallprodukt entsteht Sauerstoff. Die grünen Pflanzen nennt man **Erzeuger**.

Der Kreis schließt sich

Die Tiere in der Hecke gehören zu den **Verbrauchern**. Pflanzenfresser, wie das Grüne Heupferd, ernähren sich direkt vom Erzeuger. Andere Verbraucher, z. B. der Neuntöter, fressen die Tiere, die sich von den grünen Pflanzen ernähren. Alle Verbraucher sind aber letzten Endes auf die grünen Pflanzen angewiesen. Zwischen Tieren und Pflanzen bilden sich also verschiedene **Stoffkreisläufe**. → 3, 4

Merk dir! In der Hecke gibt es einen Kreislauf der Stoffe, an dem Erzeuger, Verbraucher und Zersetzer beteiligt sind. Kohlenstoffdioxid, Wasser, Mineralstoffe und Sauerstoff durchlaufen einen sich ständig wiederholenden Kreislauf.

Arbeitsaufträge

1. Ein Sperber ernährt sich von Singvögeln. Erkläre, warum sein Leben trotzdem von grünen Pflanzen abhängt.
2. Erläutere, weshalb man Tiere auch als Verbraucher bezeichnet.
3. Stelle mit den folgenden Heckentieren und Heckenpflanzen, ähnlich wie in Abbildung 3, den Kreislauf der Stoffe dar: Regenwurm, Laufkäfer, Holunderblatt, Blattlaus, Laufkäfer, Amsel, Sperber.

Lena und Tarek machen mit ihrer Klasse einen Ausflug in den Wald. Der Förster erzählt, dass einige Tiere und Pflanzen in ihrem Lebensraum bedroht sind. Wenn nicht bald etwas unternommen wird, sind der Luchs und die Weißtanne womöglich bald ganz aus unseren Wäldern verschwunden.
Lena ist entsetzt und fragt: Warum ist das so? Kann man etwas dagegen tun?

1 Bei einem Ausflug in den Wald kann man viel erfahren.

Tier- und Pflanzenschutz

Eine Raubkatze in Gefahr

Zu den bedrohten Tierarten bei uns gehört der Luchs. → 2 Er ist die größte frei lebende Raubkatze in Europa. Er lebt im Wald und kommt kaum in die Nähe von Wohngebieten vor. Für den Menschen ist der Luchs nicht gefährlich, denn er ernährt sich von Vögeln, Hasen und Rehen. Nur in der Not erbeutet er auch einmal ein Schaf oder eine Ziege. Aus diesem Grund wurde der Luchs aber von Bauern und Jägern gejagt und erschossen. Dadurch ist er auch heute bedroht.

2 Durch Jagd ist der Luchs bedroht.

Ein Nadelbaum in Gefahr

Die Weißtanne ist ein Nadelbaum, der bis zu 65 Meter hoch und bis zu 600 Jahre alt werden kann. Doch Schadstoffe in der Luft von Fabrik- und Autoabgasen haben diesen Bäumen sehr geschadet. Rehe lieben das frische Grün der jungen Weißtannen. Die Weißtanne gehört zu den am meisten gefährdeten Baumarten in Deutschland.

Achtung: Rote Liste!

Wenn Tier- und Pflanzenarten wie der Luchs und die Weißtanne vom Aussterben bedroht sind, werden sie in die **Rote Liste** eingetragen. → 3 Das ist eine Warnliste, die zeigt, welche Tier- und Pflanzenarten besonders dringend Schutz bedürfen. In dieser Liste stehen in Deutschland über 5000 Tier- und fast 4000 Pflanzenarten.

Warum sollen wir Lebewesen schützen?

Kümmert man sich besonders um den Schutz einer bestimmten Tier- oder Pflanzenart, spricht man auch von **Artenschutz**. Wenn eine Art ausstirbt, ist das nicht rück-

Artenschutz
Nachhaltigkeit
Naturschutz
Rote Liste

3 In der Roten Liste sind die bedrohten Tier- und Pflanzenarten verzeichnet.

4 Diese Schilder kennzeichnen Naturschutzgebiete.

gängig zu machen, und dies hat schwere Folgen. Denn wie bei einem Puzzle übernimmt jedes kleine Teil eine wichtige Rolle für das Ganze. Durch den Bau von Straßen und Häusern und das Anlegen von immer größeren Feldern wurden die Lebensräume – die Biotope – von Tieren und Pflanzen zerstört. Die Natur ist nicht unbegrenzt belastbar. Daher müssen wir uns bemühen, bedrohten Tieren und Pflanzen zu helfen.

Schutz von Lebensräumen

Um Arten zu erhalten, muss man die Ursache für eine Bedrohung kennen und dann ihren Lebensraum schützen. Die Erhaltung von Lebensräumen für bedrohte Tier- und Pflanzenarten ist Aufgabe des **Naturschutzes**. Er stellt ganze Gebiete wie bestimmte Wälder, Seen und Flusstäler unter Schutz. Diese Flächen werden dann als Naturschutzgebiete bezeichnet. → 4 Störende Eingriffe des Menschen sind hier verboten.

Der Naturschutzbund (NABU) und der Bund für Umwelt und Naturschutz (BUND) sind zwei große Organisationen in Deutschland, die für den Schutz der Natur arbeiten. Sie setzen sich dafür ein, dass die Natur vom Menschen so genutzt wird, dass sie sich immer wieder erholen kann. Das nennt man **Nachhaltigkeit**.

→ Merk dir! Durch den Eingriff des Menschen sind viele Tier- und Pflanzenarten vom Aussterben bedroht. Um ihnen zu helfen, muss man die Ursachen ihrer Bedrohung beseitigen und auch ihren Lebensraum – ihr Biotop – schützen.

Arbeitsaufträge

1. Was ist unter einem „Auswilderungsprojekt“ zu verstehen? Informiert euch im Internet und stellt ein solches Projekt vor (www.doncato.de).

2. Besucht ein Naturschutzgebiet in eurer Nähe. Wie sieht es dort aus? Wie soll sich der Mensch verhalten? Was dürft ihr tun, was ist nicht erlaubt? Notiert eure Ergebnisse.

Wir tun etwas für Tiere und Pflanzen

Auf jedem Schulhof gibt es ungenutzte Stellen, die selten von jemand betreten werden. Sie sind geeignet, um verschiedenen Pflanzen und Tieren Schutz und Unterschlupf zu bieten. Natürlich müsst ihr etwas Geduld haben, denn es kann ein bisschen dauern, bis die Pflanzen wachsen und Tiere sich ansiedeln. Aber ihr werdet sehen, wie viel Spaß es macht, Tieren und Pflanzen ein Zuhause zu schaffen und sie vorsichtig zu beobachten.

1 Auf diesem Schulhof fühlen sich weder Mensch noch Tier noch Pflanze wohl. Das geht auch besser!

2 Die Trockenmauer bietet vielen Tieren und Pflanzen ein Zuhause.

Schritte und Tipps für euer Naturschutzprojekt

Vorbereitung

Besprecht, was ihr unternehmen wollt. Die Mindmap hilft euch dabei. Ergänzt eure Ideen.

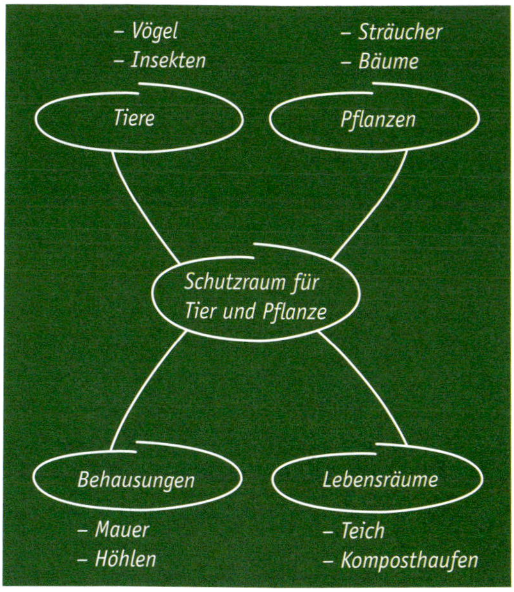

3 Mindmap zum Naturschutz

4 Teich

Planung

Überlegt, welche Informationen ihr braucht:

· Bücher über Naturschutz
· Informationen aus dem Internet über ähnliche Projekte

Welche Materialien braucht ihr?

· Holz
· Werkzeuge
· Pflanzen

Durchführung

Bildet Arbeitsgruppen und verteilt die Aufgaben:

· Wie viele Schüler sind in einer Gruppe?
· Welche Gruppe übernimmt welche Aufgabe?
· Erledigt die verteilten Aufgaben in den Gruppen.

Abschluss und Präsentation

Überprüft eure Ergebnisse. Wertet sie mit den anderen Gruppen der Klasse aus.

· Welche Probleme gab es?
· Was ist gelungen?
· Was müssen wir das nächste Mal besser machen?

Überlegt, wie ihr die Ergebnisse den anderen Klassen, euren Eltern und Bekannten präsentieren könnt:

· durch ein Fest
· durch eine Führung
· mit einer Zeitung

5 Komposthaufen

6 Es ist spannend, Tiere zu beobachten.

Was lebt in meiner Nachbarschaft?

➔ In deiner Umgebung leben viele verschiedene Pflanzen und Tiere, die gut an diesen Lebensraum angepasst sind. (Siehe Seite 30.)

➔ Bäume verschönern nicht nur die Straßen, Gärten und Parks. Für viele Tiere sind sie ein Zuhause. (Siehe Seite 32.)

➔ Hecken sind Lebensräume mit sehr unterschiedlichen Lebensbedingungen. Sie bieten vielen Tieren und Pflanzen Lebensraum. (Siehe Seite 36–39.)

➔ Insekten sind die artenreichste Tierklasse auf der Welt und kommen in fast allen Lebensräumen vor. (Siehe Seite 40–43.)

Mit verschiedenen Untersuchungsmethoden kannst du einen bestimmten Lebensraum erfassen und die Funde bestimmen. (Siehe Seite 46.)

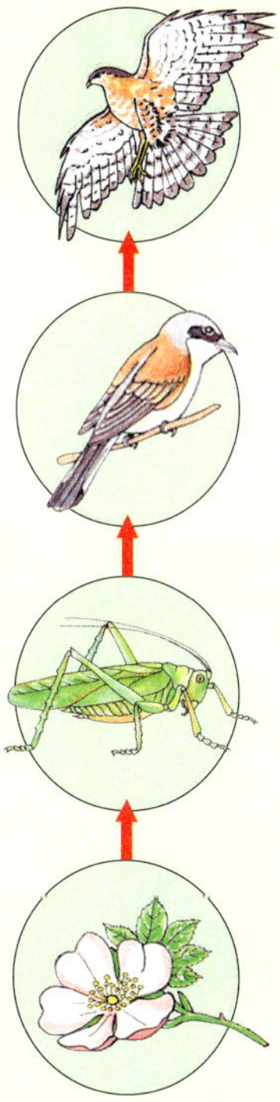

Lebewesen stehen in Nahrungsbeziehungen zueinander. Sie bilden Nahrungsketten oder Nahrungsnetze. (Siehe Seite 48.)

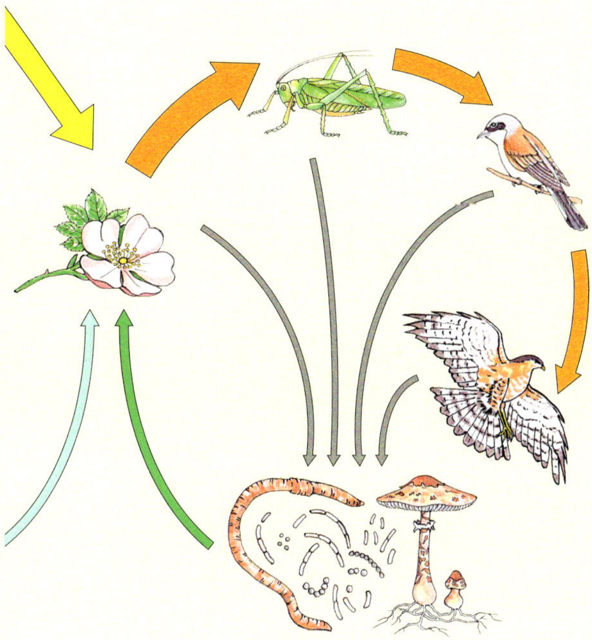

Pflanzen erzeugen wichtige energiereiche Stoffe, die von Tieren wieder verbraucht werden. Zersetzer schließen die Nahrungsketten zu Stoffkreisläufen. (Siehe Seite 50.)

Der Artenschutz regelt den Schutz von Tier- und Pflanzenarten. Die Rote Liste stellt bedrohte Tier- und Pflanzenarten unter Schutz. (Siehe Seite 53.)

1 Hecke am Feldrand

1. „Ein Baum ist ein Lebewesen." – „Ein Baum ist ein Lebensraum."
Welche Aussage ist richtig? Begründe. → 1

2. Wie legst du eine Blattsammlung an? → 2
Zähle die einzelnen Schritte auf, wie du dabei vorgehst.

a Nenne Gesichtspunkte, nach denen du deine Blätter ordnen kannst.

b Beschreibe, wie du deine Blattsammlung für längere Zeit haltbar machen kannst.

2 Blattsammlung

3. Gartenbesitzer Maier will eine Ligusterhecke pflanzen. Sie ist ganzjährig grün, leicht zu schneiden und bietet Sichtschutz vor neugierigen Nachbarn.
Gartenbesitzer Müller legt eine Hecke mit Schwarzdorn, Heckenrose, Holunder und Weißdorn an. Im Winter ist diese Hecke fast kahl, die meisten Blätter sind abgefallen. Die Hecke ist stachlig – das wird beim Schneiden nicht einfach werden. Begründe, wer von beiden für Tiere in der Stadt den besseren Lebensraum angelegt hat.

4. Das Erfolgsmodell Insekt hat immer den gleichen Grundbauplan.

a Wie ist der Körper eines Insekts aufgebaut?

b Nenne wesentliche Unterschiede zwischen den Insekten und den Wirbeltieren.

5. Zwischen Tieren und Pflanzen bestehen unterschiedliche Nahrungsbeziehungen.
- **a** Erkläre die Begriffe Nahrungskette und Nahrungsnetz.
- **b** Ordne die abgebildeten Lebewesen aus Abbildung 3 in einer Tabelle mit drei Spalten. Unterscheide zwischen Erzeugern, Verbrauchern und Zersetzern in deiner Tabelle.
- **c** Erstelle aus mindestens drei dieser Lebewesen eine Nahrungskette.
- **d** Erstelle zwei weitere Nahrungsketten und kombiniere alle Ketten in einem Nahrungsnetz.

3 Bewohner in einer Hecke

6. Stelle mit folgenden Lebewesen ein Schema für einen Stoffkreislauf her: Heckenrose, Marienkäfer, Blattlaus, Amsel, Zauneidechse, Regenwurm, Sperber.

7. Nenne Ziele von Naturschutzverbänden. → 4

4 Naturschutzverbände

Ordne deiner Lösung im Heft ein Smiley zu:
☺ Ich habe die Aufgabe richtig lösen können.
😐 Ich habe die Aufgabe nicht komplett lösen können.
☹ Ich habe die Aufgabe nicht lösen können.

Aufgabe	Fähigkeit	Hilfe findest du auf Seite …
1	Ich kann den Baum als Lebensraum beschreiben.	32
2	Ich kann eine Blattsammlung anlegen und ordnen.	34
3	Ich kann beschreiben, wie eine Hecke aufgebaut ist und welche Bedeutung Hecken haben.	36
4	Ich kenne den Körperbau der Insekten und kann Unterschiede zu den Wirbeltieren aufzeigen.	40, 42, 44
5	Ich kann eine Nahrungskette und ein Nahrungsnetz entwickeln und erklären, wie Lebewesen in einem Lebensraum wechselseitig voneinander abhängen.	48
6	Ich weiß, was ein Stoffkreislauf ist, und kann Lebewesen in Erzeuger, Verbraucher und Zersetzer einordnen.	50
7	Ich kann die Begriffe Naturschutz und Artenschutz erklären.	52

Tiere in ihren Lebensräumen

Kaum ein Fleck unserer Erde ist unbewohnt. Tiere kommen in fast allen Lebensräumen vor. Sie leben an Land, im Wasser, in der Luft, in der Wüste und im Eis. Dort haben sie es nicht immer leicht. Sie müssen zum Beispiel mit großer Hitze und Kälte zurechtkommen. Bei uns sind die Tiere dem Wechsel der Jahreszeiten ausgesetzt. Wie die Tiere mit diesen Bedingungen leben, erfährst du in diesem Kapitel.

1 Fische leben im Wasser. Wie können sie dort eigentlich atmen? Warum ertrinken Fische nicht? (Siehe Seite 62.)

2 Im Frühling begeben sich Lurche auf Wanderschaft. Wohin wandern sie? Warum tun sie dies? (Siehe Seite 66.)

3 Kriechtiere kommen meistens in warmen Ländern vor. Woran liegt das? (Siehe Seite 70.)

4 Vögel sind wahre Flugkünstler. Warum können sie so gut fliegen? Wie kann man die verschiedenen Arten unterscheiden? (Siehe Seite 74, 76.)

5 Wir ziehen uns im Winter dicke Kleidung an. Was machen die Tiere? (Siehe Seite 82.)

6 Frieren die Pinguine am Südpol eigentlich? (Siehe Seite 88.)

7 Es gibt Tiere, die in der Wüste leben. Wie ertragen sie die Hitze? (Siehe Seite 90.)

**Wir müssen nach kurzem Tauchen immer wieder Luft holen.
Wie schaffen es Fische, unter Wasser zu atmen? Warum ertrinken Fische nicht?**

1 Der Karpfen lebt in ruhigen Gewässern.

Leben unter Wasser – Fische

Körperbau

Fische sind an das Leben im Wasser gut angepasst. Ihr Körper läuft an Kopf und Schwanz spitz zu. Er hat eine Stromlinienform. → 2 Damit kann ein Fischkörper beim Schwimmen durch das Wasser „hindurchschlüpfen". Dies wird noch durch die Schuppen verbessert, die wie Dachziegel übereinanderliegen. Die Haut sondert Schleim ab. Dadurch werden Fische noch schneller bei der Fortbewegung im Wasser.

Fortbewegung und Orientierung

Die **Flossen** der Fische dienen zur Fortbewegung und zur Steuerung. Schwanz-, After- und Rückenflosse sind einfach vorhanden, Brust- und Bauchflossen liegen paarig vor. → 2

Fische können sich im Wasser sehr gut orientieren. Dabei hilft ihnen ihr **Seitenlinienorgan**. Es besteht aus vielen kleinen Sinneshärchen, die in kleinen Hautöffnungen sitzen. → 2

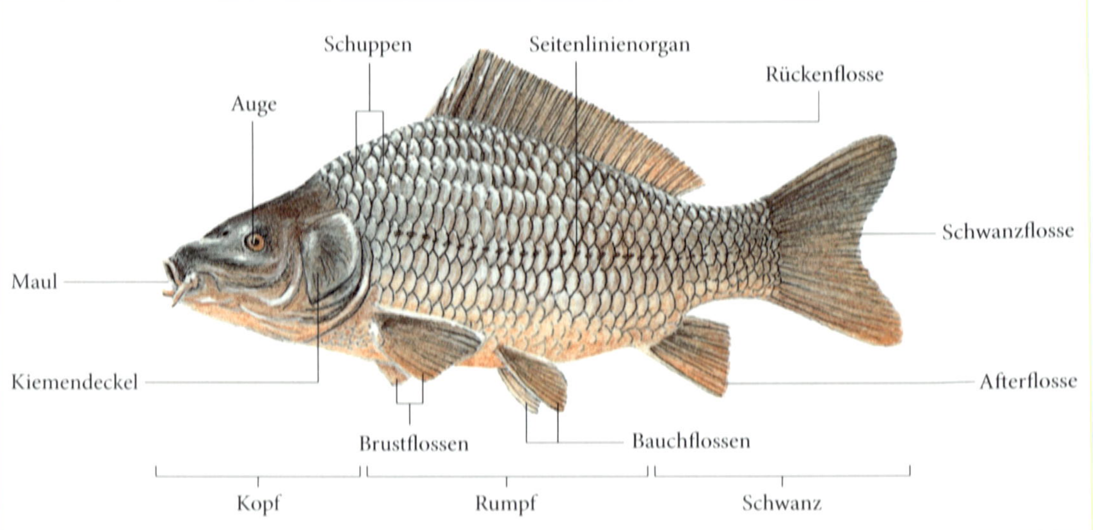

2 Äußerer Körperbau des Karpfens

Flossen
Kiemen
Schwimmblase
Seitenlinienorgan

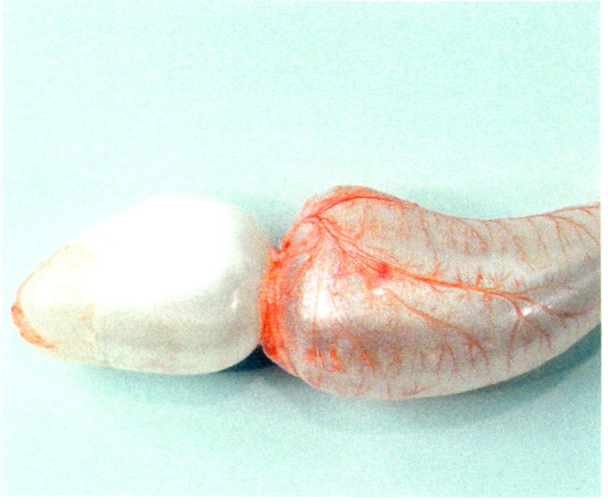

3 Schwimmblase

4 Kiemen (Kiemendeckel entfernt)

Schwerelos Schweben

Fische verfügen über eine mit Luft gefüllte **Schwimmblase.** → 3 Dadurch können sie auf einer Stelle schweben und sinken nicht einfach zu Boden. Möchte ein Fisch weiter oben schweben, nimmt er zunächst seine Flossen zu Hilfe. Dann lässt er etwas mehr Luft in die Schwimmblase hinein. Taucht er tiefer, lässt er etwas Luft ab.

Atmen unter Wasser

Mit jedem Öffnen des Mauls nehmen Fische Wasser auf und drücken es anschließend an der Seite des Kopfes durch die Kiemendeckel wieder nach außen. Unter den Kiemendeckeln liegen geschützt die roten **Kiemen.** → 4, 5 Mit den Kiemen atmen die Fische. An den Kiemenblättchen fließt das eingeatmete frische Wasser vorbei. Dadurch können diese gut durchbluteten Häute ständig den im Wasser gelösten Sauerstoff aufnehmen und Kohlenstoffdioxid abgeben.

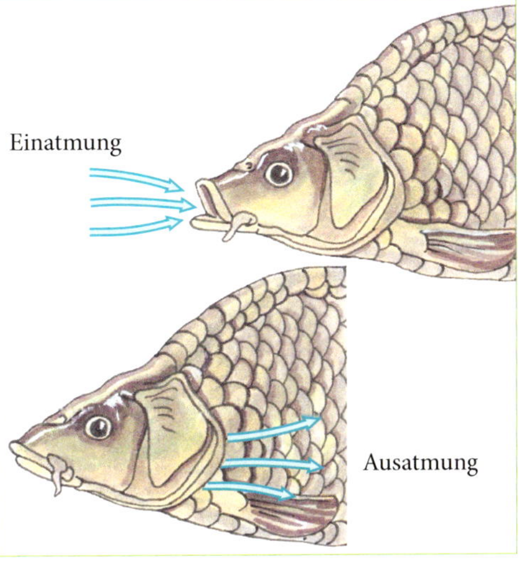

5 Weg des Wassers beim Einatmen und Ausatmen

→ Merk dir! Fische sind durch ihren Körperbau und ihre Organe gut an das Leben im Wasser angepasst. Mit der Schwimmblase können sie im Wasser schweben. Sie atmen unter Wasser durch Kiemen.

Arbeitsaufträge

1. Beschreibe genau, wodurch die Fische an das Leben unter Wasser angepasst sind.
2. Fische atmen ebenso wie Landlebewesen Sauerstoff. Begründe, wieso sie ersticken, wenn sie an Land gespült werden.

1 Fortpflanzung und Entwicklung eines Karpfens

Wie pflanzen Fische sich fort?

Die Eier entwickeln sich im Körper des Weibchens. Sie legen ihre Eier von Mai bis Juli im warmen, flachen Wasser ab. Anschließend schwimmt das Fischmännchen über die Eier und gibt seine Spermienzellen darüber ab. → 1 Die Spermienzellen befruchten die Eier. Aus den befruchteten Eiern entwickeln sich kleine Fischlarven. Sie schlüpfen nach einigen Tagen bis Wochen. Die frei schwimmenden Fischlarven ernähren sich zunächst aus Nährstoffen des Dottersacks. Sind diese aufgebraucht, beginnen die Tiere sich Futter zu suchen. Sie sind nun Jungfische und erreichen in einigen Monaten bis Jahren das Erwachsenenalter.

Lebensweise der Bachforelle

Als Süßwasserfisch braucht die **Bachforelle** klares Wasser und Versteckmöglichkeiten im Bach. → 2 Flussverschmutzungen und die Zerstörung von Verstecken durch Begradigung der Bäche vernichten Lebensräume für die Bachforelle. Sie gilt als bedrohte Art.

Die Scholle ist ein Plattfisch

Die Scholle ist ein Plattfisch und lebt in Nord- und Ostsee. Sie versteckt sich im Sandboden. → 3 Die Oberseite ist graubraun gefärbt. Die Fischlarven der Scholle sehen noch wie alle anderen Fischlarven aus, in der Entwicklung wandert dann ein Auge auf die Seite zum anderen Auge.

2 Bachforelle

3 Scholle

Bachforelle
Gewässerschutz
Hai

4 Hai

5 Toter Fisch

Haie sind Knorpelfische

Alle Fische mit Gräten gehören zu den Knochenfischen. Der **Hai** besitzt ein Skelett aus Knorpel. → 4 Da er keine Schwimmblase hat, muss er sich ständig bewegen. Sonst würde er absinken. Haie haben für die Jagd ein besonderes Sinnesorgan, mit dem sie Nervensignale anderer Tiere wahrnehmen. Versteckte Fische kann ein Hai so ausfindig machen. Nur ganz wenige Haiarten greifen Menschen an.

Bedrohung für viele Fische

Durch die Eingriffe des Menschen sind heute viele Fischarten bedroht. Der **Gewässerschutz** ist ein wichtiges Thema geworden. Die Lebensräume vieler Fische werden durch die Begradigung von Gewässern zerstört. Durch das Einleiten von giftigen Stoffen aus Industrie und Haushalt werden viele Flüsse und Seen verschmutzt. → 5
In Badeseen werden die hier lebenden Tiere von Wassersportlern gestört.

> → **Merk dir!** Die Eier des Fischweibchens werden von den Spermienzellen des Fischmännchens befruchtet. Aus den befruchteten Eiern schlüpfen Larven, die zu den Jungfischen heranwachsen.

Arbeitsaufträge

1. Lies die unten stehenden Bezeichnungen durch und ordne sie den einzelnen Schritten 1 bis 3 in Abbildung 1 zu:

- **a** Fischlarve mit Dottersack
- **b** Männchen und Weibchen
- **c** Jungfisch
- **d** Fischlarve im Ei
- **e** Befruchtetes Ei

2. Informiere dich anhand von Literatur oder Internet, welche Fische zu den Knorpelfischen gehören. Ermittle die Besonderheiten der verschiedenen Arten.

Frösche kannst du auf der Wiese, am Wasser und auch im Wasser finden. Wodurch sind Lurche an diese verschiedenen Lebensräume angepasst?

1 Ein Leben zwischen Wasser und Land.

Lurche führen ein Doppelleben

Was der Name verrät

Die Biologen bezeichnen die Lurche als **Amphibien**. Das Wort stammt aus der griechischen Sprache und kann mit „zwei Leben" übersetzt werden. Der Name verrät schon, dass diese Tiere in zwei verschiedenen Lebensräumen leben: auf dem Land und im Wasser. → 1, 3

Feuchte Haut

Hast du schon einmal einen Grasfrosch aus der Nähe gesehen oder sogar berührt? Dann wirst du festgestellt haben, dass seine Haut feucht ist. Die Feuchtigkeit schützt den Frosch vor dem Austrocknen. Er atmet auch über die feuchte Haut (Hautatmung). Deswegen kann er so lange unter Wasser bleiben. An Land atmet der Grasfrosch über die Lungen (Lungenatmung). Die Haut besitzt Schleim- und Giftdrüsen. Sie schützt den Frosch vor Infektionen und Feinden.

Fortbewegung

Der Frosch kann so gut springen, weil er kräftige und sehr lange Hinterbeine hat. Mit ihnen stößt er sich vom Boden ab. Mit den Vorderbeinen landet er wieder. Auf diese Weise kann der Frosch bis zu 1 Meter weit springen. Aber auch im Wasser ist er ein guter Schwimmer und Taucher. → 3

Mit Klappzunge auf Beutefang

Sein Sprungvermögen nutzt der Frosch auch beim Fangen von Insekten. Ist die Beute nah

2 Atmung über Haut und Lunge

3 Grasfrosch unter Wasser

Amphibien
Froschlurch
Klappzunge
Schwanzlurch

4 Beutefang beim Frosch

genug, springt der Frosch und schnappt gleichzeitig zu. Dabei klappt er seine lange, klebrige Zunge aus und fängt das Insekt ein. Mit dieser **Klappzunge** zieht der Frosch das Insekt sofort in das Maul. → 4

Froschlurch oder Schwanzlurch?

Froschlurch und **Schwanzlurch** zu unterscheiden ist ganz einfach. Besitzt der Lurch einen Schwanz, dann gehört er zu den Schwanzlurchen. Hierzu zählen beispielsweise Salamander oder Molche. Lurche ohne Schwanz sind Froschlurche. Zu ihnen gehören Frösche, Kröten und Unken.

→ Merk dir! Der Grasfrosch atmet über die Lunge und die Haut. Mit seinen Beinen kann er sich an Land und im Wasser gut fortbewegen. Lurche kann man in Frosch- und in Schwanzlurche einteilen.

Arbeitsaufträge

1. Erläutere an Beispielen, wie Lurche an das Leben im Wasser und an Land angepasst sind.
2. Ermittle mithilfe des Internets, was ein „Amphibienfahrzeug" ist. Erkläre, warum es so genannt wird.
3. Auf Abbildung 5 und 6 kannst du Lurche sehen. Handelt es sich jeweils um einen Froschlurch oder einen Schwanzlurch? Begründe und erkläre deine Antwort. Finde mithilfe eines Lexikons heraus, wie diese Lurcharten heißen.

5 Frosch- oder Schwanzlurch?

6 Frosch- oder Schwanzlurch?

1 Teichfrosch

2 Frösche bei der Paarung

Warum quaken Frösche?

Der Grasfrosch ist bei uns die häufigste Froschart. Während des Jahres lebt er an Land, vor allem im Wald und auf feuchten Wiesen. Im Frühling begeben sich die Grasfrösche auf Wanderschaft zu ihren Seen oder Teichen. In dieser Zeit können wir die Rufe als wahre „Froschkonzerte" hören. Die Männchen machen sich durch Quaken, Knurren und Brummen bemerkbar. → 1 Damit versuchen sie, die Weibchen anzulocken und gleichzeitig andere Männchen zu vertreiben.

Im „Huckepack" ins Wasser

Kommt ein Weibchen in die Nähe, klammert sich das Männchen auf seinem Rücken fest. Im „Huckepack" geht es dann in das Wasser. Im Wasser findet die Paarung statt. → 2 Dort stößt das Weibchen die Eier – den **Laich** – aus. Das Männchen verteilt über den Laich seine Spermienzellen. Der Laich ist nun befruchtet.

Von der Kaulquappe zum Frosch

Nach etwa zwei Wochen schlüpfen aus dem Laich winzige **Kaulquappen**, sie atmen durch Kiemen wie Fische. → 3 Die Kaulquappen bewegen sich mithilfe ihres Ruderschwanzes schlängelnd durch das Wasser. Nach sechs bis sieben Wochen entwickeln sich die vorderen und hinteren Gliedmaßen, der Schwanz wird kleiner. → 4 Im letzten Entwicklungsschritt haben sich die Lungen

3 Kaulquappe

4 Frosch mit Ruderschwanz

Kaulquappe
Laich

5 Arbeit am Krötenzaun

6 Warnschild an Straßen mit Krötenwanderung

gebildet. Die Kiemenatmung setzt aus und der Ruderschwanz wird abgestoßen. Ein erwachsener Grasfrosch verlässt das Wasser.

Schutz auf Wanderschaft

In Deutschland gibt es ungefähr 20 Lurcharten. Davon sind sehr viele gefährdet. Der Hauptgrund ist die Zerstörung und Verkleinerung der Lebensräume wie Teiche und andere Feuchtgebiete. Aber auch auf der Wanderung der Kröten und Frösche zu ihren Laichgewässern droht Gefahr. Beim Überqueren einer Straße benötigen die Tiere bis zu 20 Minuten. Werden sie vom Licht der Autos geblendet, rühren sie sich vor Schreck nicht von der Stelle und werden überfahren. Auf diese Weise sterben jedes Jahr Millionen Lurche auf unseren Straßen. Es gibt verschiedene Möglichkeiten, Lurche vor dem Straßentod zu schützen. Beim Bau einer Straße kann ein Tunnel mit eingebaut werden. Sogenannte Krötenzäune sind meist 50 Zentimeter hohe, undurchsichtige Kunststofffolien, die parallel zur Straße aufgebaut werden. → 5, 6

→ **Merk dir!** Im Frühjahr paaren sich die Lurche im Wasser. Aus dem Laich schlüpfen Kaulquappen, die mit Kiemen atmen. Aus den wasserlebenden Kaulquappen entwickeln sich die landlebenden Jungfrösche.

Arbeitsaufträge

1. Lies die unten stehenden Entwicklungschritte von Fröschen durch und ordne sie in eine sinnvolle Reihenfolge.

- **a** Jungfrosch mit Ruderschwanz
- **b** Laich
- **c** Erwachsener Frosch
- **d** Kaulquappen mit Kiemen
- **e** Frösche im Huckepack auf dem Weg zu einem Gewässer

2. Erkläre anhand der richtig geordneten Entwicklungschritte des Paarungsverhalten der Lurche mit eigenen Worten.

Schildkröten, Krokodile und riesige Schlangen sind nur in warmen Ländern zu finden. Doch welche Verwandten dieser Tiere leben bei uns? Und was kennzeichnet sie?

1 Das Krokodil liebt die Sonne.

Kriechtiere mögen es trocken und warm

Bunte Vielfalt

Echsen, Schlangen, Schildkröten und Krokodile gehören zu den **Kriechtieren**. Die Vorfahren der heute noch lebenden Kriechtiere waren die Saurier. → 2 Vor 145 Millionen Jahren beherrschten sie das Leben auf der Erde. Saurier kannst du heute nur noch in Filmen oder im Museum sehen. Die meisten Kriechtiere leben in den warmen Gebieten unserer Erde. Aber auch bei uns gibt es spannende Kriechtiere zu entdecken.

Die Zauneidechse

Zauneidechsen leben an trockenen und warmen Stellen in Hecken, Wäldern oder Feldrändern. Mit etwas Glück kannst du sie beim Sonnenbad beobachten. → 3 An warmen Tagen bewegen sich **Zauneidechsen** besonders schnell. Bei allzu großer Hitze verkriechen sie sich jedoch in Höhlen.
Wird es kühler, sinkt auch die Körpertemperatur dieser Tiere. Sie werden dann langsamer und träge. Da Zauneidechsen von der

2 Tyrannosaurus

3 Zauneidechse beim Sonnenbad

Häutung
Hornschuppen
Kriechtiere
Zauneidechse

4 Ein Jungtier schlüpft aus dem Ei.

5 Zauneidechse während der Häutung

Außentemperatur abhängig sind, bezeichnet man sie als wechselwarme Tiere. Sie passen ihre Temperatur der Umgebungstemperatur an.

Fortpflanzung an Land

Im Frühsommer finden sich Männchen und Weibchen zur Paarung zusammen. Bei der Paarung überträgt das Männchen seine Spermienzellen in den Körper des Weibchens.
Das Weibchen legt bis zu 20 Eier in einem Erdloch ab. Die Wärme des Bodens brütet die Eier aus. Nach zwei Monaten schlüpfen kleine Zauneidechsen. → 4

Trockene und schuppige Haut

Echsen und Schlangen haben eine trockene und starre Haut. Sie besteht aus **Hornschuppen**. Die Haut schützt vor Austrocknung und Verletzung. Da sie nicht mitwächst, müssen sich Schlangen und Echsen von Zeit zu Zeit häuten. Während der **Häutung** hängt die alte Haut in Fetzen am Körper. → 5

Merk dir! Zu den Kriechtieren gehören Echsen, Schildkröten und Schlangen. Die Zauneidechse hat eine trockene Haut und häutet sich. Sie ist wechselwarm. Ihre Eier werden durch Erdwärme ausgebrütet.

Arbeitsaufträge

1. Die Kriechtiere haben ihren Namen erhalten, weil sie sich kriechend fortbewegen. Beschreibe mithilfe von Abbildung 6 die Fortbewegung der Kriechtiere.

6 Fortbewegung der Kriechtiere

2. Erkläre, warum die meisten Kriechtiere in den warmen Ländern unserer Erde leben.
3. Suche dir aus dem Tierlexikon ein Kriechtier heraus. Fertige einen Steckbrief dazu an. Stellt euch eure Kriechtiere gegenseitig in der Klasse vor.

1 Blindschleiche

3 Kreuzotter

Schlange oder Echse?

Die **Blindschleiche** sieht auf den ersten Blick aus wie eine Schlange. → 1 Sie wird bis zu 50 Zentimeter lang. Ihr Körper ist mit glänzenden Hornschuppen bedeckt. Sie hat keine Beine. Wenn du dir aber das Skelett der Blindschleiche genau ansiehst, dann kannst du zurückgebildete Beine erkennen. → 2 Die Blindschleiche lebt im Wald. Bei feuchtem Wetter kommt sie aus ihrem Versteck. Dann jagt sie nach Schnecken und Würmern. Die Blindschleiche wirft bei Gefahr ihren Schwanz ab, er bewegt sich und lenkt so die Feinde ab.

Die Kreuzotter

Die **Kreuzotter** ist die einzige giftige Schlange, die in Deutschland vorkommt. Du erkennst sie an dem schwarzen Kreuz auf ihrem Kopf und dem Zickzackmuster auf ihrem Rücken. → 3 Die Kreuzotter ernährt sich von Mäusen und Fröschen. Beim Öffnen ihres Mauls richten sich die **Giftzähne** auf. → 4 Beißt sie zu, gelangt das Gift in die Beute. Die Kreuzotter wartet, bis die Beute tot ist, und verschlingt sie dann im Ganzen. Für Menschen ist der Biss der Kreuzotter nicht lebensgefährlich. Die Kreuzotter ist nur noch selten zu finden. Sie steht unter Artenschutz.

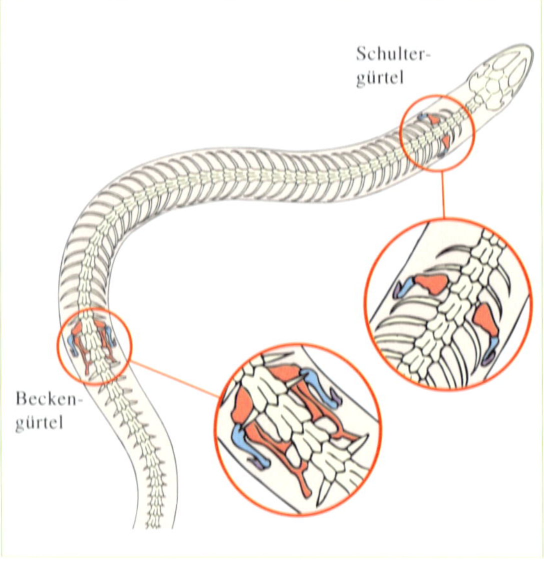

2 Skelett einer Blindschleiche

4 Giftzahn einer Kreuzotter

Blindschleiche
Giftzähne
Kreuzotter
Ringelnatter

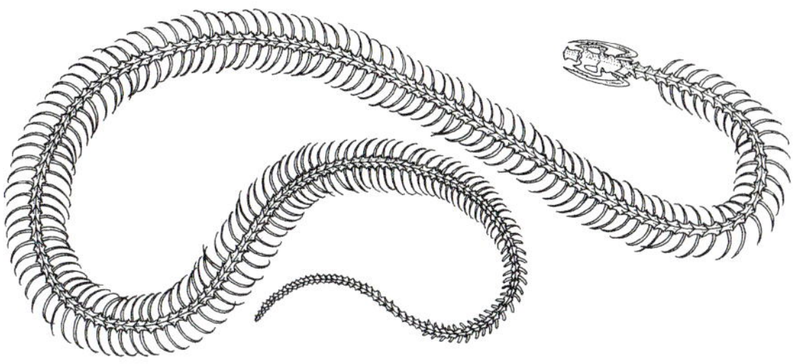

5 Skelett einer Schlange

6 Bauchschuppen einer Puffotter

Schlangen können schlecht sehen und sind taub. Sie orientieren sich mit ihrem sehr guten Geruchssinn.

Kriechen ohne Beine

Im Gegensatz zu den Echsen fehlen den Schlangen die Beine. Wie können sie sich dann aber bewegen? Schlangen bewegen sich schlängelnd voran. Sie kriechen auf ihren Rippen. → 5 Mithilfe von Muskeln richten sie dabei ihre Hautschuppen am Bauch auf. → 6 Mit den aufgerichteten Bauchschuppen finden Schlangen Halt am Boden und können sich abstoßen.

Erkennungszeichen: gelbe Halbmonde

Im Moor und auf feuchten Wiesen ist die **Ringelnatter** zu Hause. Sie kann bis zu 1,20 Meter lang werden. Ihr Körper ist grau gefärbt und hat schwarze Flecken. Die Ringelnatter ist von anderen Schlangen gut durch die zwei gelben Halbmonde am Hinterkopf zu unterscheiden. Sie ernährt sich von Schnecken und Fröschen. Ringelnattern können auch gut schwimmen. → 7 Im Wasser machen sie Jagd auf Frösche und kleine Fische. Ihre Eier legen sie an warmen Stellen im Boden ab.

7 Ringelnatter

→ Merk dir! **Schlangen haben keine Beine. Sie kriechen auf ihren Rippen. Schlangen sehen schlecht und sind taub, sie orientieren sich über ihren Geruchssinn.**

Arbeitsaufträge

1. Handelt es sich bei der Blindschleiche um eine Schlange oder eine Echse? Begründe deine Antwort mithilfe von Abbildung 2.

2. Schlangen laufen auf ihren Rippen. Erkläre diese Aussage.

3. Schlangen auf Beutejagd strecken rhythmisch die Zunge heraus. Erkläre dieses Züngeln.

4. In Deutschland sind viele Kriechtiere gefährdet. Findet mithilfe des Internets die Gründe dafür heraus. Erstellt in der Gruppe eine Liste mit den gefährdeten Kriechtieren.

„Es macht viel Freude, die vielen verschiedenen Vögel in unserem Park zu beobachten", schwärmt Aylin. „Ich wüsste aber auch gerne, wie sie alle heißen. Wie man sie wohl bestimmt?" „Das ist gar nicht so schwer", erklärt Anna. Es gibt verschiedene Möglichkeiten, Vögel zu bestimmen. Du brauchst nur etwas Zeit und Ruhe.

1 Vögel zu beobachten ist spannend.

Vögel beobachten

Größe, Gestalt und Färbung

Für die Bestimmung eines Vogels ist seine äußere Erscheinung wichtig. Gefiederfarbe, Größe und Gestalt des Vogels sowie die **Schnabelform** sind wichtige Unterscheidungsmerkmale. Die Schnabelform der Vögel unterscheidet sich deutlich entsprechend ihrer Nahrungsgewohnheiten. Vögel, die sich ausschließlich von Körnern und Samen ernähren, haben einen kurzen, dicken und festen Schnabel. Im Gegensatz dazu besitzen Vögel, die nach Würmern und Weichtieren picken, einen langen, spitzen Schnabel. Arten, die Insekten aus der Luft fangen, haben einen, schmalen spitzen Schnabel. Vögel, die Insekten und Weichtiere fressen, besitzen ebenfalls einen schmalen, spitzen Schnabel. Der hakenförmige Schnabel der Greifvögel biegt sich spitz zulaufend nach unten. → 2 Der Schnabel der Greifvögel ist somit ein wichtiges Werkzeug, um die Haut der Beute zu öffnen und die Nahrung zu zerteilen.

Gesang

Jede Vogelart besitzt ihren eigenen Gesang. Männliche Vögel locken mit ihrem **Gesang** Partnerinnen an. Außerdem grenzen sie durch ihren Gesang ihr Revier gegen Artgenossen ab. Vögel anhand ihres Gesangs zu erkennen und zu bestimmen ist nicht leicht. Am besten fängst du mit häufigen Gesängen an, wie dem von Amsel oder Buchfink, oder

2 Schnabelformen verschiedener Vogelarten

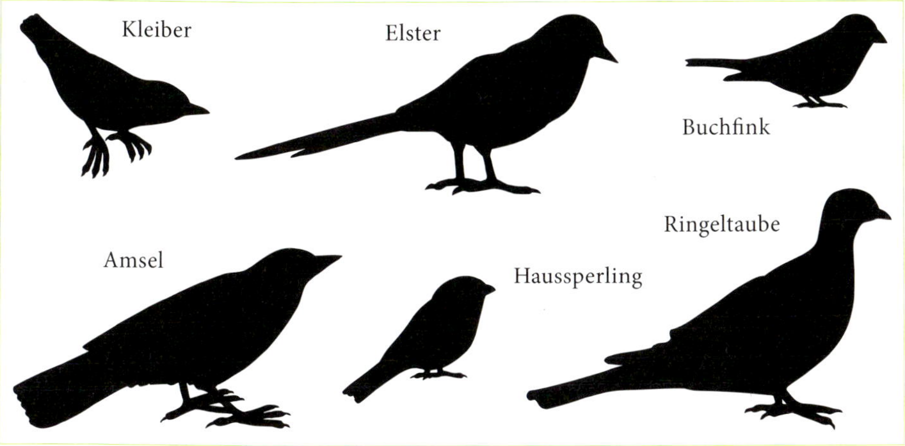

3 Schattenbilder verschiedener Vogelarten

mit solchen, die du häufig hörst. In vielen Städten bieten Vogelkundler Vogelstimmen-Exkursionen an.

Wir arbeiten als Vogelkundler

Um Vögel zu hören und im Geäst zu entdecken, ist Geduld und Ruhe wichtig. Da man häufig gegen das Licht schaut und der zu beobachtende Vogel zunächst nur dunkel erscheint, ist seine **Gestalt** zur Bestimmung hilfreich. → 3 Für die genaue Bestimmung eines Vogels ist die **Gefiederfarbe** wichtig. Deshalb müssen wir uns an ihn heranschleichen oder ihn mit dem Fernglas beobachten.

Vogelschutz – eine Herausforderung für uns alle

Viele Vogelarten sind vom Aussterben bedroht. Dafür gibt es viele Gründe. Umweltgifte schaden den Vögeln. Durch den Bau von Straßen, Siedlungen und Städten, durch die Begradigung von Bächen und Flüssen sowie durch intensive Landwirtschaft verlieren viele Vögel ihren Lebensraum und ihre Brutplätze. Freizeitsportler (Segler, Surfer, Kletterer) und Hundebesitzer, die ihre Hunde frei laufen lassen, stören bodenbrütende Vögel. In Italien und Afrika werden noch heute Zugvögel abgeschossen und verzehrt. Auch durch den wachsenden Verkehr sind immer mehr Vögel bedroht.

→ Merk dir! Vögel können nach ihrer Schnabelform, ihrem Gesang, ihrer Gestalt und Gefiederfarbe bestimmt werden.

Arbeitsaufträge

1. Brütende Vögel am Nest darf man nicht stören. Du kannst sie aber im Internet beobachten.
- **a** Gib die Suchwörter „Vögel" und „Webcam" ein. Suche dir deinen Lieblingsvogel aus und „beobachte" ihn eine halbe Stunde lang.
- **b** Notiere, was du in dieser Zeit beobachtest.

2. Abbildung 2 zeigt typische Schnabelformen der Vögel. Erkläre, welche Schnabelform für die jeweilige Nahrung geeignet ist, und begründe deine Aussage.

3. Denk nach: Was kannst du selbst zum Vogelschutz beitragen?

Du wirst im Frühjahr schon mit dem ersten Hellwerden morgens durch lautes Vogelgezwitscher geweckt. Auch die Vögel, die du den ganzen Winter kaum gehört hast, zwitschern jetzt mit allen anderen um die Wette.
Warum singen Vögel?

1 Ein singendes Amselmännchen

Das Vogeljahr

Singen um die Wette

Im Frühling kannst du singende Vögel hören und beobachten. Bei den Vögeln singen die Männchen. → 1 Mit ihrem **Gesang** grenzen sie ihr eigenes Wohngebiet ab und geben einem männlichen Artgenossen zu verstehen: „Hier wohne ich, und hier will ich auch mit meiner Partnerin leben – also verschwinde." Wenn sich trotzdem ein anderes Männchen nähert, kann es zum Kampf kommen. → 2 Jede Vogelart hat ihren eigenen Gesang.

Vögel auf Partnersuche

Die Amsel ist ein Singvogel. Sie lebt sowohl in der Stadt als auch auf dem Land. Die Männchen haben ein schwarzes Gefieder und einen leuchtend gelben Schnabel. Die Weibchen sind unauffällig braun gefärbt. Durch den Gesang wird auch das Weibchen angelockt. Das Amselmännchen wirbt um das Weibchen mit typischen Körperbewegungen. Dieses Verhalten wird als **Balz** bezeichnet. → 3 Haben sich Männchen und Weibchen gefunden, kommt es zur Paarung.

2 Amselmännchen beim Kampf

3 Amseln bei der Balz

Balz
Brutschmarotzer
Gesang
Nestflüchter
Nesthocker
Paarung

4 Amselnest

5 Fütterung

Ein Nest wird gebaut

Nach der **Paarung** baut sich das Amselpaar gemeinsam einen Nistplatz. Das Nest wird vom Weibchen aus Gras, Stroh und kleinen Zweigen gebaut und mit Federn und Moos ausgepolstert. → 4

Nesthocker

Ist das Nest fertig, legt das Weibchen vier bis fünf Eier, die etwa 14 Tage bebrütet werden. Danach schlüpfen die Jungvögel nackt und blind. Amseljunge sind **Nesthocker**, sie werden von den Altvögeln aufgezogen. → 5 Männchen und Weibchen kümmern sich gemeinsam um die Brut.

Nestflüchter

Andere Vögel kümmern sich nicht so intensiv um die Aufzucht ihrer Jungen. Sie brüten zwar die Eier. Wenn die Jungvögel schlüpfen, haben diese aber bereits Federn, können munter laufen und Körner picken. Die Jungvögel sind selbstständig und werden deshalb als **Nestflüchter** bezeichnet

Brutschmarotzer

Der Kuckuck kümmert sich nicht um seinen Nachwuchs, er ist ein **Brutschmarotzer**. Er legt nur ein Ei in ein fremdes Nest und lässt seinen Jungvogel von anderen Vögeln aufziehen.

→ **Merk dir!** Der Vogelgesang dient der Partnersuche und gleichzeitig der Revierabgrenzung. Die meisten Vögel bauen ein Nest für die Eier und ziehen die Jungvögel durch Fütterung auf.

Arbeitsaufträge

1. Tarek ärgert sich. Er wurde heute Morgen wieder von dem Gesang vieler Vögel geweckt. Erkläre ihm, wieso die Vöge so ausgiebig laut singen.
2. Erkläre deinem Nachbarn die Unterschiede zwischen Brutschmarotzer, Nesthocker und Nestflüchter.
3. Bei vielen Vögeln haben Männchen und Weibchen ein verschiedenfarbiges Federkleid.
   - **a** Nenne das Geschlecht, das das getarnte Federkleid trägt.
   - **b** Erkläre, welchen Vorteil das unauffällige Federkleid bietet.

Vögel im Herbst und Winter

Warum sammeln sich jedes Jahr im Herbst Scharen von Vögeln auf den Hochspannungsleitungen und ziehen in großen Schwärmen Richtung Süden?
Müssen wir die Vögel im tief verschneiten Winter füttern oder können sie sich selbst versorgen?

1 Standvögel

2 Zugvögel

Im Spätherbst kannst du beobachten, dass sich Schwalben sammeln und dann gemeinsam wegziehen. Die Schwalben ziehen, wie viele andere Vögel auch, in den Süden. Im Winter finden sie bei uns keine Insekten mehr, deshalb ziehen sie dorthin, wo sie ihre Nahrung finden können. Deswegen werden sie auch Zugvögel genannt. → 2

Manche Vögel können bei uns überwintern, weil sie sich hauptsächlich von Körnern und Samen ernähren. Vögel, die das ganze Jahr an demselben Standort leben, bezeichnet man als Standvögel. Sie finden auch im Winter ausreichend Nahrung. Erst wenn Felder, Wiesen, Bäume und Sträucher dick vom Schnee bedeckt sind, sollte man Futterstellen einrichten.

Schritte und Tipps für euer Vogelprojekt

Vorbereitung

Besprecht, was ihr unternehmen wollt. Die Mindmap hilft euch dabei. Ergänzt eure Ideen.

Planung

Stellt eigene Überlegungen an, welche Informationen ihr für euer Projekt braucht und woher ihr sie bekommt.

- Beobachten und Bestimmen der Vögel im Schulumfeld
- Kontakt herstellen zum Vogelschutzbund
- Informationen aus Büchern, Zeitschriften, dem Internet
- Tierschutzbund
- Geeignete Futterstellen → 4
- Bau von Futterhilfen → 5

Durchführung

Bildet Arbeitsgruppen und verteilt die Aufgaben.

- Wie viele Schüler sind in einer Gruppe?
- Welche Gruppe übernimmt welche Aufgabe?
- Arbeitsteilung in den Gruppen (jeder bekommt eine Aufgabe)

Erledigt die Aufgaben in den Gruppen.

Abschluss und Präsentation

Überprüft eure Ergebnisse. Wertet sie mit den anderen Gruppen der Klasse aus. Überlegt euch, wie ihr eure Ergebnisse präsentieren könnt:

- mit Steckbriefen
- mit Fotos und Zeichnungen
- mit Plakaten
- mit einer Ausstellung

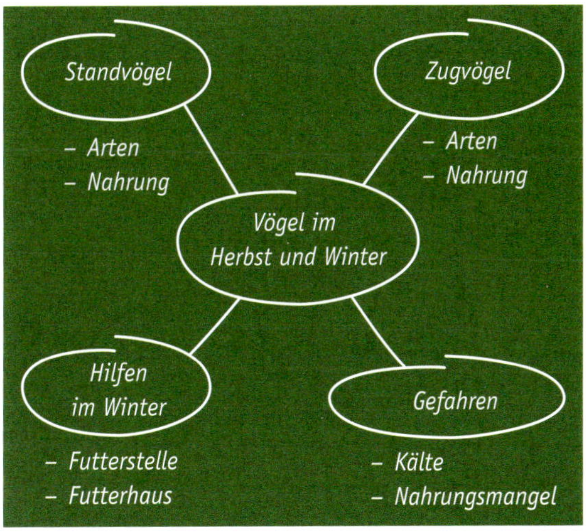

3 Mindmap Vögel im Herbst und Winter

4 Futterhaus

5 Meisen am Futterplatz

Vielleicht hast du im Winter schon einmal Tierspuren im Schnee gefunden. Das bedeutet, dass viele Tiere auch bei großer Kälte unterwegs sind. Aber wie kommen diese Tiere damit klar? Und wie überstehen sie den Winter?

1 Tierspuren im Schnee

Überleben in schwierigen Zeiten

Winteraktiv

Die meisten Säugetiere sind **winteraktiv**. → 2 Sie haben bei jedem Wetter die gleiche Körpertemperatur. Sie sind **gleichwarm**. Um diese Körpertemperatur aufrechtzuerhalten, müssen sie sich vor Schnee, Eis und Frost schützen. Im späten Sommer fressen sie sehr viel und legen damit eine Fettschicht an. Diese Fettschicht verringert das Auskühlen und dient als Nahrungsreserve. Ein dichtes und dickes Fell wärmt und schützt ebenfalls gut gegen die eisige Kälte. In schneereichen Wintern werden in Wäldern Futterstellen eingerichtet.

Winterruhe

Dachse fressen sich im Spätsommer eine dicke Fettschicht an. Im Winter halten sie **Winterruhe**. Wenn sie hungrig werden, verlassen sie kurzzeitig ihren Dachsbau, fressen und ziehen sich wieder in den frostsicheren Bau zurück. → 3

2 Rehe sind winteraktiv.

3 Dachs

In 4 Schritten zum Diagramm

Schritt 1 Zeichne eine *x*-Achse und eine *y*-Achse.

Schritt 2 Teile die Achsen in Abschnitte ein und beschrifte sie.

Schritt 3 Zeichne die gemessenen Werte aus der Tabelle als Punkte zwischen den Achsen ein.

Schritt 4 Verbinde zum Schluss die einzelnen Punkte mit einem Lineal miteinander. Nun sind die Messergebnisse anschaulich dargestellt. In das Koordinatensystem kannst du Messdaten anderer Tiere eintragen und Diagramme zeichnen. So lassen sich Messwerte vergleichen.

Werte miteinander vergleichen

Die Wissenschaftler haben auch die Körpertemperaturen eines Igels und eines Eichhörnchens in Frühling, Sommer, Herbst und Winter gemessen. Ihre Messwerte haben sie in eine Tabelle eingetragen. → 4 Wenn man die Messwerte von Igel und Eichhörnchen in verschiedenen Farben in das Diagramm mit den Werten der Zauneidechse überträgt, kann man die Körpertemperatur der Eidechse, des Igels und des Eichhörnchens bei gleicher Lufttemperatur miteinander vergleichen. Unterschiedliche Farben der Kurven geben eine schnelle Zuordnung zum jeweiligen Tier.

Umgebungstemperatur in °C	Körpertemperatur des Igels in °C	Körpertemperatur des Eichhörnchens in °C
26	37	37
15	26	37
4	7	37
0	35	37

4 Die Tabelle zeigt die Messwerte von Igel und Eichhörnchen.

Arbeitsaufträge

1. Sieh dir Abbildung 3 genau an. Beantworte folgende Fragen:
- **a** Nenne die Bedeutung der beiden Achsen?
- **b** Erkläre die Einteilung der Achsen.
- **c** Beschreibe den Verlauf der Kurve mit deinen Worten und erkläre das Ergebnis.

2. Übertrage Abbildung 3 in dein Heft. Achte dabei genau auf die Einteilung der Achsen. Verwende für die Messwerte der Zauneidechse einen grünen Stift.

3. Übertrage die Werte aus der Tabelle 4 in das Diagramm aus Aufgabe 2. Verwende für die Messwerte des Igels einen roten Stift und für die Werte des Eichhörnchens einen blauen Stift.
- **a** Verbinde die eingetragenen Messwerte.
- **b** Beschreibe die Unterschiede zwischen der Körpertemperatur der Zauneidechse, des Igels und des Eichhörnchens.

4. Schau dir das Diagramm (Aufgabe 3) noch einmal genau an. Nenne jeweils das Tier, das Winterschlaf, Winterruhe und Winterstarre hält.

Lena und Alex beobachten bei einem Besuch im Zoo die Eisbären. Lena sagt: „Hier im Zoo in Deutschland ist es auch im Winter nicht so kalt. Aber wie schaffen es die Eisbären, am kalten Nordpol zu überleben?“ „Na ja, sie haben ja ein dickes Fell“, sagt Alex. Reicht das dicke Fell der Eisbären wirklich aus?

1 Wie geht es dem Eisbären in der Kälte?

Warum frieren Eisbär und Pinguin nicht?

Weißer Riese am Nordpol

Die Wintermonate am Nordpol sind hart. Es kann bis zu – 70 Grad kalt werden. An solche eisigen Temperaturen ist der **Eisbär** hervorragend angepasst. Das dichte Fell und eine zehn Zentimeter dicke Fettschicht schützen so gut, dass kaum Wärme verloren geht. Die äußeren Fellhaare sind innen hohl, sie sorgen so für eine zusätzliche Wärmeisolation. Die Haut unter dem Fell ist dunkel, sie nimmt Wärme von außen auf. Zusätzlich haben Eisbären große Pfoten mit viel Fell. → 2 Das Fell verhindert, dass viel Körperwärme an den Boden abgegeben wird. Außerdem versinkt der Eisbär durch die Größe der Pfoten nicht so schnell im Schnee.

Der Eisbär weist also Eigenschaften auf, die für sein Überleben in der Kälte nützlich sind. Diese Eigenschaften werden **Angepasstheiten** genannt. Die Jungen werden mit einer sehr fetthaltigen Muttermilch ernährt. → 3

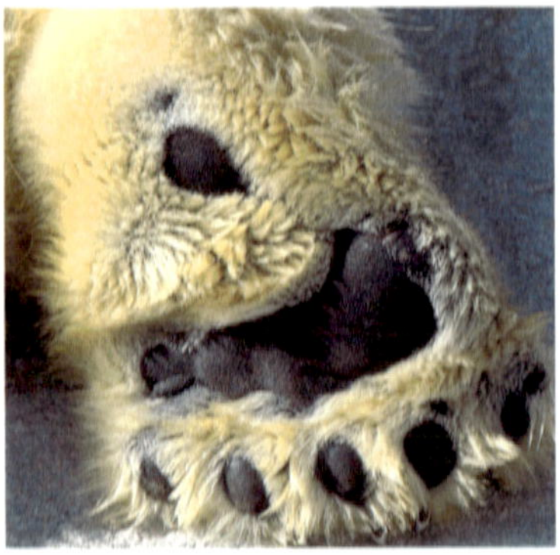

2 Eisbärpfote

3 Eine Eisbärmutter mit ihren Jungen

Angepasstheit
Eisbär
Pinguin

4 Pinguine haben jede Menge Tricks gegen die Kälte.

5 Kälteschutz für Jungtiere

Im „Frack" gegen die Kälte

Die meisten **Pinguine** leben am Südpol. → 4 Auch dort ist es sehr kalt. Die schuppenartigen Federn geben dem Körper des Pinguins eine glatte Oberfläche und verhindern das Eindringen von Wasser. Die dicke Fettschicht unter der Haut isoliert. Die Füße des Pinguins haben fast dieselbe Temperatur wie der kalte Untergrund, auf dem sie stehen. So geht keine Wärme über die Füße verloren.
Pinguine legen Eier. Das Ei wird nach dem Legen auf die Füße des Männchens geschoben und bebrütet, damit es keinen Kontakt zum Eis hat. Pinguine brüten ihre Eier in einer Hautfalte am Bauch aus. Auch die Jungtiere finden Schutz und Wärme auf den Füßen der Eltern. → 5

→ Merk dir! Tiere, die in kalten Gegenden leben, haben besondere Eigenschaften, die ihnen das Überleben ermöglichen. Diese Eigenschaften werden als Angepasstheiten bezeichnet.

Arbeitsaufträge

1. Unter seinem dicken weißen Fell ist der Eisbär schwarz, so wie seine Nase. Aber weshalb hat der Eisbär eine schwarze Haut? Dieser Versuch verrät es dir: Lege eine weiße und eine schwarze Pappe (oder ein Tuch) 5 Minuten in die pralle Sonne. Welche Pappe (welches Tuch) ist wärmer? Erkläre, welche Vorteile die schwarze Haut für den Eisbären hat.

2. Eine beliebte Frage lautet: Wieso fressen Eisbären keine Pinguine? Kennst du die Antwort?

3. Viele Tiere haben ein wenig Fett in ihrem Fell oder Gefieder. Babycreme ist so ein Fett, das aus der Wolle von Schafen stammt. Führe folgenden Versuch durch: Zerreibe etwas Babycreme zwischen den Fingern. Versuche, die Creme mit Wasser abzuwaschen.
   - **a** Beschreibe deine Beobachtung. Erkläre, welche Bedeutung das Fett für Tiere hat, die im Eismeer leben.
   - **b** Kennst du noch andere Tiere, die Fett im Gefieder oder in den Haaren haben?

In der größten Wüste der Erde, der Sahara, ist es sehr trocken und heiß. Die Sahara liegt im Norden Afrikas. Tagsüber ist es bis zu 70 °C heiß. In der Wüste fällt sehr wenig Regen. Es gibt sogar Jahre, in denen es gar nicht regnet.
Kannst du dir vorstellen, dass es Tiere gibt, die unter diesen Umständen gut leben können?

1 Sahara – Wüste ohne Leben?

Leben in der Wüste

Wüstenschiff Dromedar

Das **Dromedar** ist das größte Säugetier unter den Wüstenbewohnern. Für das Leben in extremer Hitze ist es bestens gerüstet: Es hat ganz besonders lange Beine, die seinen Körper vom heißen Wüstenboden abheben. → 2 Die Füße des Dromedars haben harte Hornsohlen, sie dienen als Schutz vor Hitze und Verletzungen. → 3 Die Zehen an den Füßen sind weit spreizbar, damit das Tier nicht im Wüstensand versinkt. Das dichte Fell bietet Schutz vor der Hitze des Tages und der Kälte der Nacht.
Zum Schutz vor Sandstürmen kann das Dromedar seine Nasenlöcher verschließen. Der Rückenhöcker ist ein Fettspeicher. Das gespeicherte Fett ist in Hungerzeiten Nahrung und Energiequelle.

Wüstenfuchs

Sieht man den **Wüstenfuchs** zum ersten Mal, fallen einem vor allem die übergroßen Ohren auf. → 4 Über ihre große Oberfläche kann sehr viel Körperwärme abgeführt werden. Dennoch meidet der Wüstenfuchs wie viele Wüstentiere die Hitze des Tages. Er ruht tagsüber in seinem Bau unter der Erde und geht erst nachts auf die Jagd. Dabei orientiert er sich vor allem mit seinen großen Ohren. Sie wirken wie Schalltrichter und

2 Das Dromedar ist gut an die Hitze angepasst.

3 Fußsohle eines Dromedars

4 Wüstenfuchs

5 Nebeltrinker-Käfer

helfen ihm, die Beute anhand ihrer Geräusche zu orten. Mit dem Wassermangel in der Wüste kann er gut leben, denn er kommt ganz ohne flüssiges Wasser aus. Ihm reicht der Wassergehalt seiner Beutetiere.

Kopfstand in der Wüste

Der **Nebeltrinker-Käfer** löst das Wasserproblem in der Wüste auf ganz besondere Art und Weise. → 5 Bei Sonnenaufgang stellt er sich auf die hohen Dünen, macht einen Kopfstand und fängt mit den Deckeln seiner Flügel den morgendlichen Tau ein. Von den Flügeldecken rinnt das Wasser direkt zum Mund des Käfers.

> → **Merk dir!** Tiere, die in der Wüste leben, müssen mit wenig Wasser auskommen. Diese Tiere können durch ihre besonderen Angepasstheiten in der Wüste überleben.

Arbeitsaufträge

1. Tiere, die in der Wüste leben, sind gut an die Hitze angepasst. Stelle die Angepasstheiten in einer Tabelle zusammen.

2. Der in der Kälte lebende Polarfuchs hat sehr kleine Ohren. Der Wüstenfuchs hat hingegen besonders große Ohren. → 4 Mit einem Versuch kannst du diesen Unterschied erklären.

- **a** Fülle einen Erlenmeyerkolben (kleine Oberfläche wie beim Polarfuchs) und eine flache Schüssel (große Oberfläche wie beim Wüstenfuchs) mit warmem Wasser. → 6
- **b** Lege jeweils ein Thermometer hinein und beobachte die Temperatur. Notiere die Temperaturen nach 2, 5 und 10 Minuten.
- **c** Vergleiche die Ergebnisse. Erkläre jetzt, warum der Polarfuchs und der Wüstenfuchs so unterschiedlich große Ohren haben?

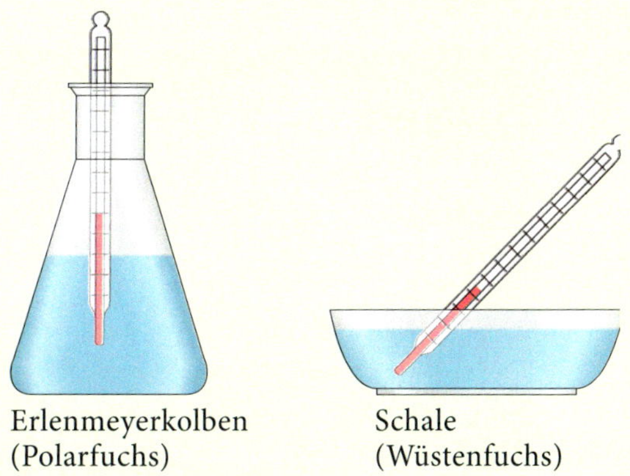

6 Versuchsaufbau

Wärme in der Natur und in der Technik

Jeden Morgen freuen wir uns auf das Aufgehen der Sonne. Sie ist unsere wichtigste Energiequelle. Nur durch ihr Licht und ihre Wärme ist Leben auf der Erde möglich. Auch in unseren Brennstoffen, z. B. im Holz oder in der Kohle, ist Sonnenenergie gespeichert. Aber welche Wärmequellen gibt es noch? Und wie wird Wärme überhaupt übertragen? Und kann man Wärme eigentlich irgendwie „festhalten"?
In diesem Projekt geht es nicht mehr nur um reine Biologie. Ihr müsst auch eure physikalischen und chemischen Kenntnisse nutzen oder neues Wissen erarbeiten.

1 Die Sonne – der Quell allen Lebens auf der Erde

2 Auch ein Feuer verbreitet Licht und Wärme.

3 Gegenseitiges Wärmen durch Zusammenkuscheln

4 Dicke Kleidung verhindert Wärmeverluste.

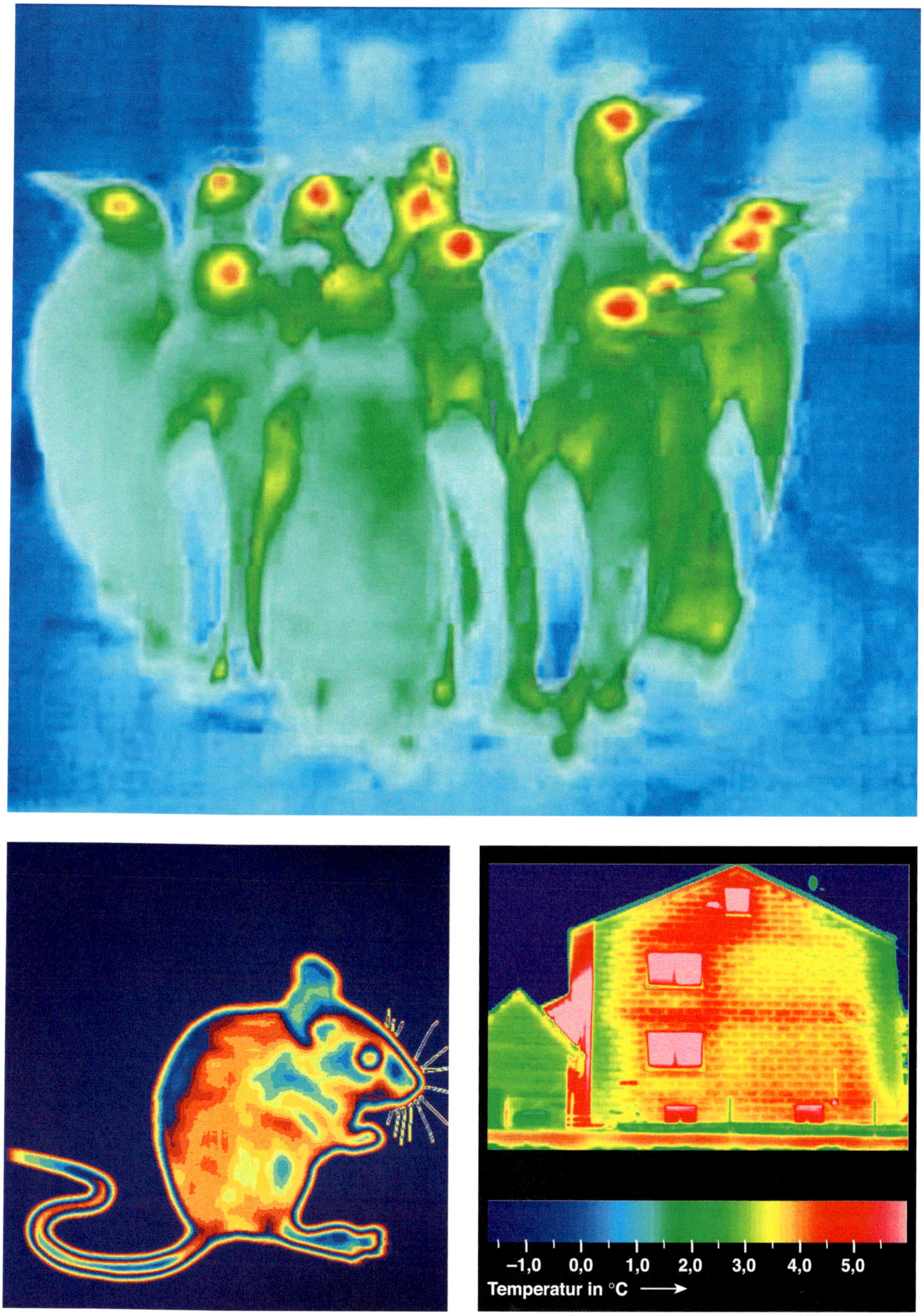

5 Sogenannte Wärmebilder von belebten oder unbelebten Objekten zeigen, wo Wärme verloren geht.

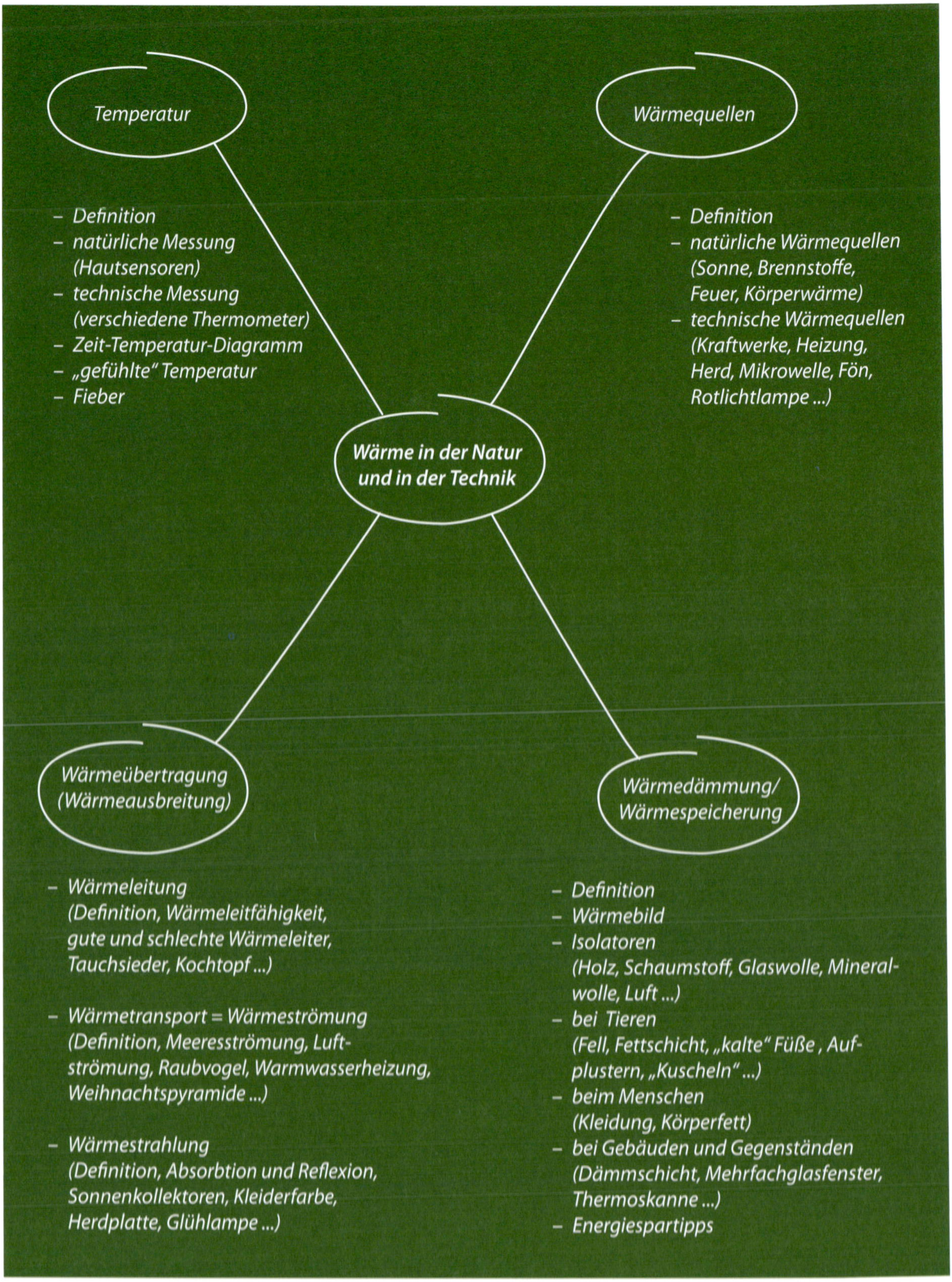

1 Mindmap zum Projekt „Wärme in der Natur und in der Technik"

Schritte und Tipps für euer Projekt

Vorbereitung

Besprecht, wie ihr an das Thema herangehen wollt. Die Mindmap hilft euch dabei. Ergänzt sie, falls ihr noch weitere Ideen habt. → 1

Planung

Überlegt euch mit der ganzen Klasse, welche Informationen ihr braucht und woher ihr sie bekommt.

- Biologie-, Physik- und Chemie-Lehrbücher
- Zeitschriften, Lexika, Internet
- Befragung von Fachlehrern

Welche Materialien könntet ihr brauchen?

- Materialien für verschiedene Wärmeversuche (z. B. Schüsseln, Wasserkocher, verschiedene Thermometer, Föhn, Rotlichtlampe, Kochtopf, Tauchsieder, Kerzen, Thermoskanne, verschiedene Dämmstoffe ...) → 2, 4

2 Wasserkocher und Thermosgefäße

3 Dunkle Solarzellen absorbieren Wärme.

4 Eine Rotlichtlampe spendet heilende Wärme.

Durchführung

Bildet mehrere Arbeitsgruppen. Berücksichtigt dabei die Hauptschwerpunkte der Mindmap. Verteilt die Aufgaben.

- Wie viele Arbeitsgruppen sind nötig?
- Welche Arbeitsgruppe übernimmt welche Aufgaben?
- Wie viele Schüler sollten in den einzelnen Gruppen sein?
- Wer ist in welcher Gruppe?
- Wer übernimmt welche Aufgabe?

Erledigt die Aufgaben in den Gruppen.

Abschluss und Präsentation

Tragt eure Ergebnisse in der Klasse zusammen und wertet sie aus.

- Wo habt ihr etwas nicht verstanden und braucht die Hilfe des Lehrers?
- Welche neuen, besonders interessanten Erkenntnisse gab es?

Überlegt euch, ob das Projekt komplett präsentiert werden soll oder in Teilpräsentationen der einzelnen Gruppen. Wie könnt ihr eure Ergebnisse präsentieren?

- Poster oder Wandzeitung
- Zeitung oder Broschüre
- Ausstellung
- Stand mit Informationsmaterial und Versuchsaufbauten zur Demonstration für Besucher
- Projekttag mit Vorträgen

Lena, Tarek und Aylin knobeln an einer Rätselfrage: Was haben diese Tiere gemeinsam? Lena meint: „Gar nichts, die sehen doch alle verschieden aus.“ „Sie leben alle an Land“, meint Tarek. „Stimmt nicht“, sagt Aylin, „der Fisch lebt ja wohl im Wasser. Aber mir fällt etwas ein.“ Welche Gemeinsamkeit meint Aylin?

1 Was haben diese Tiere gemeinsam?

Vielfalt lässt sich ordnen

Eine versteckte Gemeinsamkeit

So unterschiedlich Kaiserpinguin, Braunbär, Wasserfrosch, Dreizehenmöve, Goldfisch und Python auch aussehen, sie haben trotzdem alle etwas gemeinsam. → 1 Etwas, was von außen nicht zu erkennen ist: Sie besitzen eine **Wirbelsäule**. Daher fasst man alle Tiere mit einer Wirbelsäule als **Wirbeltiere** zusammen. Innerhalb der Gruppe der Wirbeltiere gibt es wiederum Gruppen von Tieren, die viele Gemeinsamkeiten miteinander haben. Die Wirbeltiere lassen sich in Fische, Lurche, Kriechtiere, Vögel und Säugetiere einteilen.

Fische

Fische atmen mit Kiemen unter Wasser. Ihre Haut ist aus knöchernen Schuppen mit einer darüberliegenden Schleimschicht aufgebaut. Fische legen Eier ins Wasser, aus denen sich die Nachkommen entwickeln. Sie sind wechselwarm. → 2

Lurche

Lurche legen ebenfalls Eier ins Wasser. Aus ihnen schlüpfen zunächst Kaulquappen, die im Wasser leben und mit Kiemen atmen. Nach einer Umwandlung haben Lurche vier Beine und atmen mit Lungen. Sie haben eine feuchte Haut und sind wechselwarm. → 2

Kriechtiere

Hornschuppen schützen die Kriechtiere gut gegen Austrocknung. Sie atmen mit einer Lunge. Kriechtiere besitzen vier kurze Beine, mit denen sie kriechen. Bei Schlangen haben sich diese jedoch zurückgebildet. Alle Kriechtiere sind wechselwarm. → 2

Vögel

Die Knochen der Vögel sind innen hohl. Das macht sie leichter und verbessert damit die Flugfähigkeit. Die Lunge der Vögel ist sehr leistungsstark. Als gleichwarme Tiere werden Vögel durch ihre Federn warm gehalten. Sie brüten ihre Eier aus und kümmern sich um ihre geschlüpften Jungen. → 2

Wirbelsäule
Wirbeltiere

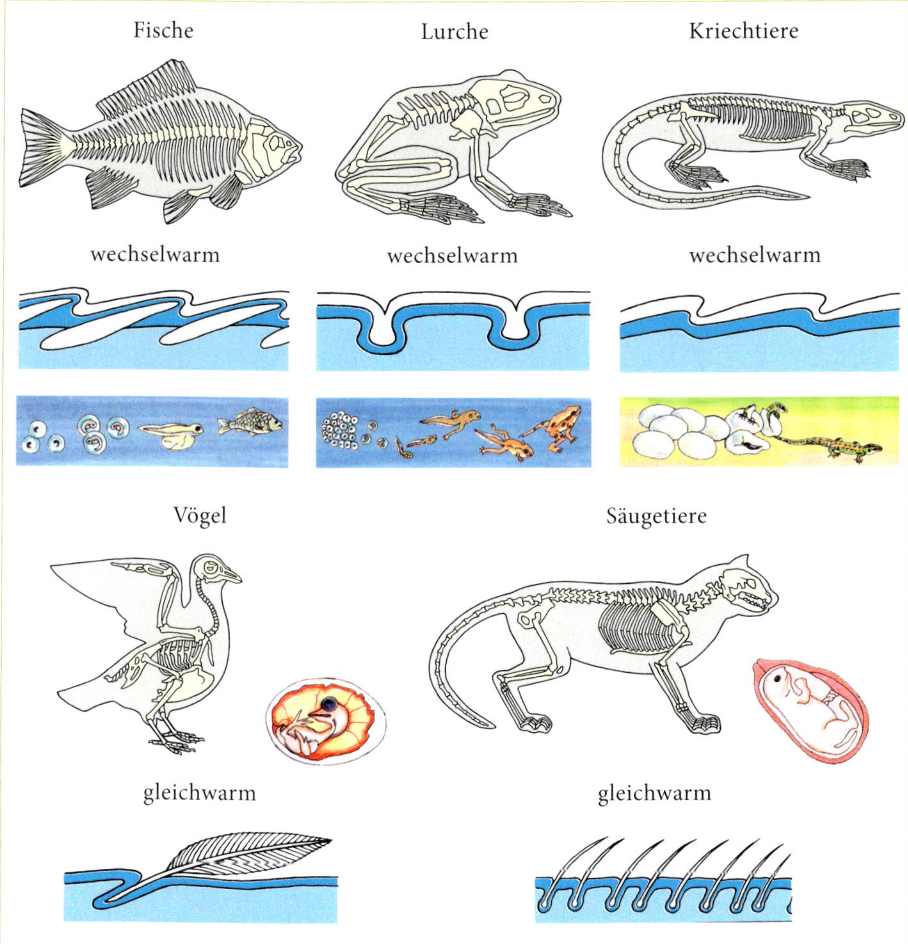

2 Wirbeltiere im Vergleich

Säugetiere

Säugetiere sind ebenfalls gleichwarme Tiere und atmen mit Lungen. Ein Fell schützt sie vor Auskühlung. Die Jungen der **Säugetiere** werden nach ihrer Geburt mit der Milch der Mutter gesäugt. → 2

> → Merk dir! Alle Tiere mit einer Wirbelsäule sind Wirbeltiere. Sie lassen sich in Fische, Lurche, Kriechtiere, Vögel und Säugetiere unterteilen.

Arbeitsaufträge

1. Ordne die Tiere aus Abbildung 1 den Wirbeltiergruppen zu. → 2 Begründe deine Zuordnung.

2. Erkläre, warum Krebse, Muscheln und Insekten nicht zu den Wirbeltieren gehören.

Der Buntspecht und die Prachtlibelle besitzen eine Gemeinsamkeit: Sie haben Flügel und können fliegen.
Welche Unterschiede weisen sie jedoch im Körperbau auf?

1 Buntspecht und Prachtlibelle

Wirbeltiere und Wirbellose im Vergleich

Wirbeltiere

Der Buntspecht ist ein Vogel. Die Vögel gehören mit den Säugetieren, Reptilien, Amphibien und Fischen zu den Wirbeltieren. Ihnen allen gemeinsam ist der Besitz eines innen liegenden Skeletts, das aus der Wirbelsäule und den Knochen besteht. → 2 Dieses **Innenskelett** stützt den Körper und ermöglicht zusammen mit den Muskeln seine Beweglichkeit. Der Körper der Wirbeltiere wird in Kopf, Rumpf und Gliedmaßen eingeteilt.

Wirbellose

Die Prachtlibelle ist ein Insekt. Insekten werden mit anderen Tiergruppen wie Krebstieren, Spinnentieren und Weichtieren zu den Wirbellosen gezählt, weil sie keine Wirbel-

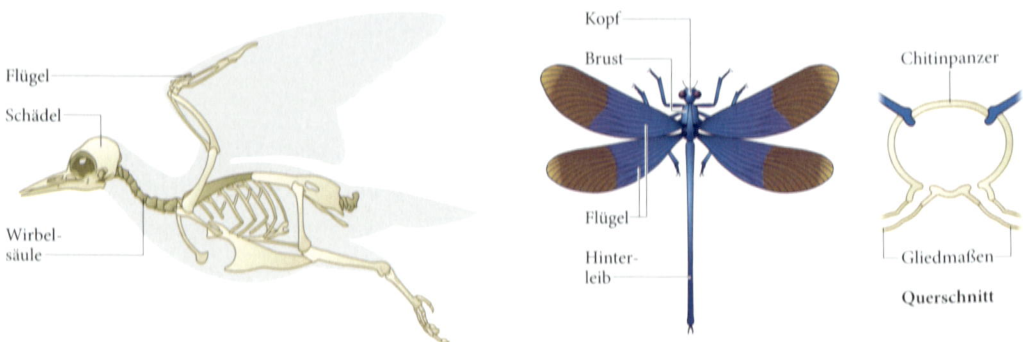

2 Skelett und Körpergliederung des Buntspechts und der Prachtlibelle

Außenskelett
Innenskelett
geschlossener Blutkreislauf
offener Blutkreislauf

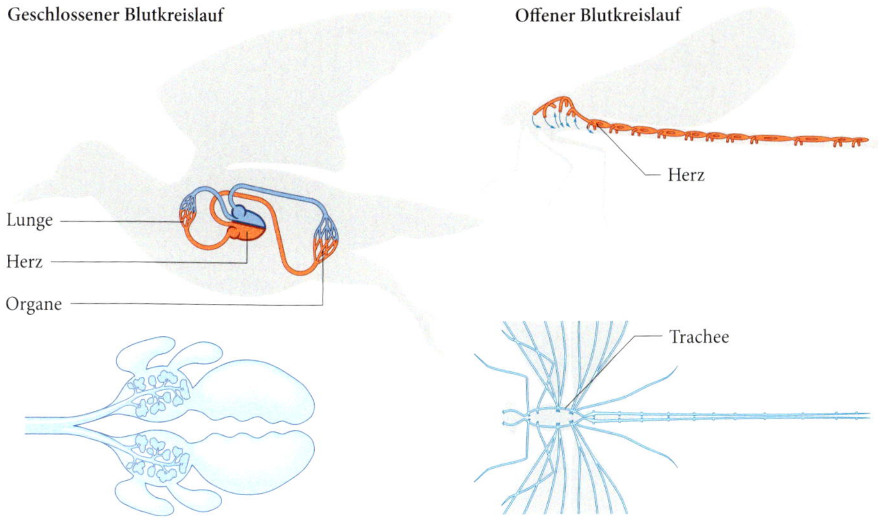

3 Blutkreislauf und Atmung beim Buntspecht und der Prachtlibelle

säule besitzen. Ihr Körper wird durch einen festen Chitinpanzer umhüllt, an den im Innern des Körpers Muskeln ansetzen. Er wird in Kopf, Brust und Hinterleib eingeteilt. → 2 Auch der Körper der Prachtlibelle ist also beweglich. Die Muskeln im Innern des Körpers bewegen auch die Flügel. Der Chitinpanzer schützt den Körper der Libelle und dient als **Außenskelett**.

Körperbau und Atmung

Auch beim inneren Bau der Körper findet man große Unterschiede zwischen dem Buntspecht und der Prachtlibelle. Die Prachtlibelle besitzt ein röhrenförmiges Herz, das das Blut in den Körper pumpt. Das Adersystem ist jedoch nicht geschlossen, sodass das Blut frei im Körper fließen und zu den Organen gelangen kann. Man spricht von einem **offenen Blutkreislauf.** Der Buntspecht dagegen besitzt ein geschlossenes Adersystem und daher einen **geschlossenen Blutkreislauf.** → 3

Vögel wie der Buntspecht atmen mithilfe von **Lungen**. Die Prachtlibelle besitzt ein Röhrensystem, das den Körper durchzieht. Die Röhren nennt man **Tracheen**. → 3

→ Merk dir! Die Bezeichnung Wirbeltiere leitet sich von der Wirbelsäule ab. Wirbeltiere besitzen ein Innenskelett, wirbellose Tiere ein Außenskelett.

Arbeitsaufträge

1. Nenne mindestens drei Unterschiede im Bau von Buntspecht und Prachtlibelle.

2. Erläutere die Aufgaben des Innenskeletts und des Außenskeletts.

3. Nenne drei weitere wirbellose Tiere.
- **a** Recherchiere in Biologiebüchern, in Lexika oder im Internet ihren Körperbau.
- **b** Erstelle für eines dieser wirbellosen Tiere einen Steckbrief über den Körperbau.

Wirbeltiere – ganz verschieden und doch ähnlich

1. Haare und Federn – Schutz vor Kälte?

Ihr braucht: 3 Erlenmeyerkolben (100 ml), Wasser, 1 Thermometer, heißes Wasser, 2 große Bechergläser, Haare (ausgebürstet von Hunden) oder Wolle (vom Schaf), Federn (möglichst Daune), Kühlschrank, Uhr.

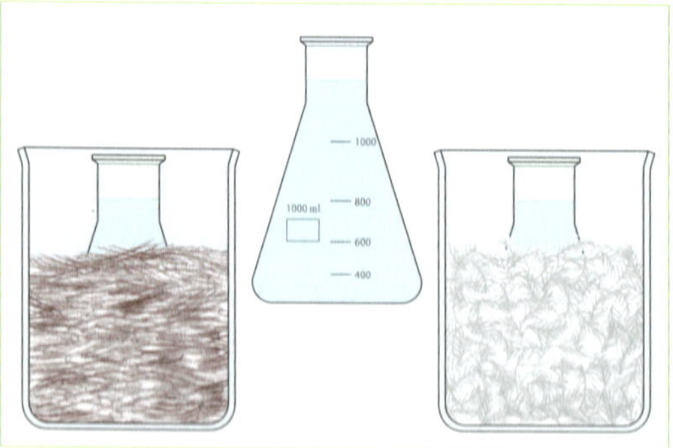

1 Versuchsaufbau

Zwei Erlenmeyerkolben werden in die 2 Bechergläser gestellt und rundherum mit Haaren bzw. mit Federn umhüllt. → 1

Die 3 Kolben werden mit 20 °C warmem Wasser aufgefüllt und für 30 Minuten in den Kühlschrank gestellt.

a Protokolliere mögliche Temperaturveränderungen im Abstand von 5 Minuten.
b Erstelle ein Diagramm und begründe die unterschiedlichen Temperaturkurven.
c Erkläre die Bedeutung der Ergebnisse für Vögel und Säugetiere.
d Begründe, welche Auswirkung die Körperbedeckung auf das Leben der Tiere hat, besonders bei den in Europa lebenden Tieren.

2. Was steckt in einem Ei?

Wir klären die Frage, indem wir eine Eizelle untersuchen. Dafür eignet sich ein rohes Hühnerei.

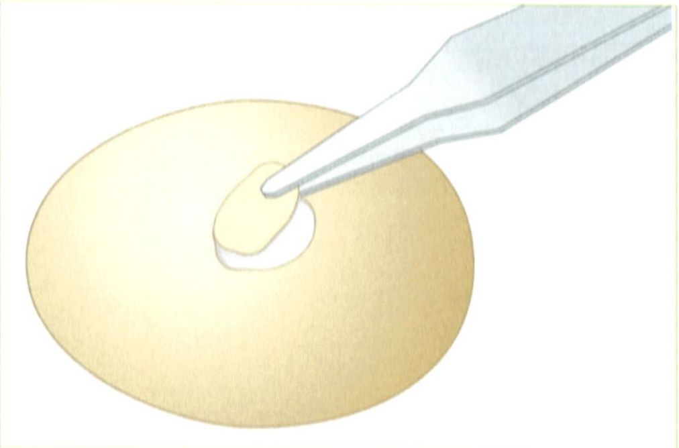

2 Präparation eines Hühnereies

Ihr braucht: 1 Hühnerei (roh), Eierbecher, Löffel, spitze Pinzette, spitze Schere, Petrischale, Lupe.

Lege das Ei in die Petrischale.

a Betrachte mit der Lupe die Oberfläche der Eierschale.

Stelle den Eierbecher auf die Petrischale und lege das Ei quer auf den Eierbecher. Klopfe mit dem Löffel leicht auf die Eischale, sodass eine Delle entsteht.

Entferne mit der Pinzette vorsichtig die Kalkstückchen der Eierschale, ohne die darunterliegende dünne Haut zu beschädigen. → 2

b Betrachte die entstandene Öffnung mit der Lupe und beschreibe, was du siehst.

c Öffne die dünne Haut mit der Schere im Durchmesser von 2,5 bis 3 cm. Betrachte die freigelegte Öffnung und zeichne dein geöffnetes Ei. Beschrifte die einzelnen Bestandteile.

d Nenne die Aufgabe der einzelnen Bestandteile des Hühnereies.

e Entferne das Eiklar in die Petrischale. Drehe dann das Ei und ziehe an der Eischnur. Erkläre die Aufgabe der Eischnur.

3. Verläuft die Entwicklung von Wirbellosen und Wirbeltieren gleich?

a Erkläre mithilfe der Abbildungen die Entwicklungsschritte bei Wirbellosen und Wirbeltieren. → 3 – 6

b Benenne und beschreibe Gemeinsamkeiten und Unterschiede bei der Entwicklung der Wirbellosen und Wirbeltiere. → 3 – 6

3 Entwicklung eines Käfers

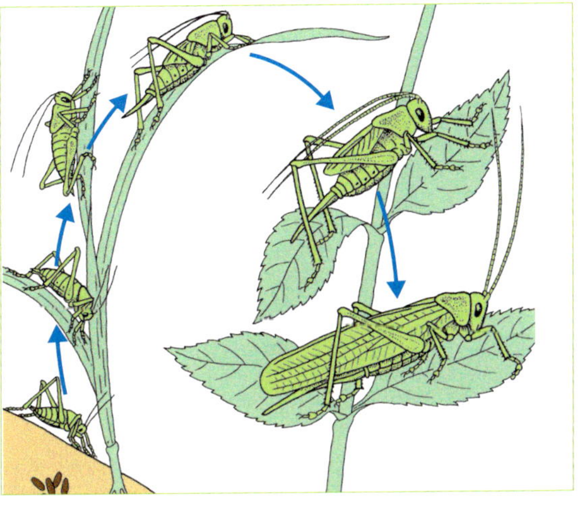

4 Entwicklung einer Heuschrecke

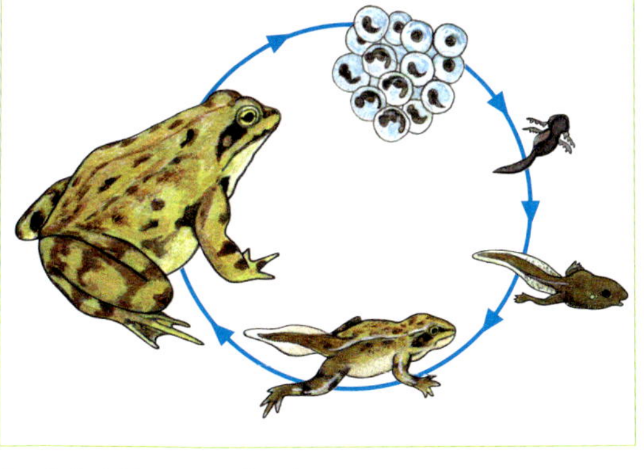

5 Entwicklung von Lurchen

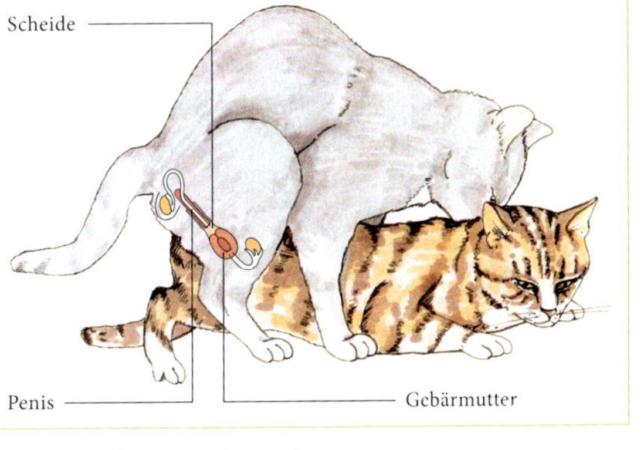

6 Entwicklung von Säugetieren

Tiere in ihren Lebensräumen

➔ Fische können mithilfe von Kiemen und Schwimmblase unter Wasser leben. Durch den Gewässerschutz können bedrohte Fischarten gerettet werden. (Siehe Seite 62–65.)

➔ Lurche sind durch ihren Körperbau und ihre Fortpflanzung an das Leben im Wasser und an Land angepasst. (Siehe Seite 66–69.)

➔ Kriechtiere leben vor allem in warmen Ländern. Ihr Körper ist mit Hornschuppen bedeckt. Sie legen ihre Eier an Land ab. (Siehe Seite 70–73.)

➔ Auch du kannst bestimmte Vögel an ihrer Gestalt, Größe und Färbung unterscheiden und etwas für ihren Schutz tun. (Siehe Seite 74.)

→ Vögel sind durch den stromlinienförmigen Körper, die Federn und die leichten Knochen an das Fliegen angepasst. (Siehe Seite 76.)

→ Viele Säugetiere sind winteraktiv, halten Winterruhe oder Winterschlaf. Lurche und Kriechtiere fallen in eine Winterstarre. (Siehe Seite 82.)

→ Tiere in extremen Lebensräumen haben besondere Angepasstheiten, die es ihnen ermöglichen, in diesen Gebieten zu leben. (Siehe Seite 88–91.)

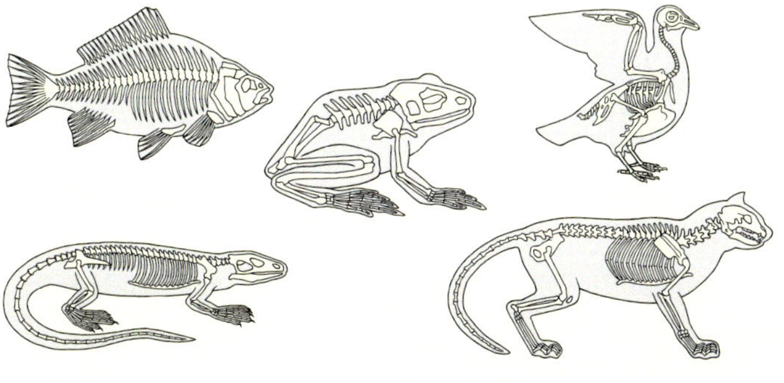

→ Fische, Lurche, Kriechtiere, Vögel und Säugetiere besitzen eine Wirbelsäule und gehören daher zu den Wirbeltieren.
(Siehe Seite 96.)

1. Fische sind gut an das Leben unter Wasser angepasst. Nenne mindestens vier Merkmale.

2. Viele einheimische Lurche sind gefährdet.
- **a** Zähle die Gründe für ihre Gefährdung auf.
- **b** Erstelle eine Liste mit Maßnahmen zum Schutz der Lurche.

3. Wie bewegen sich Schlangen fort? Erkläre die Fortbewegung genau.

4. Vögel sind an das Leben in der Luft angepasst.
Nenne die körperlichen Anpassungen, die den Vögeln das Fliegen ermöglichen.

5. Ordne die Begriffe winteraktiv, Winterschlaf, Winterruhe und Winterstarre den abgebildeten Tieren zu. → 1–4

1 Biber

2 Erdkröte

3 Wildschweine

4 Igel

6. Welches ist die richtige Erklärung für den Begriff Angepasstheit?
Schreibe die richtige Lösung in dein Heft.
- **a** Als Angepasstheit werden Tiere bezeichnet, die in besonders heißen oder kalten Gegenden der Erde leben.
- **b** Als Angepasstheit werden die Eigenschaften von Tieren bezeichnet, die es ihnen ermöglichen, in heißen oder kalten Gegenden der Erde zu überleben.
- **c** Als Angepasstheit werden besonders heiße oder kalte Gegenden der Erde bezeichnet.

7. Anna und Alex beobachten im Zoo ein Tier. Sie beschreiben es so: Das Tier lebt an Land und im Wasser. Es kann sich im Wasser sehr schnell bewegen. Das Tier legt Eier, die das Männchen auf seine Füße legt und bebrütet. Um welches Tier handelt es sich?

8. Das Dromedar lebt in der Wüste. Beschreibe seine Überlebensstrategie.

5 Dromedar

9. Welche Wirbeltiere pflanzen sich an Land und welche im Wasser fort? Zähle auf und begründe.

Ordne deiner Lösung im Heft ein Smiley zu:

☺ Ich habe die Aufgabe richtig lösen können.

😐 Ich habe die Aufgabe nicht komplett lösen können.

☹ Ich habe die Aufgabe nicht lösen können.

Aufgabe	Fähigkeit	Hilfe findest du auf Seite …
1	Ich kann die Angepasstheiten der Fische an den Lebensraum Wasser aufzählen.	62
2	Ich kann erklären, wodurch Lurche gefährdet sind, und Maßnahmen zu ihrem Schutz benennen.	69
3	Ich kann anhand einer Skizze erklären, wie Schlangen sich fortbewegen.	71
4	Ich kann die Angepasstheiten der Vögel an das Leben in der Luft aufzählen.	76
5	Ich kann die Begriffe winteraktiv, Winterschlaf, Winterruhe und Winterstarre Tieren zuordnen.	82
6	Ich kenne die Bedeutung des Begriffs Angepasstheit.	88
7	Ich kann ein Tier anhand der Beschreibung seiner Lebensweise erkennen.	89
8	Ich kann die Angepasstheiten des Dromedars an die Hitze benennen.	90
9	Ich kenne die Kennzeichen der Wirbeltiergruppen.	96

Pflanzen in ihren Lebensräumen

Wenn du aus dem Fenster schaust, kannst du bestimmt viele Pflanzen sehen: große Bäume, Blumen im Blumenbeet und kleine Kräuter zwischen den Pflastersteinen. Wenn alle diese Pflanzen nicht da wären, würde es sehr grau und eintönig aussehen. Gehe auf Entdeckungsreise und du wirst sehen, wie Pflanzen leben und welche wichtige Rolle sie in unserem Leben spielen.

1 Menschen wachsen, wenn sie essen. Wie kommen Pflanzen an ihre Nahrung? (Siehe Seite 111.)

2 Pflanzen brauchen Licht. Warum eigentlich? (Siehe Seite 112.)

3 Es gibt die verschiedensten Blüten. Wie kann man sie unterscheiden? (Siehe Seite 120.)

4 Wie kommt die Kirsche an den Baum? (Siehe Seite 122.)

5 Wie kommt der Löwenzahn auf die Mauer? (Siehe Seite 124.)

6 Wie kann aus einem kleinen Samen eine Pflanze entstehen? (Siehe Seite 126.)

7 Wie schaffen es Schneeglöckchen zu blühen, wenn es draußen noch kalt ist? (Siehe Seite 132.)

Aylin und Jakob unterhalten sich: Was sind eigentlich Blütenpflanzen? Aylin ist der Meinung, damit seien nur die blühenden Tulpen aus ihrem Garten gemeint. Jakob behauptet dagegen, dass die Bäume auf dem Schulhof und im Park auch Blütenpflanzen sind.
Wer von beiden hat recht?

1 Sind der Kastanienbaum und die Tulpe beides Blütenpflanzen?

Die Pflanze besteht nicht nur aus Blättern

Unterschiedlich und doch gleich

Der Kastanienbaum und die Tulpe sehen auf den ersten Blick wirklich unterschiedlich aus. → 1 Vergleichst du diese Pflanzen aber genau miteinander, dann wirst du sehen, dass sie beide die gleichen Teile besitzen: **Blüten, Sprossachse, Blätter** und **Wurzeln.** → 2 Da diese Pflanzen Blüten bilden, werden sie als **Blütenpflanzen** bezeichnet.

Verankerung im Boden

Die Wurzeln halten die Pflanze fest im Boden und versorgen sie mit Wasser und Mineralstoffen. Diese Mineralstoffe benötigt

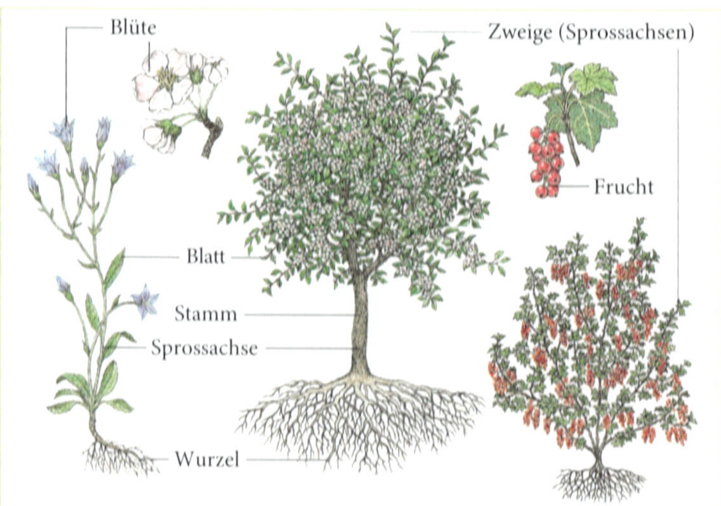

2 Teile der Blütenpflanzen

3 Wurzel einer Pflanze

Blätter
Blüten
Blütenpflanzen
Flachwurzler
Sprossachse
Tiefwurzler
Wurzel

4 Tief- und Flachwurzler

5 Entwurzelte Fichte

die Pflanze genauso wie wir zum Leben. Oft haben die Pflanzen eine starke Hauptwurzel und viele kleine Nebenwurzeln, an deren Spitze sich feine Wurzelhaare befinden. → 3 Bei einigen Bäumen kann die Wurzel mehrere Meter tief in den Boden wachsen. → 4 Beispiele für solche **Tiefwurzler** sind Tanne, Kiefer und Eiche. Die Kiefer treibt ihre Hauptwurzel in den Boden bis zu einer Tiefe von über zehn Metern. Andere Bäume hingegen bilden nur flache Wurzelteller. → 4 Zu ihnen gehören viele Fichtenarten. Bei schlechten Bodenverhältnissen können diese **Flachwurzler** keinen optimalen Halt finden und sind bei starkem Sturm windwurfgefährdet. → 5

→ **Merk dir!** Alle Blütenpflanzen haben die gleichen Teile: Blüte, Sprossachse, Blatt und Wurzel. Die Wurzeln halten die Pflanze im Boden fest. Mithilfe der Wurzeln kann die Pflanze Wasser und Mineralstoffe aufnehmen.

Arbeitsaufträge

1. Decke die Begriffe in Abbildung 2 ab. Nenne die Teile einer Blütenpflanze.
2. Nach einem Sturm sind im Wald einige Bäume entwurzelt und andere nur geknickt. Überlege mit deinem Tischnachbarn, warum das so ist. Schreibt eure Vermutungen auf.
3. Auf Abbildung 6 siehst du einen Kaktus. Entscheide, ob es sich bei dem Kaktus um eine Blütenpflanze handelt. Begründe deine Entscheidung.

6 Kaktus

Von Stängel, Zweig und Stamm

Die Sprossachse der Kräuter, Sträucher und Bäume sind unterschiedlich ausgebildet und werden verschieden bezeichnet. → 1

Pflanze	Kräuter	Sträucher	Bäume
Sprossachse	weich, saftig	fest, holzig	fest, holzig
Bezeichnung	Stängel	Zweig	Stamm, Ast, Zweig

1 Sprossachsen bei Blütenpflanzen

2 Querschnitt durch einen Stamm

In der **Sprossachse** befinden sich die **Leitungsbahnen,** über die Wasser und Stoffe durch die Pflanze transportiert werden. Ähnlich wie wir mit einem Trinkhalm trinken, saugen auch die Pflanzen Wasser. Im Wasser gelöste Mineralstoffe gelangen so bis in die Blätter der Pflanze. Bei Bäumen kann man die Leitungsbahnen mit dem bloßen Auge sehen. → 2

Grüne Blätter von außen

An einem Blatt können wir Blattspreite und Blattstiel unterscheiden. → 3 Im Blatt setzen sich die Leitungsbahnen der Sprossachse als „Adern" fort. Dort kannst du sie als „Adern" erkennen. → 4 Die Blätter der Pflanzen können verschiedene Formen haben. → 5 Anhand der Blattform kannst du Bäume bestimmen.

3 Aufbau eines Blattes

4 „Adernetz" eines Laubblatts

5 Blätter verschiedener Bäume

Blattgrün
Leitungsbahnen
Spaltöffnungen
Sprossachse

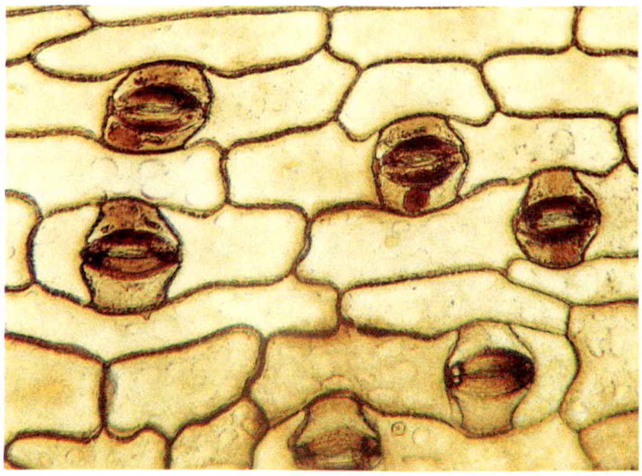

6 Spaltöffnungen

7 Pflanzen wachsen zum Licht.

Grüne Blätter von innen

Im Innern des Blattes befindet sich das **Blattgrün**, durch das die Blätter ihre Farbe erhalten. Mithilfe des Blattgrüns können die Blätter das Sonnenlicht aufnehmen. Auf der Blattunterseite befinden sich kleine Poren. Durch diese **Spaltöffnungen** kann Luft in das Blatt gelangen. → 6 Das ist wichtig, damit die grünen Blätter mithilfe von Licht Nährstoffe bilden können.

Energie zum Leben

Tiere und Menschen brauchen Energie, um leben zu können. Diese Energie nehmen sie durch die Nahrung auf. Auch Pflanzen brauchen Energie, um zu wachsen. Doch woher nimmt die Pflanze die Energie?

Energie aus Licht und Luft

Mit den Wurzeln nimmt die Pflanze Wasser auf. Zum Leben benötigt sie außerdem auch Nährstoffe wie Zucker und Stärke. Aus Wasser und Kohlenstoffdioxid aus der Luft stellt die Pflanze diese Nährstoffe selbst in den grünen Blättern her. Dies funktioniert nur, wenn die Pflanze Licht erhält. → 7 Gleichzeitig gibt sie den für uns lebenswichtigen Sauerstoff ab.

Merk dir! In der Sprossachse werden Wasser und gelöste Stoffe von den Wurzeln in die Blätter transportiert. In den Blättern stellt die Pflanze Nährstoffe her, die sie zum Leben braucht.

Arbeitsaufträge

1. Lena soll im Biologieunterricht etwas über die Aufgaben der Pflanzenteile erzählen. Sie hat vergessen, sich etwas dazu aufzuschreiben. Kannst du ihr helfen? Schreibe die wichtigsten Informationen zu den Pflanzenteilen in eine Tabelle. → 8

2. Viele Menschen essen gerne süße Früchte wie Äpfel, Erdbeeren oder Bananen. Erkläre, woher der Zucker darin stammt.

Pflanzenteil	Aufgabe
Sprossachse	
Blatt	
Wurzel	

8 Tabelle zur Aufgabe der Pflanzenteile

**Viele Menschen nutzen die Sonnenenergie, um aus ihr Strom zu erzeugen. Auch Pflanzen brauchen, wie du schon gelernt hast, das Licht der Sonne.
Aber zu welchem Zweck fangen sie es ein und wie verarbeiten sie es?**

1 Energie aus Sonne

Solarfabrik Pflanze

Das tägliche Brot der Pflanzen

Tiere und Menschen müssen essen, um leben zu können. Auch Pflanzen benötigen Eiweiß, Fett, Zucker und Stärke, um leben zu können. Aber sie essen nicht und leben dennoch. Wie kann das funktionieren? Durch das Licht erhalten die Pflanzen die Energie, die sie brauchen, um ihre Nahrung selbst herzustellen. Licht ist für Pflanzen lebensnotwendig. Ebenso notwendig ist Wasser, das eine wichtige Aufgabe bei der Herstellung von Nährstoffen übernimmt.

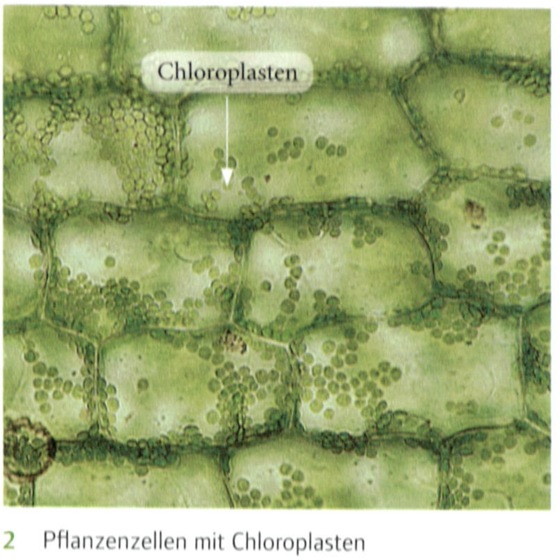

2 Pflanzenzellen mit Chloroplasten

Eine perfekte Fabrik

Du hast gelernt, dass sich in den Zellen der grünen Pflanzen Blattgrünkörner befinden. → 2 Mit diesen **Chloroplasten** kann die Pflanze, ähnlich wie eine Solarzelle auf dem Dach eines Hauses, Lichtenergie aufnehmen. Diese Energie wird dann dazu genutzt, aus dem Kohlenstoffdioxid der Luft den energiereichen Traubenzucker herzustellen. Diesen Vorgang, der nicht ohne Licht ablaufen kann, nennt man **Fotosynthese**. → 3 Als Abfallprodukt entsteht Sauerstoff. Aus dem Zucker kann die Pflanze dann Stärke aufbauen, die ihr als Reservesubstanz dient. Auch Eiweiße und Fette kann die Pflanze selbst herstellen. Sie benutzt dazu Stoffe, die beim Abbau des Traubenzuckers anfallen.

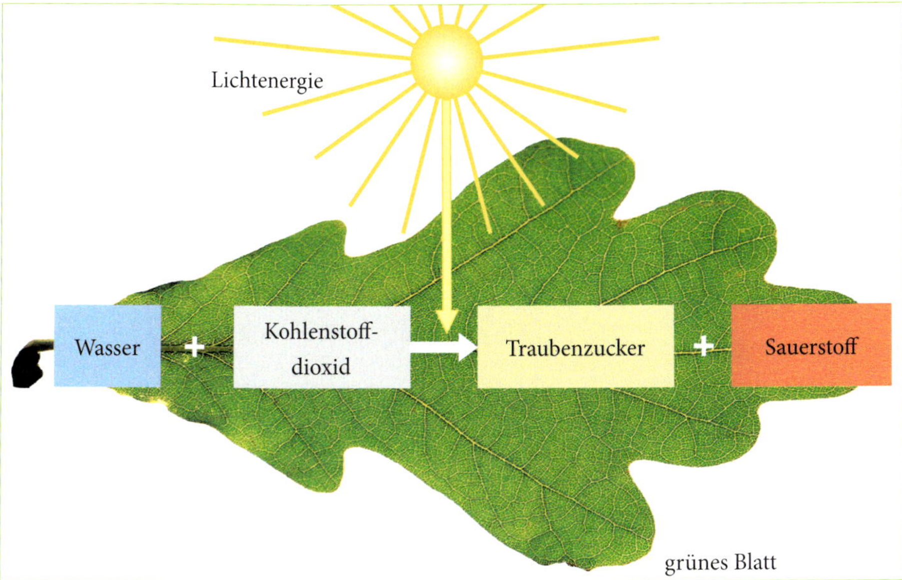

3 Fotosynthese

Lebensgrundlage vieler Organismen

Die meisten Lebewesen auf der Erde, auch wir Menschen, benötigen Nährstoffe und Sauerstoff zum Leben. Der Aufbau dieser beiden Stoffe erfolgt durch die Fotosynthese bei den Pflanzen. Ohne Pflanzen, ohne Fotosynthese gäbe es kein Leben auf der Erde.

→ **Merk dir!** Grüne Pflanzen bauen mithilfe von Licht aus Kohlenstoffdioxid und Wasser energiereichen Traubenzucker auf. Dabei entsteht auch Sauerstoff, der an die Umgebung abgegeben wird. Diesen Vorgang bezeichnet man als Fotosynthese.

Arbeitsaufträge

1. Welche Stoffe werden bei der Fotosynthese gebildet? Welche Ausgangsstoffe benötigen die Pflanzen? Nenne die verschiedenen Stoffe und fasse den Ablauf der Fotosynthese in einer Gleichung zusammen.

2. Die Sommerwurz kann keine Fotosynthese betreiben. Sie „zapft" andere Pflanzen an, um den lebensnotwendigen Traubenzucker zu erhalten. Erkläre, was der Sommerwurz fehlt, um Fotosynthese zu betreiben. → 4

3. Nenne die Teile einer Sonnenblume, die Lichtenergie aufnehmen können.

4. Was meinst du: Wer hat die Erde zuerst besiedelt, Pflanzen oder Tiere? Begründe deine Überlegung.

4 Sommerwurz

Was brauchen Pflanzen zum Leben?

1. Was brauchen Pflanzen zur Stärkebildung?

Ihr braucht: 2 Reagenzgläser, Kartoffelstärke, Spatel, Pipette, Zimmerpflanze (z. B. Geranie), Alufolie, Klebeband, Schreibtischlampe, 3 Bechergläser, Heizplatte, Wasser, Brennspiritus, Iod-Kaliumiodid-Lösung, Küchenpapier.

Iod-Kaliumiodid-Lösung färbt Stärke blau. Überprüfe diese Aussage in folgendem Versuch.

Gib eine Spatelspitze Kartoffelstärke in ein Reagenzglas.

Tropfe mit einer Pipette etwas Iod-Kaliumiodid-Lösung sowohl in das Reagenzglas, das Kartoffelstärke enthält, als auch in das leere Reagenzglas.

Klebe ein Stück Alufolie auf ein grünes Blatt einer Zimmerpflanze. → 1

Beleuchte das Blatt mindestens zwölf Stunden mit dem Licht der Lampe.

Fülle etwas Iod-Kaliumiodid-Lösung in ein Becherglas und etwas Wasser in das zweite Becherglas.

Die Lehrerin oder der Lehrer bereitet das Erhitzen des Brennspiritus vor.

Halte das grüne Blatt vorsichtig mit der Pinzette in den erhitzten Brennspiritus.

Tauche das Blatt mit der Pinzette zuerst in ein Becherglas mit Wasser und lege es dann kurz in das Becherglas mit der Iod-Kaliumiodid-Lösung.

Tupfe das Blatt mit Küchenpapier ab.

a Protokolliere den Versuchsaufbau und deine Beobachtungen.

b Erkläre dein Versuchsergebnis. → 2

c In grünen Pflanzenteilen liegt die Stärke, die bei der Fotosynthese gebildet wurde, in den Chloroplasten vor. Einige Pflanzen besitzen Blätter, die zum Teil weiß sind. → 3 Stelle eine Vermutung auf, wo sich Stärke in einem grün-weißen Blatt nachweisen lässt. Erkläre, wie du die Stärke nachweisen würdest.

1 Abdeckung eines Teils des Blattes

2 Versuchsergebnis

3 Panaschierte Blätter

2. Was brauchen Pflanzen zum Leben?

Ihr braucht: 5 Pflanztöpfe mit Untersetzer, Blumenerde, Kressesaat, einen Karton, eine durchsichtige Plastiktüte, Waage.

Befülle die Pflanztöpfe mit Blumenerde.

Verteile je einen Teelöffel Kressesaat auf der Erde und feuchte die Erde leicht mit Wasser an.

Stelle die Töpfe auf die Fensterbank (Zimmertemperatur), sodass sie im Hellen stehen.

Lass die Saat fünf Tage keimen und wachsen.

a Notiere deine Versuchsfrage.
b Schreibe deine Vermutungen auf.

Behandle jeden Topf mit Kressekeimlingen fünf weitere Tage lang wie in der Tabelle angegeben. → 4 Wiege jeden Topf täglich.

	Topf 1	Topf 2	Topf 3	Topf 4	Topf 5
Wasser	–	+	+	+	+
Licht	+	–	+	+	+
Wärme	+	+	–	+	+
Luft	+	+	+	–	+

4 Tabelle für die Pflanzenpflege

Halte die Erde in den Töpfen 2 bis 5 feucht. Gieße Topf 1 nicht. → 5

Stülpe über Topf 2 einen Karton zur Abdunklung. Die anderen Töpfe bleiben ohne Abdunklung auf der Fensterbank stehen. → 5

Stelle Topf 3 an einen kühlen, aber hellen Ort. Vergiss nicht, ihn zu gießen → 5

Stülpe über Topf 4 eine durchsichtige Plastiktüte und befestige sie mit einem Gummiband um den Topf. → 5

5 Versuchsaufbau mit Kressetöpfen

c Schreibe ein Versuchsprotokoll. Halte die Messwerte in einer Tabelle fest. → 6

	Topf 1	Topf 2	Topf 3	Topf 4	Topf 5
Tag 1 Gewicht					
⋮					

6 Tabelle für Messwerte

d Stelle die Messwerte in einem Diagramm dar.
e Erkläre deine Beobachtungen und vergleiche sie mit deinen Vermutungen.
f Beantworte deine Versuchsfrage.

Fast überall in der Welt werden Blüten als Schmuck in Häusern oder bei Festen verwendet. Die Blüten erscheinen uns schön und ziehen uns durch ihren Duft an. Doch Blüten sind nicht nur schön, sondern haben auch eine wichtige Aufgabe.

1 Bunte Blüten überall

Blüten – mehr als nur schön anzusehen

Formen und Farben

Wenn du dir Pflanzen genau anschaust, kannst du feststellen, dass die **Blüten** ganz unterschiedlich aussehen. Manche haben eine Ähnlichkeit mit einem Kreuz, andere erinnern an Trichter. → 2, 3 Es gibt auch Blüten, die unauffällig sind. → 4 Die Farbe und Form der Blüten ist nicht nur schön anzusehen, sie ist vor allem wichtig für die Fortpflanzung. Blüten enthalten die „Geschlechtsorgane" der Pflanzen. Durch ihre farbigen Blütenblätter machen die Blütenpflanzen auf sich aufmerksam. Viele Blüten lenken die Insekten durch Farbtupfer genau dorthin, wo sich Pollen und Nektar befinden.

2 Raps

3 Fingerhut

4 Wiesen-Rispengras

Blüte
Pollen
Stempel

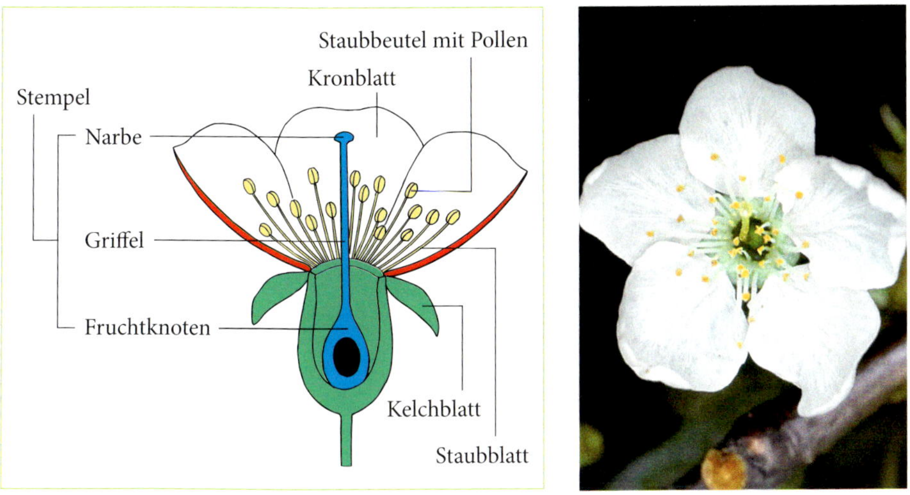

5 Kirschblüte

Die Kirschblüte

Wenn du die Blüte eines Kirschbaums genau betrachtest, kannst du verschiedene Blütenteile erkennen. → 5 Eine Kirschblüte besteht aus fünf weißen Kronblättern und vielen Staubblättern. Die Staubblätter sehen wie Stecknadeln aus. Am Ende tragen sie den **Pollen** in gelben Staubbeuteln. Wenn du die Kronblätter und die Staubblätter entfernst, kannst du den Blütenboden gut erkennen. Er sieht wie ein kleiner Becher aus. An seinem oberen Teil hängen fünf kleine Zipfel: die grünen Kelchblätter. In dem Becher ist der Fruchtknoten verborgen. Oben ragt der Griffel mit der Narbe heraus. Er bildet mit dem Fruchtknoten den **Stempel**. → 5

→ Merk dir! Eine Blüte besteht aus Kelchblättern, Kronblättern, Staubblättern und einem Stempel. Der Stempel besteht aus Fruchtknoten, Griffel und Narbe.

Arbeitsaufträge

1. Zupfe mit einer Pinzette die einzelnen Teile einer Kirschblüte vorsichtig ab und ordne sie von außen nach innen auf vier Kreislinien auf einem Blatt Papier an. Klebe die Teile dann mit etwas Klebstoff fest. Betrachte die Teile mit einer Lupe. Beschrifte die einzelnen Teile. Die Zeichnung im Buch kann dir dabei helfen. → 5, 6

2. Findest du die Kronblätter, Kelchblätter, Staubblätter und den Stempel auch bei anderen Blüten? Untersuche zum Beispiel Buschwindröschen, Rose oder Lilie und zeichne für eine der Blüten ein Blütendiagramm.

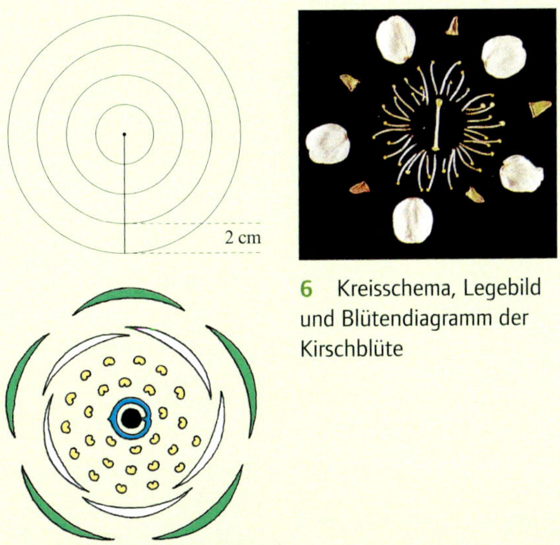

6 Kreisschema, Legebild und Blütendiagramm der Kirschblüte

Wie bestimmt man Pflanzen?

Mithilfe eines Bestimmungsschlüssels kannst du Pflanzen bestimmen, die du nicht kennst. Dieser Schlüssel ist ein Text, der dir die Tür zum richtigen Namen öffnet.

1 Pflanzen betrachten und bestimmen.

So funktioniert ein Bestimmungsschlüssel

Schritt 1 Achte bei der Bestimmung darauf, dass die Pflanze blüht. Am besten bestimmst du die Pflanze dort, wo sie wächst.

Schritt 2 Betrachte die Pflanzenteile mithilfe einer Lupe.

Schritt 3 Bei der Bestimmung musst du dich immer zwischen zwei Aussagen entscheiden und kommst damit immer näher an den Namen der Pflanze heran. Der Bestimmungstext fragt dich nach wichtigen Merkmalen einer Pflanze. Deine Körpermerkmale sind: Augenfarbe, Größe und Haarfarbe. Pflanzenmerkmale können sein: die Anzahl der Laubblätter, die Farbe der Kronblätter in der Blüte, die Form des Stängels und vieles mehr.

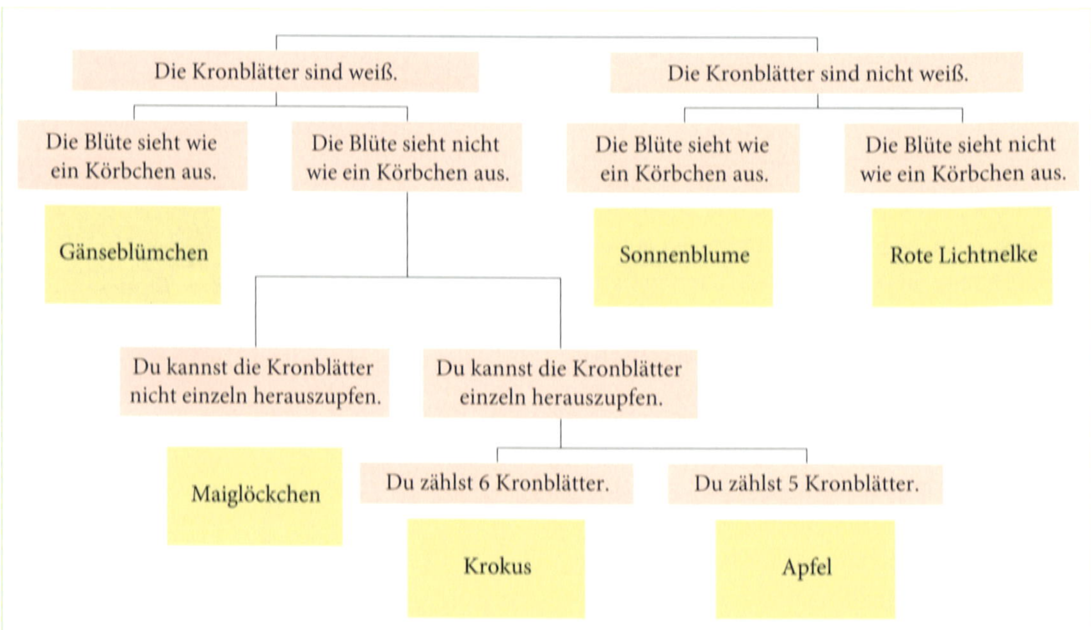

2 Mit diesem Bestimmungsschlüssel kannst du Pflanzen bestimmen.

3 Diese kleinen Sonnen wachsen im Rasen. Ihr Blütenstand sieht aus wie ein Körbchen. Die Pflanze gehört zur Familie der Korbblütler.

4 Diese Pflanze ist sehr giftig! Da sie unter Naturschutz steht, lass sie bitte im Wald stehen.

5 Dieser Baum ist mit dem Kirschbaum verwandt und gehört zur Familie der Rosengewächse.

6 Diese Pflanze ist ein Frühblüher. Wie viele Schwertliliengewächse findest du sie schon im März.

7 Diese Pflanze aus der Familie der Nelkengewächse wird von Schmetterlingen bestäubt.

8 Diese Pflanze wird auf Feldern angebaut. Ihre Samen kann man essen.

Arbeitsaufträge

1. Bestimme die Pflanzen der Abbildungen 3 bis 8. Schreibe ihren Namen in dein Heft. Zeichne die Pflanzen neben den Namen.

2. Nicht nur die Sonnenblume hat gelbe Kronblätter.

a Suche in Bestimmungsbüchern nach weiteren Pflanzen mit gelben Kronblättern.

b Lege eine Tabelle an. → 9 Zu welcher Pflanzenfamilie findest du die meisten gelb blühenden Pflanzen?

Pflanzenname	Pflanzenfamilie
Sonnenblume	Korbblütler
...	...

9 Tabelle

Es gibt große und kleine, einfarbige und bunte Blumen und Pflanzen, die gar keine erkennbaren Blüten haben. Im Blumenladen sind die Pflanzen nach ihrem Preis geordnet.
Aber wie unterscheiden und ordnen die Biologen die Pflanzen?

1 Blumenladen

Pflanzenfamilien

Die Blüte verrät die Verwandtschaft

Ein wichtiges Merkmal bei der Bestimmung von Pflanzen ist der Bau ihrer Blüten. Alle Pflanzen, die den gleichen Grundbauplan ihrer Blüte haben, gehören zu einer **Pflanzenfamilie**.

Rosengewächse

Zu den **Rosengewächsen** gehören alle Rosen, aber auch Steinobst (Kirsche, Pflaume, Pfirsich) und Kernobst (Apfel und Birne). Brombeeren, Himbeeren und Erdbeeren zählen auch dazu. → 2 Alle diese Pflanzen besitzen den gleichen Blütenaufbau. Sie haben fünf Kelchblätter, fünf Kronblätter, zahlreiche Staubblätter und Stempel. Die Fruchtknoten sitzen einzeln in einem tiefen Becher. Hier entwickeln sie sich zu Früchten.

Schmetterlingsblütler

Viele Nutzpflanzen wie Bohnen und Erbsen, aber auch Zierpflanzen wie die Wicke gehören zu dieser Familie. Man nennt diese Pflanzen **Schmetterlingsblütler**, weil das Aussehen ihrer Blüten an einen Schmetterling erinnert. Auffällig sind die Kronblätter.

2 Apfelblüte

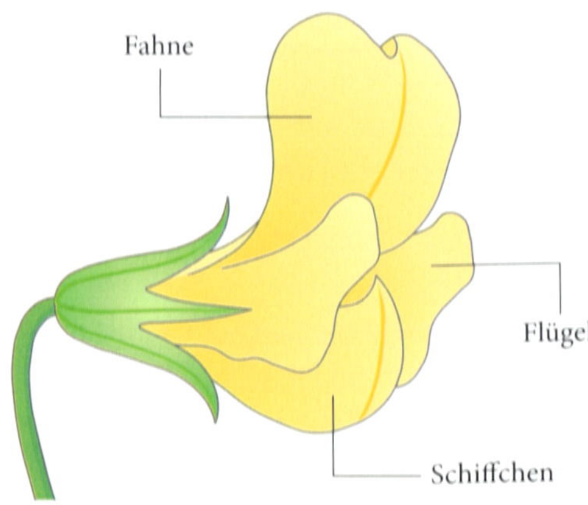

3 Aufbau der Schmetterlingsblüte

Korbblütler
Pflanzenfamilie
Rosengewächse
Schmetterlingsblütler

4 Sonnenblume

Eines ist nach oben gebogen und heißt Fahne. Zwei Kronblätter sind bootsförmig verwachsen und werden daher Schiffchen genannt. Die beiden verbleibenden Kronblätter stehen wie Flügel seitlich ab. → 3 Im Schiffchen verbergen sich zehn Staubblätter und der lange Griffel. Schmetterlingsblütler haben typische Früchte, die Hülsenfrüchte.

Korbblütler

Wenn man die scheinbar riesige Blüte der Sonnenblume genauer betrachtet, stellt man fest, dass es sich um viele Einzelblüten handelt, die auf einem gemeinsamen Blütenboden sitzen. → 4 Sie bilden den Blütenstand, einen Korb. Die Blüten im Innern des Korbes bezeichnet man wegen des röhrenförmigen Baus ihrer Kronblätter als Röhrenblüten, während die Randblüten Zungenblüten heißen. Zu den **Korbblütlern** zählen Sonnenblume, Aster und Echte Kamille.

> → Merk dir! Mithilfe des Blütenbaus lassen sich Pflanzen gut unterscheiden. Alle Pflanzen mit dem gleichen Grundbauplan der Blüte gehören zu einer Pflanzenfamilie.

Arbeitsaufträge

1. Außer den im Text beschriebenen Pflanzenfamilien gibt es noch die Lippenblütler, die Doldenblütler und die Kreuzblütler. Bildet Gruppen und erstellt für jede dieser Pflanzenfamilien einen kurzen Steckbrief. Findet zu jeder Pflanzenfamilie drei Vertreter. Recherchiert dazu im Internet oder im Lexikon.
2. Ordne die Abbildungen 5 bis 7 einer der Pflanzenfamilien zu. Begründe deine Entscheidung.

5 Heckenrose

6 Löwenzahn

7 Raps

Die Obstbäume blühen im Frühling mit auffälligen weißen oder rosafarbenen Blüten. Zu den Obstbäumen gehören der Kirschbaum, der Pflaumenbaum und der Apfelbaum.
Doch was passiert eigentlich nach der Blüte? Und wie kommt die Kirsche im Sommer an den Baum?

1 Dort, wo im Frühjahr die Blüten sitzen, erscheinen im Sommer die Kirschen.

Wie kommt die Kirsche an den Baum?

Es summt an der Blüte

Wenn du einen blühenden Kirschbaum eine Zeit lang beobachtest, wirst du sehen, dass viele Honigbienen die Blüten anfliegen. Sie finden in der Blüte eine zuckerhaltige Flüssigkeit. Dieser Nektar ist sehr nahrhaft für die Insekten. → 2

Insekten sind Pollenkuriere

Auf der Suche nach Nektar und Pollen fliegen die Insekten von Blüte zu Blüte. Dabei bleiben die Pollen am Körper haften. Auf seiner Nahrungssuche fliegt das Insekt mit dem Pollen zur nächsten Blüte. Dabei überträgt es die Pollen auf die Narbe dieser Blüte. Dieser Vorgang heißt **Bestäubung**. → 2, 3

Befruchtung

Der Pollen enthält die männlichen Geschlechtszellen. Eine davon gelangt nach der Bestäubung zur weiblichen Eizelle in der Samenanlage im Fruchtknoten. Dort

2 Eine Biene belädt sich mit Pollen.

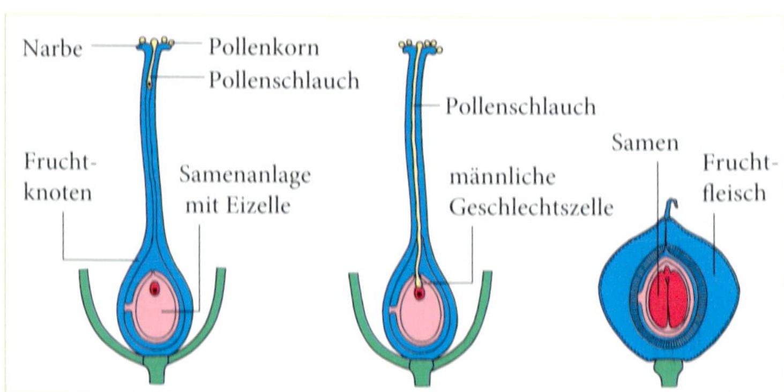

3 Bestäubung und Befruchtung bei der Kirsche

Befruchtung
Bestäubung
Frucht

4 Kirschkern mit Samen

5 Männliche Haselblüten

6 Weibliche Haselblüte

verschmelzen die männliche Geschlechtszelle und die weibliche Eizelle. Dieser Vorgang heißt **Befruchtung**. → 3

Aus dem Fruchtknoten wird die Frucht

Nach der Befruchtung vergrößert und verfärbt sich der Fruchtknoten langsam. Der Fruchtknoten wird zur Kirsche. Im Innern enthält die **Frucht** den Kirschkern mit einem Samen. → 4

Es gibt auch unscheinbare Blüten

Pflanzen, die unauffällig blühen, haben auch Früchte. Der Haselstrauch lässt seine männlichen Pollen durch den Wind auf die weiblichen Narben tragen. Die männlichen Blüten hängen an langen Kätzchen. → 5 Die weiblichen Blüten zeigen nur ihre roten Griffel. → 6 Nach der Befruchtung entwickelt sich die Frucht, eine Haselnuss. → 7 Pollen, der durch den Wind übertragen wird, löst häufig Allergien aus. Menschen, die allergisch reagieren, haben „Heuschnupfen".

7 Haselnüsse

→ **Merk dir!** Durch Übertragung von Pollen auf die Narbe findet die Bestäubung statt. Danach kommt es zur Befruchtung des Fruchtknotens.

Arbeitsaufträge

1. Erkläre deinem Tischnachbarn, wie die Kirsche im Sommer an den Baum kommt.

2. Du weißt, dass die Kirsche einen Samen enthält. Nenne Früchte, die mehrere Samen enthalten.

3. Begründe, warum Obstbauern und Imker gut zusammenarbeiten können.

4. Alex hat jedes Jahr eine Pollenallergie. Informiere dich in der Apotheke oder in Büchern.

a Erkläre, wie eine Pollenallergie entsteht, und liste die Anzeichen einer Allergie auf. Nenne die Inhaltsstoffe.

b Nenne Pflanzen, deren Pollen eine Allergie auslösen können.

Jeden Morgen gehen Alex und Lena gemeinsam zur Schule. Heute bleibt Lena erstaunt vor einer Mauer stehen und schaut nach oben. „Alex, schau mal", sagt sie, „da blüht ein Löwenzahn auf der Mauer. Wie ist er denn da hingekommen?"

1 Wie kommt der Löwenzahn auf die Mauer?

Wie kommt der Löwenzahn auf die Mauer?

Pflanzen besiedeln ungewöhnliche Orte

Da Pflanzen sich nicht selbst fortbewegen können, gelangen sie durch die Verbreitung ihrer **Samen** und **Früchte** an ungewöhnliche Orte. Dabei unternehmen sie manchmal eine spannende Reise.

Tiere verbreiten Samen und Früchte

Oft verbreiten Tiere die Samen und Früchte. Besonders Vögel werden von farbigen und süßen Früchten angelockt. Sie verschlucken die ganze Frucht und scheiden die Samen an einem anderen Ort aus. → 2 Bucheckern, Eicheln und Haselnüsse dienen Eichhörnchen als Nahrung. → 3 Die Tiere haben die Früchte im Herbst vergraben und können sie im Winter nicht immer wiederfinden. Daher keimen aus diesen Früchten Samen im nächsten Frühjahr. Auf diese Weise tragen die Tiere zur Verbreitung bei.

2 Vögel fressen Früchte und verbreiten so die Samen.

3 Eichhörnchen vergraben Nüsse.

Früchte
Samen
Selbstverbreitung

4 Löwenzahnfrüchte

5 Springkraut mit Schleuderfrucht

Vom Winde verweht

Manche Früchte haben Anhänge, mit denen sie im Wind schweben und fliegen können. Vielleicht hast du schon mal beobachtet, wie weit die Früchte vom Löwenzahn fliegen, wenn du gegen die „Pusteblume" bläst. → 4

Wie Samen auf lange Reisen gehen

Dadurch, dass der Mensch viele Güter auf der Erde transportiert, reisen Früchte und Samen mit. Manche Pflanzen, die von anderen Erdteilen stammen, gehören heutzutage zu unserem Speiseplan. So kommt die Tomate ursprünglich aus Südamerika und wurde von Christoph Kolumbus 1498 nach Europa gebracht.

Pflanzen können sich auch selbst verbreiten

Es gibt Pflanzen, die ihre Samen durch **Selbstverbreitung** verteilen. Manche Früchte schleudern ihre Samen unter hohem Druck in die Umgebung (Schleuderfrüchte), wie das Springkraut. → 5
Auch beim Ginster und der Bohne brechen die reifen Früchte auf und entlassen so die Samen.

> **Merk dir!** Früchte und Samen werden durch Tiere, durch den Wind und den Menschen verbreitet. Manche Früchte verbreiten ihre Samen selbst.

Arbeitsaufträge

1. Untersuche einen Klettverschluss mit der Lupe. Überlege, wie eine Frucht oder ein Samen aussehen muss, damit er wie beim Klettverschluss am Fell eines Tieres haften kann. Zeichne deine „Fantasiefrucht".
2. Bastelt in einer Gruppe selber Flugfrüchte. Ihr könnt dazu verschiedene Materialien benutzen (Watte, Federn, Draht, Papier, Bindfaden, Wolle, Pappe, Zahnstocher ...).
3. Überlege, wie der Mensch außer mit Schiffen Früchte und Samen auch noch unbeabsichtigt verbreiten kann. Halte deine Überlegungen schriftlich fest.

Alex findet im Buchenwald viele kleine Pflanzen, die wie grüne Schmetterlinge aussehen. „Das sind Buchenkeimlinge", erklärt ihm der Förster. Alex staunt. „Daraus wird mal ein Baum? Wie schafft es ein Keimling, so groß zu werden?"

1 Buchenkeimlinge im Buchenwald

Vom Samen zum Baum

Ein Same versorgt seinen Keimling

Jeder Samen trägt in sich einen kleinen Keimling. Jeder **Keimling** wächst zu einer Pflanze heran, egal ob zu einer Graspflanze oder zu einem Baum. → 1

Keimwurzel

Bei der Keimung wächst zunächst die **Keimwurzel** des Keimlings. → 2 Sie durchbricht die Samenschale und wächst in die Erde. So kann die Keimwurzel den Keimling sofort mit Wasser und Mineralstoffen aus dem Boden versorgen.

Damit der Keimling wachsen kann, benötigt er Energie. Er erhält die Energie aus den Stärke- oder Fettreserven des Samens, da er noch keine Fotosynthese betreiben kann.

Keimblätter und Spross

Der obere Teil des Keimlings trägt die **Keimblätter**. Die Laubbäume und viele andere Pflanzen besitzen zwei Keimblätter, die meistens anders als die späteren Laubblätter aussehen. → 3 Die Keimblätter betreiben Fotosynthese und können den Keimling mit Traubenzucker versorgen.

Was Pflanzen zum Wachstum benötigen

Du weißt, dass Pflanzen Licht zum Leben benötigen. Mithilfe des Lichtes stellt der Buchenkeimling energiereiche Stoffe in der Fotosynthese her. Doch ist das alles, was der Keimling zum Wachstum braucht?

Damit der Keimling zum Baum werden kann, benötigt er neben Licht noch Wasser,

2 Keimwurzel

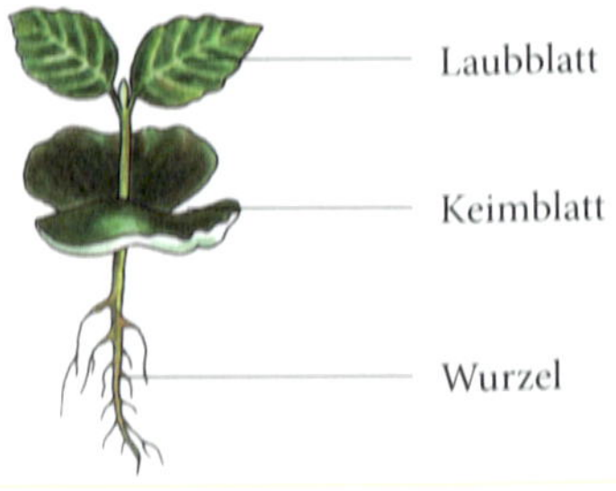

3 Buchenkeimling

Keimblätter
Keimling
Keimwurzel

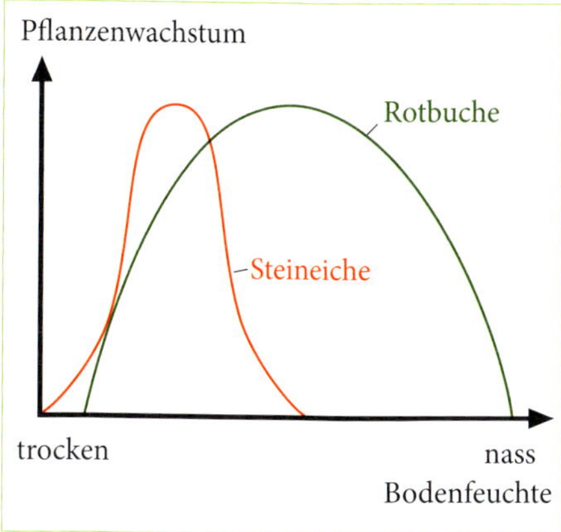

4 Pflanzenwachstum und Wasserbedarf

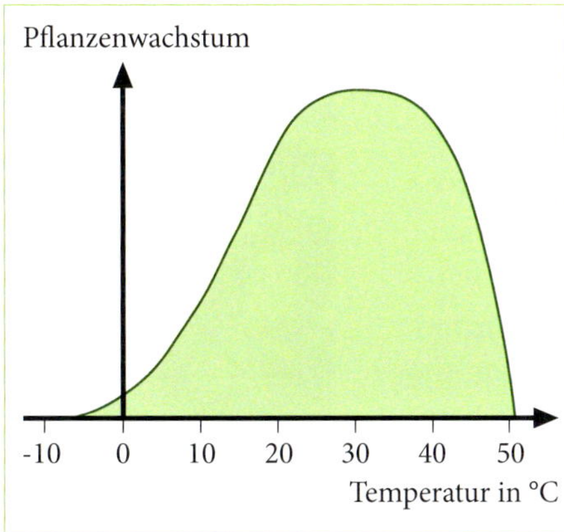

5 Pflanzenwachstum und Temperatureinfluss

Kohlenstoffdioxid aus der Luft und Mineralstoffe aus dem Boden. Auch die Temperatur ist wichtig für das Wachstum von Pflanzen.

Wasser und Mineralstoffe

Der Keimling nimmt Wasser durch seine Wurzel auf. Jede Pflanzenart hat dabei ihren eigenen Wasserbedarf. → 4 Mit dem aufgenommenen Wasser gelangen auch Mineralstoffe in die Pflanze. Die Mineralstoffe stammen aus dem Boden. Stickstoff, Kalium und Phosphor sind wichtige Mineralstoffe für die Pflanze. Ohne diese Mineralstoffe würde die Pflanze verkümmern.

Kohlenstoffdioxid

Je mehr Kohlenstoffdioxid eine Pflanze aus der Luft aufnehmen kann, desto besser kann sie wachsen. In Gewächshäusern bekommen die Pflanzen mehr Kohlenstoffdioxid als im Garten oder auf dem Feld. Sie wachsen dadurch schneller.

Temperatur

Pflanzen wachsen schneller, wenn die Außentemperatur erhöht wird. Bei Temperaturen unter 5 °C wachsen die meisten Pflanzen nicht. Steigt die Temperatur allerdings über 40 °C, so stellen viele Pflanzen ihr Wachstum ein. → 5

→ **Merk dir!** Ein Keimling besitzt eine Keimwurzel und Keimblätter. Zum Wachstum braucht eine Pflanze Licht, Wasser, Kohlenstoffdioxid, Mineralstoffe und Wärme.

Arbeitsaufträge

1. Nenne die wichtigsten Bestandteile eines Keimlings.
2. Notiere in einer Tabelle, was eine Pflanze zum Wachstum braucht. Schreibe in die zweite Spalte, wozu die Pflanze dies jeweils benötigt.

Was braucht eine Pflanze zum Wachstum?	Wozu braucht die Pflanze dies?
Licht	…
…	…

6 Tabelle

Lena und Alex besuchen eine Gärtnerei und lassen sich vom Gärtner herumführen. Der Gärtner erklärt ihnen, dass man bei einigen Pflanzen nur die Blätter in feuchte Erde stecken muss und dann würden daraus neue Pflanzen wachsen. Alex flüstert Lena zu: „Der will uns auf den Arm nehmen. Pflanzen wachsen doch aus Samen!"

1 Junge Pflanzen in einer Gärtnerei

Vermehrung ohne Samen

Mit und ohne Samen

Die meisten Blütenpflanzen vermehren sich mithilfe von Samen. Manche Blütenpflanzen können sich jedoch ganz ohne Samen vermehren. Man nennt diese Art der Vermehrung auch **ungeschlechtliche Vermehrung**.

Vermehrung durch Stecklinge

Bei Usambaraveilchen kann man die Blätter oder Blattteile abschneiden und in feuchte Erde drücken. Diese Pflanzenteile nennt man **Stecklinge**. Sie bilden nach ein paar Tagen Wurzeln und können anschließend verpflanzt werden. → 2

Vermehrung durch Sprossknollen

Kartoffelpflanzen bilden unterirdische **Sprossknollen**. → 3 Wenn der Mensch die Kartoffel nicht für seine eigene Ernährung nutzt oder als Viehfutter verwendet, dient sie als „Saatgut". Aus jeder Knolle wächst im folgenden Jahr eine neue Kartoffelpflanze.

2 Steckling eines Usambaraveilchens

3 Sprossknolle der Kartoffel

4 Brutpflanze mit vielen Pflanzenkindern

Ableger
Brutpflanze
Sprossknolle
Steckling
ungeschlechtliche Vermehrung

Vermehrung durch Ableger

Die Grünlilie hat viele hängende Ausläufer. Man nennt sie **Ableger**. Solange die Ableger noch klein sind, werden sie von der Mutterpflanze mit Nährstoffen versorgt. Wenn du einen Ableger ins Wasser stellst, bilden sich kleine Wurzeln.

Vermehrung durch Brutpflanzen

Das Brutblatt ist eine Zimmerpflanze. An ihren Blatträndern sitzen kleine Zipfel: Es sind winzige „Pflanzenkinder“, die sich an besonderen Brutknospen entwickelt haben. → 4 Sie haben rundliche Blättchen und kleine Wurzeln. Wenn du sie in feuchte Erde pflanzt, entsteht eine neue **Brutpflanze**.

→ Merk dir! Einige Pflanzen können sich ohne Samen vermehren. Sie vermehren sich durch Stecklinge, Sprossknollen, Ableger oder Brutpflanzen. Diese Art der Vermehrung heißt ungeschlechtliche Vermehrung.

Arbeitsaufträge

1. Kennst du weitere Pflanzen, die sich ungeschlechtlich vermehren? Schreibe eine Liste. Du kannst auch in einer Gärtnerei nachfragen.
2. Die Erdbeerpflanze hat Triebe, die seitlich aus der Pflanze herauswachsen. → 5 An den Enden dieser Triebe bilden sich in kurzer Zeit Blätter und Wurzeln. Wenn diese neuen Pflanzen verwurzelt sind, vertrocknen die Triebe. Erkläre, ob es sich um ungeschlechtliche oder geschlechtliche Vermehrung handelt.
3. Aylin und Tarek wollen ihre Fensterbank mit Pflanzen verschönern. Aylin steckt dazu Sonnenblumenkerne in Töpfe. Tarek besorgt sich eine Geranie, schneidet einige Stängel ab und stellt sie ins Wasser. Wer von beiden hat wohl schneller eine grüne Fensterbank? Begründe deine Antwort.

5 Erdbeerpflanze mit seitlichem Trieb

Experimente durchführen

In der Biologie werden Experimente durchgeführt, um die Natur zu erforschen und zu verstehen. Wie man bei einem Experiment vorgeht und was man dabei beachten muss, kannst du auf dieser Seite lernen. Am besten fangen wir mit einem Beispiel an.

Name: **Datum:**

Versuchsprotokoll

1. Frage:
2. Vermutung:
3. Material:
4. Durchführung:
5. Beobachtung:
6. Erklärung der Beobachtung:
7. Vermutung war:
8. Ergebnis:

1 Versuchsprotokoll

Fragestellung

Jakob und Alex wollten im Garten Bohnen züchten. Dazu haben sie Bohnensamen ausgesät. Leider sind nur aus sehr wenigen Samen Bohnenpflanzen entstanden. „Was brauchen Samen eigentlich, damit sie wachsen?“, fragen sich die beiden.

Experiment

Um das herauszufinden, kann man verschiedene Experimente durchführen. Wenn du wissen willst, ob die Samen Erde zum Wachsen benötigen, musst du die Erde durch etwas anderes ersetzen. Wenn trotzdem Bohnenpflanzen entstehen, dann ist die Erde überflüssig.

Protokoll

Damit ihr die Ergebnisse eures Experiments nicht vergesst, ist es ganz wichtig, sie aufzuschreiben. Dazu benutzt ihr am besten ein Protokoll. → 1

Jakob und Alex wollen untersuchen, was Samen benötigen, damit sie wachsen. Dazu führen sie zwei Experimente durch.

Experiment 1

Wachstum und Wasser

Ihr braucht: 2 Blumentöpfe, Erde, 5 bis 7 Bohnensamen.

2 Experiment 1

Experiment 2

Wachstum und Licht

Ihr braucht: 2 Blumentöpfe, Erde, 5 bis 7 Bohnensamen, Schuhkarton.

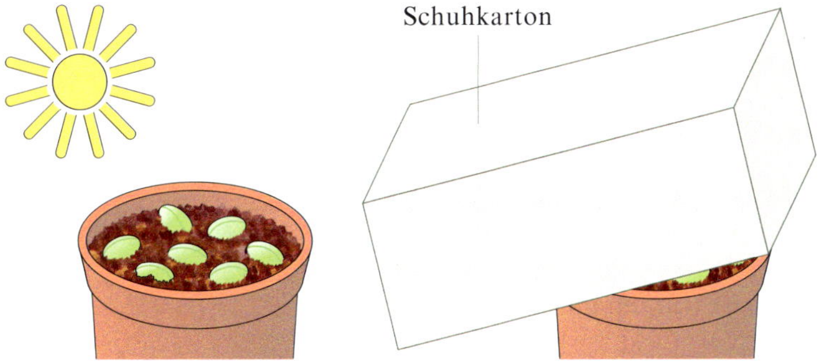

3 Experiment 2

Arbeitsaufträge

1. Frage deinen Nachbarn, wie ein Versuchsprotokoll aufgebaut ist. Wechselt euch ab. → 1

2. Führt Experiment 1 durch.

- **a** Notiert eure Versuchsfrage.
- **b** Schreibt eure Vermutungen auf.
- **c** Besorgt euch das Material.
- **d** Füllt die Erde in die Töpfe. Legt in jeden Topf fünf bis sieben Bohnensamen. Drückt sie leicht in die Erde. Gießt die Erde in einem Topf regelmäßig und haltet die Erde des anderen Topfes trocken. → 2
- **e** Kontrolliert eure Töpfe nach drei, fünf und acht Tagen. Notiert eure Beobachtungen im Protokoll.
- **f** Erklärt eure Beobachtungen und vergleicht sie mit euren Vermutungen.
- **g** Beantwortet eure Versuchsfrage.

3. Führt Experiment 2 durch.

- **a** Notiert eure Versuchsfrage.
- **b** Schreibt eure Vermutungen auf.
- **c** Besorgt euch das Material.
- **d** Füllt beide Töpfe mit der Erde und den Bohnensamen. In jedem Topf sollten etwa fünf bis sieben Samen sein. Deckt den einen Topf mit dem Schuhkarton ab. Stellt den anderen auf die Fensterbank. Gießt die Erde in beiden Töpfen regelmäßig. → 3
- **e** Kontrolliert eure Töpfe nach drei, fünf und acht Tagen. Notiert eure Beobachtungen im Protokoll.
- **f** Erklärt eure Beobachtungen und vergleicht sie mit euren Vermutungen.
- **g** Beantwortet eure Versuchsfrage.

Es ist Ende Februar und draußen noch sehr kalt. Lena blickt unter die große Eiche. Dort entdeckt sie die ersten Schneeglöckchen. Sie fragt sich: Wie können die Schneeglöckchen bei solchen Temperaturen nur schon blühen?

1 Blütenpracht im Schnee

Pflanzen verändern sich im Jahr

In den Frühling mit Vorratskammern

Im Vorfrühling fehlt es den meisten Pflanzen noch an Wärme, Feuchtigkeit und Sonnenlicht. Warum kann das Schneeglöckchen schon so früh im Jahr blühen? → 1 Schneeglöckchen haben bereits im Jahr zuvor in ihren **Speicherorganen**, den Zwiebeln, alles gespeichert, was sie für das Wachsen und Blühen benötigen. In der Zwiebel stecken bereits die notwendigen Nährstoffe. → 2 Mithilfe dieser Nährstoffe kann das Schneeglöckchen kurz nach dem Winter wachsen und blühen. Es wird daher auch als **Frühblüher** bezeichnet. Das Scharbockskraut nutzt Wurzelknollen als Speicherorgan. → 3 Der Krokus und die Schlüsselblume speichern ihre Nährstoffe in Sprossknollen. → 4

2 Schneeglöckchen mit Zwiebeln

3 Scharbockskraut

4 Krokus

Frühblüher
Knospe
Speicherorgane

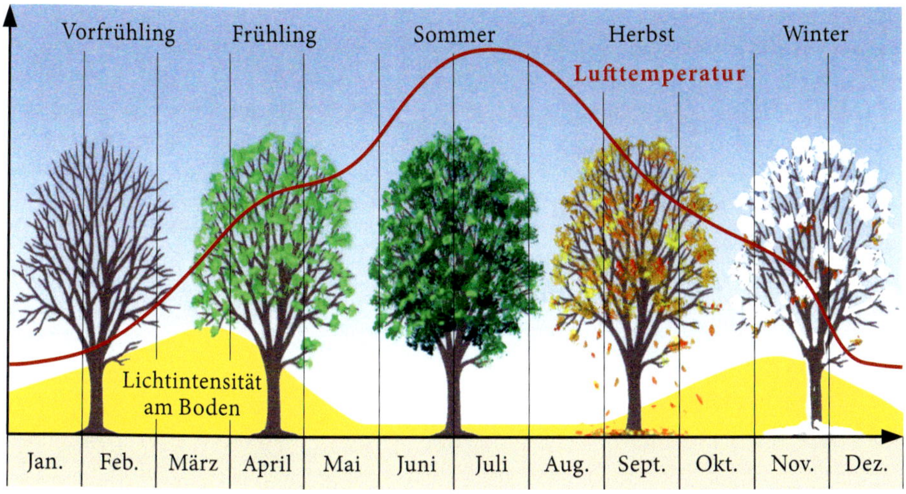

5 Lufttemperatur, Lichtintensität am Boden und Belaubung im Jahresverlauf

Im Herbst färbt sich das Laub

Im Herbst verfärben sich die sonst grünen Blätter. Sie werden gelb, braun oder rot. → 5 Durch den Laubfall bereiten sich die Pflanzen auf den Winter vor. Sie schützen sich vor Frostschäden und überstehen die lichtarme Zeit. Die in den Blättern vorhandenen Nährstoffe werden in den Stamm, die Äste und die Wurzeln transportiert und dort gespeichert. Das Laub wird am Boden durch Kleinstlebewesen verarbeitet. Die Nährstoffe stehen der Pflanze dann wieder zur Verfügung. So geht nichts verloren.

Gut gerüstet durch den Winter

Die meisten Bäume bilden im Sommer oder Herbst **Knospen** aus. → 6 In ihnen sind Blüten oder Blätter für das nächste Jahr angelegt. Von außen sind die Knospen durch Schuppen geschützt. Auf diese Weise können sie den Winter gut überstehen.

Merk dir! Pflanzen verändern sich im Laufe des Jahres. Die verschiedenen Pflanzen sind auf unterschiedliche Weise an die Jahreszeiten angepasst.

Arbeitsaufträge

1. Frühblüher trotzen Schnee und Frost. Sie blühen zeitig im Frühjahr.
   - **a** Informiere dich über die Umweltbedingungen im Jahresverlauf. → 5 Begründe, warum Frühblüher so früh im Jahr blühen können und nach dem Frühjahr nicht mehr sichtbar sind.
   - **b** Nenne und erläutere die Organe, aus denen die Frühblüher die Kraft für den Austrieb ziehen.
2. Mit Iod-Kaliumiodid-Lösung kann man Stärke nachweisen. Was passiert, wenn man diese Lösung auf eine Tulpenzwiebel tupft? Schreibt eure Vermutungen auf.
   - **a** Halbiert eine Tulpenzwiebel der Länge nach. Tupft etwas Lösung auf die Schnittfläche. Protokolliert eure Ergebnisse.
   - **b** Was schließt ihr aus den Ergebnissen? Vergleicht euer Ergebnis mit eurer Vermutung.
3. Eine Blumenzwiebel-Wiese wird gemäht, bevor die Blätter und Stängel vertrocknet sind. Im nächsten Frühjahr wundert sich Lena, dass keine Blumen wachsen. Erkläre Lena, warum das so ist.

Pflanzen in ihren Lebensräumen

Alle Pflanzen sind aus Blüte, Sprossachse, Blatt und Wurzel aufgebaut. Mithilfe der Blüte vermehrt sich die Pflanze. Mit der Wurzel ist sie im Boden verankert und nimmt Wasser und Nährstoffe auf. In den Blättern stellt die Pflanze Nährstoffe her. Die Sprossachse leitet Wasser und Nährstoffe. (Siehe Seite 108–111.)

Pflanzen stellen aus Kohlenstoffdioxid und Wasser Traubenzucker und Sauerstoff her. Dieser Vorgang heißt Fotosynthese. (Siehe Seite 112.)

Viele Blüten haben auffällige Kronblätter. In der Blüte sitzt neben den Staubblättern auch der Fruchtknoten, der die Samenanlage trägt. (Siehe Seite 116.)

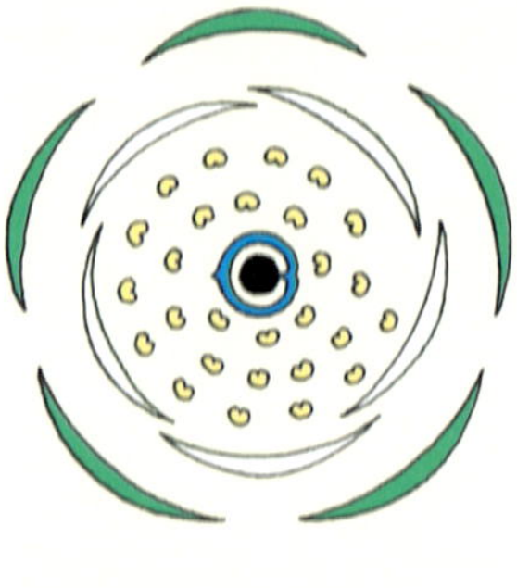

Pflanzen mit dem gleichen Blütengrundplan gehören zu einer Pflanzenfamilie. (Siehe Seite 120.)

→ Früchte und Samen können durch den Wind, durch Tiere oder den Menschen verbreitet werden. Manche Früchte verbreiten ihre Samen auch selbst. (Siehe Seite 124.)

→ Einige Pflanzen können sich durch Stecklinge, Sprossknollen, Ableger und Brutpflanzen vermehren. Diese Art der Vermehrung findet ohne Samen statt. (Siehe Seite 128.)

→ Mit Experimenten kann man nachweisen, dass Samen Wasser, Licht und Luft zum Wachsen benötigen. (Siehe Seite 130.)

→ Frühblüher speichern Vorratsstoffe in Zwiebeln oder Knollen. Mit diesen Speicherorganen gelingt es ihnen, ganz früh im Jahr zu wachsen. (Siehe Seite 132.)

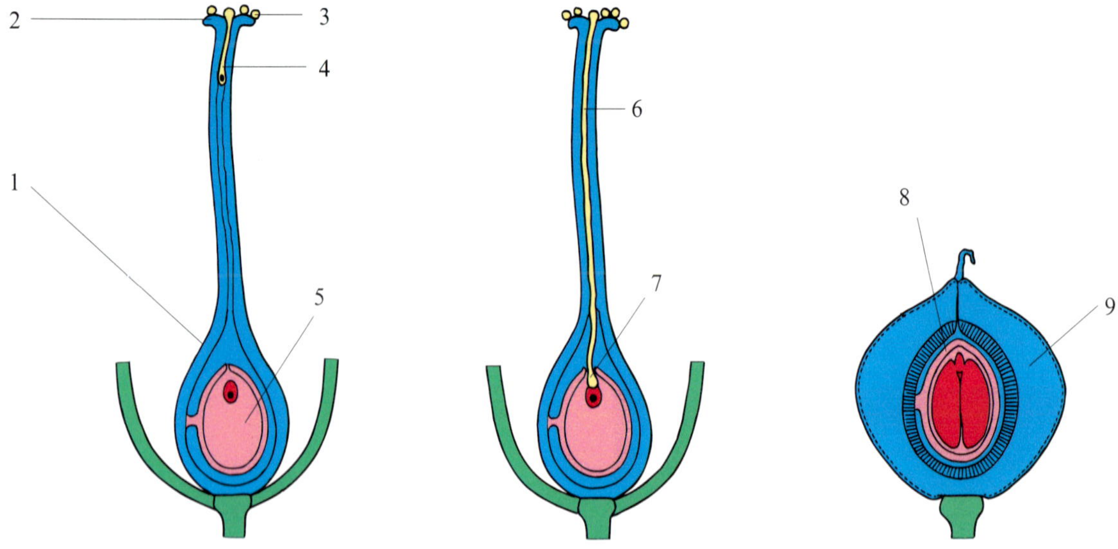

1 Bestäubung und Befruchtung der Kirsche

1. Zeichne eine Blütenpflanze und beschrifte die einzelnen Teile.

2. Erkläre den Begriff Fotosynthese. Welche Ausgangs- und welche Endstoffe spielen eine wichtige Rolle?

3. Richtig oder falsch?
- **a** Brombeeren gehören zu den Rosengewächsen.
- **b** Die Sonnenblume ist eine Heilpflanze.
- **c** Schmetterlingsblütler besitzen Hülsenfrüchte.

4. Ordne den Nummern in der Abbildung 1 die richtigen Begriffe zu. → 1

5. Erkläre den Begriff Bestäubung und beschreibe dabei, was bei diesem Vorgang passiert.

6. Früchte und Samen werden auf verschiedene Weise verbreitet. Welche Verbreitung ist auf den Abbildungen 2 bis 4 zu sehen? Begründe deine Antworten.

2 Ahornfrucht

3 Löwenzahn

4 Eichhörnchen

7. Viele Gärtnereien nutzen die ungeschlechtliche Vermehrung von Pflanzen. → 5
a Erkläre den Begriff „ungeschlechtliche Vermehrung".
b Erläutere die Vorteile der ungeschlechtlichen Vermehrung.

5 Stecklinge in einer Gärtnerei

8. Aylin möchte Bohnensamen anpflanzen. Nenne die Dinge, die sie dabei beachten sollte.

9. Nenne die Speicherorgane, die Pflanzen beim Überwintern helfen.

Ordne deiner Lösung im Heft ein Smiley zu:
☺ Ich habe die Aufgabe richtig lösen können.
😐 Ich habe die Aufgabe nicht komplett lösen können.
☹ Ich habe die Aufgabe nicht lösen können.

Aufgabe	Fähigkeit	Hilfe findest du auf Seite …
1	Ich kann die einzelnen Teile einer Blütenpflanze zeichnen und benennen.	108
2	Ich kann den Vorgang der Fotosynthese erklären.	112
3	Ich weiß, wie man Blütenpflanzen unterscheidet, und kenne die Merkmale einiger Pflanzenfamilien.	118, 120
4	Ich kann die einzelnen Teile einer Blüte nennen und weiß, wo sie liegen.	122
5	Ich kann den Begriff Bestäubung erklären und den Vorgang der Bestäubung beschreiben.	122
6	Ich kenne die Verbreitungsweisen von Samen und Früchten und kann sie mit eigenen Worten beschreiben.	124
7	Ich kann den Begriff ungeschlechtliche Vermehrung erklären und die Vorteile dieser Art der Vermehrung benennen.	128
8	Ich kann erklären, was man beim Anpflanzen von Samen beachten muss.	130
9	Ich kann Speicherorgane nennen, die Pflanzen beim Überwintern helfen.	132

Nutztiere und Nutzpflanzen

Weißt du, dass der Hund in deiner Nachbarschaft von wilden Tieren abstammt? Die Ururur...großeltern des Hundes waren vor langer Zeit wilde Wölfe. Auch alle anderen Tierarten, die wir Menschen halten, waren einmal wilde Tiere. Die Pflanzen auf den Feldern waren einmal Wildpflanzen. Erfahre mehr aus dem Leben von Nutztieren und Nutzpflanzen und welche Bedeutung sie für den Menschen haben.

1 Man sagt, in jedem Hund steckt noch ein Wolf. Was ist davon wahr? (Siehe Seite 142.)

2 Tiere vermehren sich. Wie funktioniert das? (Siehe Seite 150.)

3 Milch schmeckt gut. Doch wie entsteht eigentlich Milch? (Siehe Seite 155.)

4 Wie werden Tiere gehalten? Wie ergeht es den Tieren dabei? (Siehe Seite 156.)

5 Wie lassen sich Säugetiere vergleichen und ordnen? (Siehe Seite 160.)

6 Welche Pflanzen nutzt der Mensch? Was stellt er aus ihnen her? (Siehe Seite 162.)

Als Alex neulich bei seiner Tante zu Besuch war, hatte ihre Hündin gerade Junge bekommen. Am liebsten möchte Alex einen Welpen mit nach Hause nehmen. Heute bekommt man Haustiere von Verwandten, aus einer Tierhandlung oder von einem Züchter.
Doch wie kamen die Menschen früher zu ihren Tieren?

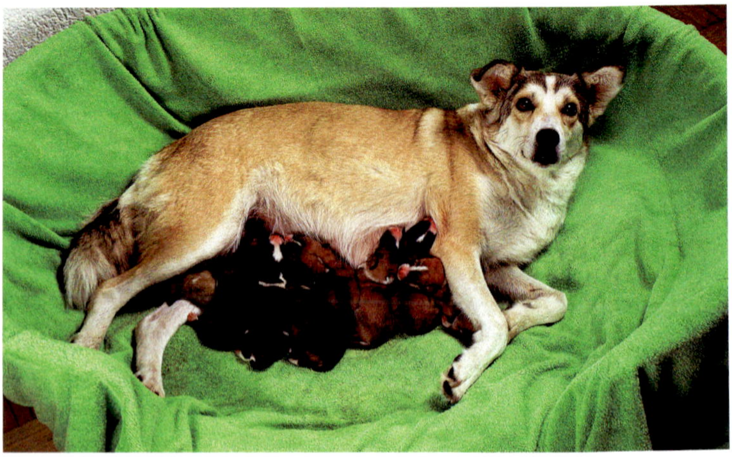

1 Hundewelpen bei der Mutter

Vom Wildtier zum Haustier

Wie die Menschen zu ihren Tieren kamen

Vor vielen Tausend Jahren, als die Menschen ihre Nahrung noch jagen gehen mussten, gab es nur wilde Tiere. → 2 Einige Jäger kamen auf die Idee, die Wildtiere zu fangen und sie an sich zu gewöhnen. Dies nennt man **Zähmung**. Aus vielen Wildtieren wurden später treue oder nützliche Begleiter und Helfer wie Hunde, Pferde und Rinder.

Die Urform des Rindes

Das Urrind wurde vor etwa 8 500 Jahren von Menschen erstmals gefangen und gezähmt. Dieses Rind hieß Auerochse, auch „Ur“ genannt. → 3 Der letzte Auerochse in Europa wurde 1627 erlegt.

Was sind Haustiere?

Alle Tiere, die der Mensch zu seinem Nutzen oder zum Vergnügen hält und züchtet, heißen **Haustiere**. Bei der **Züchtung** wählt man gezielt Tiere aus, die Nachwuchs bekommen sollen. Die Auswahl erfolgt dabei nach ganz bestimmten Merkmalen wie Größe oder Farbe des Tieres. Aber auch eine gute Fleischbildung bei Schweinen, die Schnelligkeit bei Pferden oder schönes Aussehen bei Hunden können solche Merkmale sein.

2 Höhlenmalerei mit wilden Rindern und Pferden

3 Der Auerochse lebte in Wäldern.

Haustiere
Heimtiere
Nutztiere
Zähmung
Züchtung

4 Weibliches Hausschwein mit Ferkeln

5 Weibliches Wildschwein

Die Vorfahren des Hausschweins

Als die Menschen nicht mehr umherzogen, bauten sie Hütten und Häuser. Sie konnten die Tiere in festen Ställen halten. So wurde das gefangene Wildschwein durch Zähmung und Züchtung allmählich zu einem Hausschwein. → 4

Seit etwa 6 000 Jahren werden Hausschweine vom Menschen gehalten und dienen als Fleischlieferanten.

Wildschweine leben noch heute in unseren Wäldern. Sie durchwühlen den Waldboden auf der Suche nach Nahrung. → 5 Sie sind kleiner als unsere Hausschweine und haben noch ihr borstiges Fell.

Von Heimtieren und Nutztieren

Werden Tiere zur eigenen Freude gehalten, spricht man von **Heimtieren**. Sie leben gemeinsam mit den Menschen in der Wohnung. Hunde, Katzen, Hamster und Wellensittiche zählen zu den Heimtieren. Haustiere, die der Mensch nutzt, um Fleisch, Milch, Wolle oder Leder zu gewinnen, bezeichnet man als **Nutztiere**. Hühner, Schweine, Rinder und Schafe gehören dazu.

→ Merk dir! Alle Haustiere waren vor langer Zeit einmal wilde Tiere. Man unterscheidet dabei Heim- und Nutztiere.

Arbeitsaufträge

1. Nenne die wilden Vorfahren von Rind und Hausschwein.
2. Vergleiche das Aussehen von Hausschwein und Wildschwein. → 4, 5
   - **a** Beschreibe die Abbildungen.
   - **b** Welche Merkmale könnten beim Hausschwein besonderen Nutzen für den Menschen haben?
3. Erkläre, ob es sich bei dem Kanarienvogel um ein Haustier, Heimtier oder Nutztier handelt.

6 Kanarienvogel

Alex ist im Zoo und beobachtet die Wölfe. Sie laufen umher und geben Laute von sich – fast so wie Hunde. Gibt es da einen Zusammenhang?

1 Wölfe im Rudel

So kam der Mensch auf den Hund

Wolf und Mensch freunden sich an

Die **Wölfe** begleiteten die Menschen der Steinzeit bei der Jagd. Hin und wieder fielen dabei ein paar Fleischreste für sie ab. Mit der Zeit wurden die Wölfe zutraulich. Die Menschen nahmen junge Wölfe mit in ihre Höhlen und zogen sie auf. Diese gezähmten Wölfe waren für die Menschen nützlich. → 2 Sie halfen bei der Jagd und bewachten die Höhlen. Durch Zähmung und Züchtung wurde der wilde Wolf in Tausenden von Jahren zum Haustier.

2 Steinzeitmensch mit gezähmtem Wolf

3 Hunde verschiedener Rassen

4 Hunde bei der Arbeit

Durch Züchtung entstehen Hunderassen

Durch Züchtung hat der Mensch besondere Fertigkeiten des Wolfes verfeinert. Dabei wählte er jene Tiere aus, die von ihm gewünschte Eigenschaften haben. Auf diese Weise sind die vielen verschiedenartigen **Hunderassen** entstanden. → 3

Hundeberufe

Bei der Züchtung von Hunden haben Menschen besonders auf Eigenschaften geachtet, die nützlich für sie waren. Solche Eigenschaften sind zum Beispiel Treue, Wachsamkeit, der gute Geruchssinn und Gehorsam. Der Hund ist seit Tausenden von Jahren Freund und Helfer des Menschen, zum Beispiel als Blindenhund oder als Spürhund. → 4

Merk dir! Aus dem Wildtier Wolf wurde durch Zähmung ein Haustier, der Hund. Durch Züchtung sind viele verschiedene Hunderassen mit unterschiedlicher Nutzung entstanden.

Arbeitsaufträge

1. Der Mensch machte aus dem Wildtier Wolf ein Haustier. Nenne die Eigenschaften des Wolfes, die der Mensch dafür nutzte.

2. Informiere dich über die Lebensweise des Wolfes. Nimm für die Suche Bücher oder Lexika zu Hilfe.

a Nenne Unterschiede zwischen einem zahmen Hund und einem wilden Wolf.

b Beschreibe die Lebensweise von Wölfen. → 1 Vergleiche mit unseren Haushunden.

3. Beschreibe, wie ein besonders großer Hund gezüchtet werden kann.

Wir fertigen einen Steckbrief an

Der Steckbrief ist eine kurze und genaue Beschreibung einer Person, eines Tieres oder einer Pflanze. In Stichworten werden Name, Aussehen und Eigenschaften festgehalten. Der Text wird durch ein Foto oder selbst gemaltes Bild ergänzt. Ein Steckbrief darf nicht zu lang sein.

Steckbrief

Name: Deutscher Schäferhund

Größe: bis 65 Zentimeter (Schulterhöhe)

Gewicht: bis 40 Kilogramm

Körperbau: kräftig

Kopf: groß, stets gespitzte Ohren, spitz auslaufende Schnauze, starkes Gebiss

Fell: schwarz und rotbraun gefärbt, borstig und kurz

Eigenschaften: reaktionsstark, treu, mutig, kraftvoll, ausdauernd, aufmerksam

Verwendung: Sporthund, Familienhund, Spürhund, Schutzhund, Rettungshund, Blindenführhund, Hütehund

Besonderheiten: eignet sich gut als Familienhund

1 Beispiel für einen Steckbrief

→ Tipp

- *Schreibe in Stichworten, dann bekommst du mehr Informationen über dein Tier auf den Steckbrief.*
- *Beginne mit den wichtigen Informationen.*
- *Gestalte den Steckbrief mit unterschiedlichen Schriften oder Farben. Das macht das Lesen interessanter.*

In 3 Schritten einen Steckbrief erstellen

Schritt 1 Besorgt euch zuerst Informationen über das Tier, zu dem ihr einen Steckbrief erstellen wollt. Sucht auch nach einem geeigneten Foto. Ihr könnt es zeichnen, kopieren oder einscannen und ausdrucken.

Schritt 2 Überlegt dann, zu welchen Oberbegriffen ihr in eurem Steckbrief Informationen aufschreiben möchtet. Was ist wichtig? → 1 Für die Beantwortung dieser Frage müsst ihr die Kennzeichen des Tieres und seine Besonderheiten kennen.

Schritt 3 Plant nun den Aufbau des Steckbriefes. Bringt dazu die Oberbegriffe in die richtige Reihenfolge. Überlegt, wo das Foto platziert werden soll. Achtet auf ein interessantes Aussehen eures Steckbriefes. → 1

Der Bullterrier

Er wurde ursprünglich aus Bulldoggen und Terriern als Kampfhund gezüchtet. Er sollte Schaukämpfe mit Stieren überstehen. Dabei zeigte sich das typische Terrierverhalten: kampfbereit und schmerzunempfindlich. Seine Beute fasst er mit den Zähnen und hält sie fest.
Seine Größe beträgt 50 bis 55 Zentimeter. Bullterrier haben einen kräftigen, muskulösen Körperbau. Der Kopf ist massig oder „bullig". Sein Fell ist weiß, manchmal mit Flecken durchsetzt, das Haarkleid ist kurz und drahtig.
Bei nicht artgerechter Haltung dieser Rasse reagieren die Hunde manchmal aggressiv und bissig. Deshalb unterliegt diese Rasse der „Kampfhundeverordnung". Der Bullterrier ist als Familienhund eher ungeeignet. Man sollte ihm stets mit großer Vorsicht begegnen.

2 Bullterrier

Arbeitsaufträge

1. Fertige einen Steckbrief an. Beachte dabei die Tipps und Schritte.
  a Erstelle mithilfe des Infotextes einen Steckbrief über den Bullterrier. → 2
  b Erstelle einen Steckbrief über deine Lieblingshunderasse. Nimm ein Lexikon oder das Internet zu Hilfe.

2. Stellt eure Steckbriefe in der Klasse vor.

3. Erstelle einen Steckbrief über ein weiteres Haustier. Sammelt alle Steckbriefe der Klasse und stellt sie aus.

Ein Hund als Haustier – das wäre prima. Aber wie hält und erzieht man einen Hund richtig?

1 Anna mit ihrem Hund

Ein Hund als Haustier

Die Sprache der Hunde

Hunde verständigen sich untereinander durch ihre **Körpersprache.** → 2, 3 Sie zeigt sich in ihrer Körperhaltung und Schwanzhaltung, durch ihre Lautäußerungen und ihren Gesichtsausdruck. Auch der Mensch kann aus der Körpersprache des Hundes auf die Stimmung des Tieres schließen. Sein Revier grenzt der Hund mithilfe von Harn ab, den sogenannten Duftmarken. Der Hund ist ein **Nasen- und** ein **Ohrentier.** Er orientiert sich über Gerüche und Geräusche. Seine Sinnesorgane sind viel empfindlicher als die der Menschen.

Hundehaltung – aber richtig!

Bevor ein Hund angeschafft wird, sollten wichtige Fragen der Hundehaltung geklärt werden: Welche Rasse soll der Hund haben? Wohin mit dem Hund im Urlaub? Soll der

2 Zwei männliche Hunde begegnen sich.

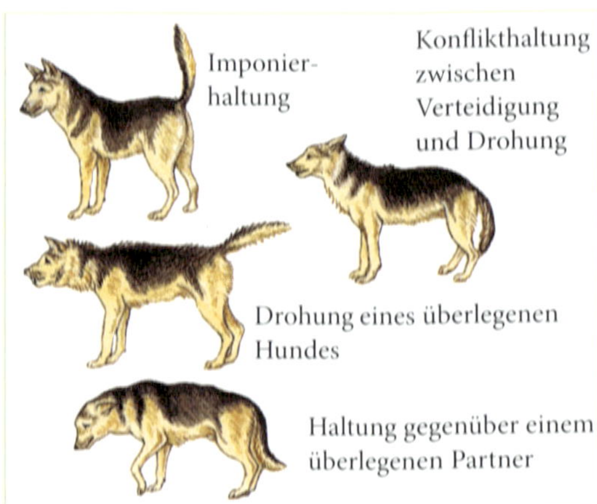

3 Körpersprache von Hunden

Hundeschule
Körpersprache
Nasentier
Ohrentier

Informationen über:

- die geeignete Rasse
- die Unterschiede von weiblichen und männlichen Hunden
- Krankheiten und Impfungen
- …

4 Wichtige Informationen

5 In der Hundeschule

Hund vom Züchter oder aus dem Tierheim kommen? → 4 Wie sieht der Alltag aus? Ein Hund sollte nie länger als fünf Stunden am Tag alleine sein. Hunde sind Rudeltiere und brauchen die Zuwendung des Menschen. Dreimal am Tag eine halbe Stunde mit dem Hund spazieren gehen ist wichtig. Hunde brauchen viel Bewegung. Wer übernimmt die Kosten für Hundefutter, Tierarzt, Hundesteuer und Versicherungen?

Hunde müssen erzogen werden

Ein Hund muss lernen, sich in die Gemeinschaft einzuordnen. Im Alter von vier bis sechs Monaten muss mit der Erziehung begonnen werden. Ein Hund muss wissen, was er darf und was er nicht darf. Das beste Erziehungsmittel ist das Lob. Bestraft werden darf er nur für Fehler, die er gerade begangen hat. Ein gut erzogener Hund ist stubenrein, geht bei Fuß, macht auf Befehl „Sitz" und kommt sofort, wenn man ihn ruft. Es gibt **Hundeschulen**, in denen der Umgang mit einem Hund geübt wird und der Hund lernt, sich richtig zu verhalten. → 5

→ **Merk dir!** Hunde verständigen sich untereinander durch ihre Körpersprache. Vor der Anschaffung eines Hundes sollten wichtige Voraussetzungen erfüllt sein. Ein Hund muss erzogen werden.

Arbeitsaufträge

1. Sieh dir Abbildung 3 genau an.
  a Nenne die Körperhaltungen des Hundes, bei denen sich der Mensch in Acht nehmen sollte.
  b Erkläre das Verhalten des Hundes.

2. Erkläre, welche Bedürfnisse des Hundes beachtet werden müssen, wenn man Hundebesitzer werden möchte.

3. Führt einen Zoobesuch durch.
  a Beobachtet über längere Zeit ein Wolfsrudel.
  b Beschreibt einige Verhaltensweisen der Tiere im Umgang miteinander.
  c Versucht, diese Verhaltensweisen zu erklären. Nutzt dazu auch Abbildung 3.

Ganz langsam und kaum hörbar schleicht sich Lenas Katze Minchen heran. Vorher hat sie minutenlang unbeweglich im hohen Gras gesessen. Jetzt duckt sie sich und setzt zum Sprung an. Kraftvoll stößt sie sich ab und fängt die Maus mit ihren ausgefahrenen Krallen. Oft hat Lena das schon beobachtet.
Doch wie erkennt die Katze eigentlich ihre Beute?

1 Katze auf der Lauer

Die Katze – ein Schleichjäger

Herkunft

Unsere **Katze** stammt von der Falbkatze ab, die ursprünglich in Afrika lebte. → 2 Katzen wurden in Ägypten bereits zur Zeit der Pharaonen als Haustiere sehr geschätzt. Wie der Hund ist auch die Katze heute ein beliebtes Haustier. Im Unterschied zum Hund lebt sie gerne als **Einzelgänger**.
Sie gewöhnt sich zwar an den Menschen, geht aber keine feste Bindung zu ihm ein. Viel eher noch ist sie mit der Wohnung verbunden, in der sie lebt.

Der Körperbau der Katze

Die Katze ist ein **Schleichjäger**. Sie hat eine biegsame Wirbelsäule und starke Muskeln. Das macht ihr das Anschleichen an die Beute und das Springen leicht. Ihr Beutefang besteht aus Anschleichen, Fangen, Töten und Fressen. Manchmal spielt die Katze mit ihrer Beute. Ihre Krallen kann sie einziehen. Die weichen Ballen an den Pfoten machen ihren Schritt fast unhörbar. Erst beim Beutesprung fährt sie die scharfen Krallen aus und ergreift die Beute. → 3

2 Falbkatze

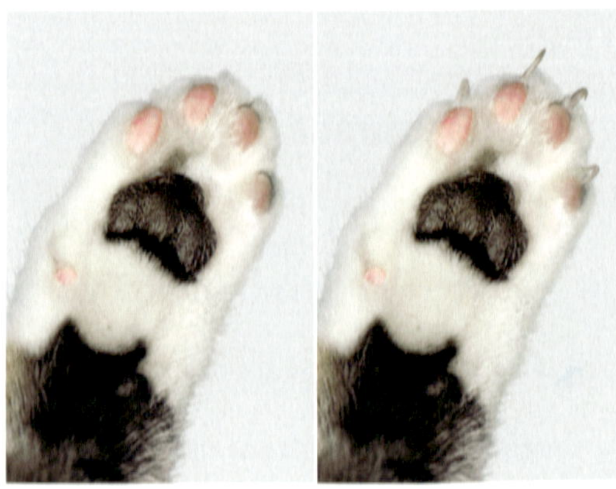

3 Katzenpfote

Augentier
Einzelgänger
Katze
Körpersprache
Schleichjäger

4 Aus der Körpersprache von Katzen

Die drei Katzensprachen

Katzen verständigen sich durch ihre Körpersprache, mit ihrer Stimme und mit Duftmarken. Wird eine Katze angegriffen, macht sie einen Buckel und faucht. → 4 Andere Katzen verstehen dies. Fühlt sich eine Katze wohl, schnurrt sie. Knurren und Fauchen bedeutet Warnen und Drohen. Hat sie Hunger oder will sie aus dem Haus, dann miaut sie. Wenn sich zur Paarungszeit Kater und Katze suchen, kann man lautes Jaulen hören. Um ihr Revier abzugrenzen, setzt die Katze Geruchszeichen. Sie verspritzt Harn und hinterlässt so ihre Duftmarken genauso wie Hunde.

Sinnesorgane der Katze

Ihre Umwelt nimmt die Katze durch Hören, Sehen und Tasten wahr. Das Auge ist ihr schärfstes Sinnesorgan. Bei Dämmerung sieht sie ungefähr 6-mal besser als der Mensch. Katzen sind **Augentiere**. Werden Katzenaugen im Dunkeln mit Licht angestrahlt, so leuchten sie. → 5

5 Katzenaugen in der Dämmerung

Merk dir! Die Katze ist ein Schleichjäger. Sie ist ein Augentier und kann in der Dämmerung jagen.

Arbeitsaufträge

1. Erkläre, warum es für die Katze wichtig ist, dass sie ihre Krallen einziehen kann.

2. Lenas Familie will umziehen. Stelle eine Vermutung an, welche Probleme mit ihrer Katze Minchen auftreten können.

Tarek beobachtet zwei Kater, die in einen heftigen Kampf verwickelt sind. Schon den ganzen Tag hat er immer wieder lautes Miauen gehört. Sein Onkel erklärt ihm, dass die Katze des Nachbarn „rollig" ist. Doch Tarek weiß nicht genau, was das ist. Er ahnt, dass es mit Katzen und Katern und deren Paarung zu tun hat. Was ist denn nun „rollig"? Und warum kämpfen die Kater miteinander?

1 Kampf zweier Kater

Wie Katzen Junge bekommen

Paarungszeit

Zu bestimmten Zeiten ist der Körper der Katze bereit, Nachwuchs zu bekommen. Die Weibchen miauen in dieser Zeit laut, sind unruhig und rollen sich häufig auf dem Boden. Man sagt: Die Katze ist rollig. In ihrem Revier versammeln sich oft mehrere Kater. Sie versuchen sich durch laute „Gesänge" gegenseitig zu vertreiben. Dabei kann es zu heftigen Auseinandersetzungen kommen. → 1

Paarung

Ist die Katze bereit, kommt es zur **Paarung**. Bei der Befruchtung verschmilzt eine Spermienzelle des Katers mit der Eizelle der Katze.

2 Nach der Paarung verschmelzen Ei- und Spermienzelle. Es entwickelt sich ein Katzenjunges.

Nesthocker

Paarung

3 Katzenmutter mit ihren Welpen

4 Junge Katze „spielt“ mit einer Maus.

Entwicklung der Katzen im Mutterleib

Die befruchtete Eizelle beginnt sich darauf zu teilen und zu wachsen. Der Embryo wächst in der Gebärmutter. → 2 Acht Wochen nach der Paarung bringt die Katze in einem Versteck vier bis acht Welpen zur Welt.

Junge Katzen

Unmittelbar nach der Geburt sind die Welpen blind und taub. Mithilfe des Tast- und Geruchssinns suchen sie die Zitzen ihrer Mutter. Nach 10 Tagen öffnen die Kätzchen die Augen und richten die Ohren auf. Die Jungtiere sind **Nesthocker**. Sie beginnen erst nach ungefähr zwei Wochen ihre Umgebung zu erkunden und zu spielen. Bei Gefahr packt die Mutter die Welpen am Nackenfell und bringt sie an einen sicheren Ort. Katzen sind Säugetiere. Sie ernähren ihre Jungtiere mit Muttermilch. → 3 Noch 4 Wochen säugt und betreut die Mutter die Jungen. Die Kätzchen werden zunehmend selbstständiger, bleiben zunächst aber in der Nähe der Mutter. Leben auf Dauer mehrere Katzen zusammen, lässt sich unter ihnen eine Rangordnung beobachten. Die Tiere bilden aber nie so ein festes Rudel wie Hunde oder Wölfe.

→ Merk dir! In der Paarungszeit kämpfen die Kater um die Weibchen. Die Katze ist rollig und damit zur Paarung bereit. Die Jungtiere sind Nesthocker.

Arbeitsaufträge

1. Beantworte Tareks Fragen.
   - **a** Was bedeutet „rollig“?
   - **b** Warum kämpfen die Kater miteinander?
2. Erkläre mithilfe von Abbildung 2, wie Katzen sich fortpflanzen.
3. Auch wenn die Katzenwelpen noch gesäugt werden, bringt ihnen die Mutter ab und zu eine halbtote Maus. Erkläre diese Beobachtung.

Dieses Rind hat lockiges braunes Fell. Es sieht ganz anders aus als die üblichen schwarz-weiß gefleckten Rinder, die du auf vielen Wiesen sehen kannst.
Warum gibt es unterschiedliche Rinderrassen?

1 Hochlandrind

Das Rind liefert uns Milch und Fleisch

Nutztier Rind

Rinder werden gehalten, weil sie Milch und Fleisch liefern. Der Mensch hat für diese Zwecke verschiedene Rinderrassen gezüchtet.

Milchrinder

Die Deutsche Schwarzbunte wird am häufigsten gehalten. → 2 Sie gehört zu den **Milchrindern**. Du wirst sie auf den Wiesen schon einmal gesehen haben. Die Schwarzbunte ist ein wahrer „Milch-Champion". Sie liefert bis zu 10 000 Liter Milch pro Jahr. Das sind gut 27 Liter pro Tag. Auch die Deutsche Rotbunte gehört zu den Milchrindern. → 5

Fleischrinder

Anders als Milchrinder werden **Fleischrinder** auf gute Fleischqualität hin gezüchtet. Das aus Schottland stammende Galloway-Rind und das Hochlandrind sind dafür besonders geeignet. → 1, 4 Da ihr Nutzen als

2 Deutsche Schwarzbunte

Kuh	→	weibliches Rind
Bulle/Stier	→	männliches Rind
Kalb	→	Jungtier bis zum Alter von 6 Monaten

3 So werden Rinder benannt.

Fleischrinder
Milchrinder

4 Galloway-Rind

5 Deutsche Rotbunte

Milchgeber nicht wichtig ist, leben Kälber und Kühe in einer Herde zusammen. Die Kühe werden nicht gemolken und die Kälber nicht von ihren Müttern getrennt, wie es sonst üblich ist.

Produkte vom Rind

Nach der Schlachtung lassen sich neben dem Fleisch noch weitere Teile des Rindes nutzen. Die Haut findet als Leder bei der Herstellung von Schuhen und Taschen Verwendung. Aus den Hörnern können Kämme oder Späne zur Düngung hergestellt werden. → 6

> **Merk dir!** Rinder werden in vielfältiger Form von den Menschen genutzt. Es gibt Milchrinder und Fleischrinder.

6 Die Produkte vom Rind lassen sich vielfältig verwenden.

Arbeitsaufträge

1. Erstelle eine Liste der Milchprodukte, die du im Supermarkt finden kannst. Welche isst oder trinkst du selbst?
2. Sammelt leere Verpackungen von Milchprodukten und stellt sie in der Klasse aus.
   - **a** Lest die Angaben auf den Verpackungen.
   - **b** Nennt die Inhaltsstoffe.
3. Erläutere mithilfe der Abbildung 6 den vielseitigen Nutzen des Rindes für den Menschen.

Dass die Milch von der Kuh stammt, weiß Jakob. Aber wie stellt die Kuh eigentlich Milch her? Und wie kommt die Milch von der Kuh in den Supermarkt?

1 Rinder fressen Gras und geben Milch.

Rinder sind Wiederkäuer

Rätselhaftes Kauen

Rinder fressen nur Pflanzen. Daher gehören sie zu den **Pflanzenfressern**. Sie stehen auf der Wiese und fressen Gras. Andere Rinder haben sich niedergelegt und kauen. Dabei fressen sie gar nicht mehr. Warum?

Der lange Weg der Verdauung

Rinder schlucken das Gras, fast ohne es zu zerkauen. Für die Verdauung von Gras haben Rinder gleich vier Mägen. → 2 Die schwer verdaubaren Grasfasern werden im ersten Magen, dem **Pansen**, eingeweicht.

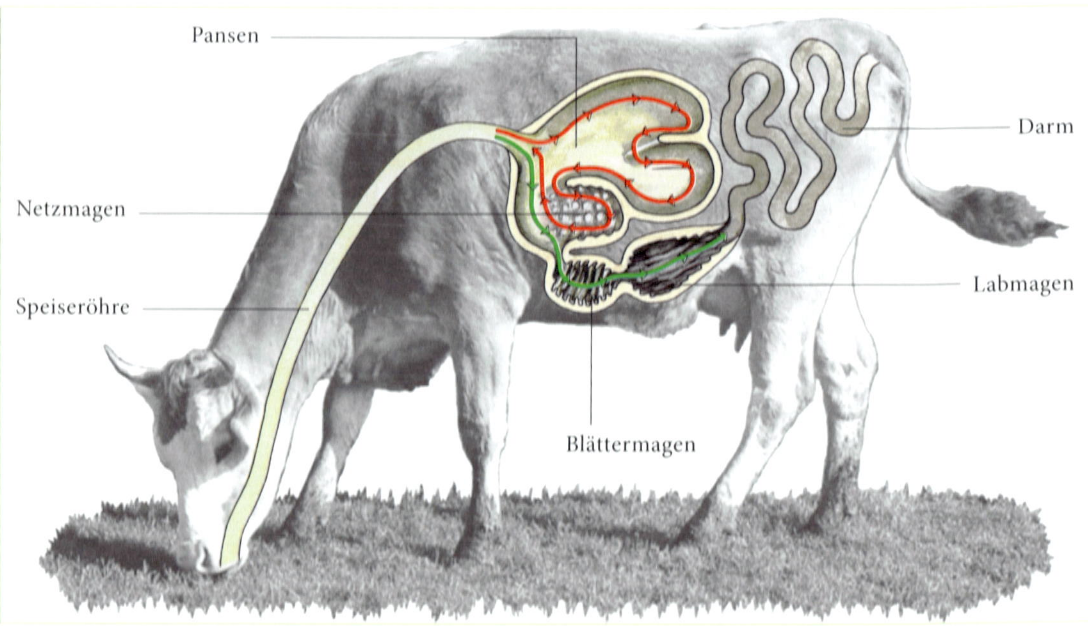

2 Der Weg der Nahrung beim Rind vor (rot) und nach dem Wiederkäuen (grün)

Blättermagen
Labmagen
Netzmagen
Pansen
Pflanzenfresser
Wiederkäuer

3 Eine Kuh säugt ihr Kalb.

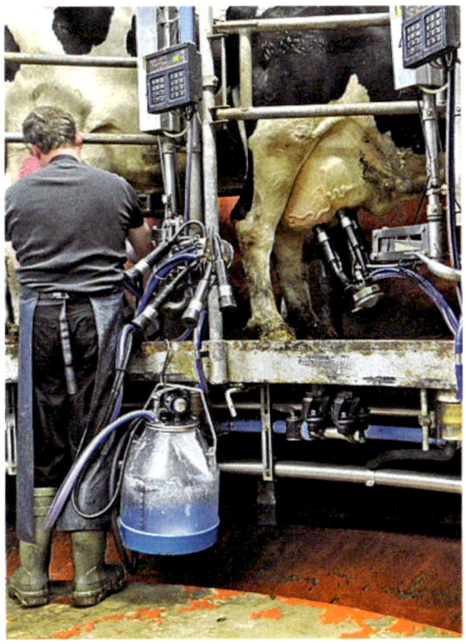

4 Kühe im Melkstand

Das Gras gelangt nun in den **Netzmagen** und wird von dort aus in kleinen Portionen zurück ins Maul befördert. Nun kaut das Rind das Gras. Diesmal aber gründlich. Rinder sind **Wiederkäuer**. Beim erneuten Hinunterschlucken gelangt der Grasbrei in den **Blättermagen**. Dort wird ihm das Wasser entzogen. Im **Labmagen** und im langen Darm findet dann die endgültige Verdauung statt. Die Nährstoffe werden aufgenommen. Unverdauliche Reste werden als Kot ausgeschieden.

Aus Gras wird Milch

Am Euter wandeln Milchdrüsen die Nährstoffe zu Milch um. Nachdem die Kuh gemolken wurde, wird die Milch zur Molkerei gebracht. Dort wird sie zu Milchprodukten verarbeitet.

Ohne Kalb keine Milch

Eine Kuh gibt nur Milch, wenn sie ein Kalb geboren hat. Nach neun Monaten bringt die Kuh ihr junges Kalb zur Welt. Dann beginnt auch die Bildung der Milch.
Das Kalb trinkt etwa sechs Monate die Milch vom Euter der Kuh. → 3 Häufig wird es jedoch von der Kuh getrennt. Das Kalb lebt dann mit anderen Kälbern zusammen. Es bekommt Muttermilchersatz zu trinken. Die Kuh wird aber weiter gemolken und die Milch verarbeitet. → 4

> → **Merk dir!** Rinder sind Wiederkäuer. Sie besitzen vier Mägen, die bei der Verdauung des Grases helfen. Im Euter sitzen die Milchdrüsen, sie wandeln Nährstoffe in Milch um.

Arbeitsaufträge

1. Beschreibe den Weg der Nahrung des Rindes mithilfe der Abbildung 2.

2. Erstellt ein Plakat mit der Überschrift „Vom Gras zur Milch".
- **a** Sammelt dazu Fotos aus Zeitschriften.
- **b** Ergänzt die Fotos mit kleinen Texten.

Hast du zu Hause ein Haustier? Dann kennst du auch seine Bedürfnisse. Annas Hund braucht jeden Tag Auslauf, Gesellschaft, einen Kauknochen für die Zähne und vieles mehr.
Auch Nutztiere haben Bedürfnisse. Es wird oft darum gestritten, wie man diese Tiere richtig hält.

1 In der Freilandhaltung können die Hühner all ihren Bedürfnissen nachgehen.

Haltung von Nutztieren

Vom wilden Huhn zum Haushuhn

Unsere Haushühner stammen vom Bankiva-Huhn ab. → 2 Dieses wild lebende Huhn scharrt bei der Futtersuche mit den Füßen im Boden nach Würmern, Insekten und Samen. Es gräbt sich gerne Sandkuhlen und bestreut sich zur Federpflege mit Sand. Auf der Suche nach einem sicheren Schlafplatz fliegt es auf Äste von Büschen und Bäumen. Für den Nachwuchs baut es ein Nest. Dort legt die Henne ihre Eier hinein und brütet sie aus. Ein Hahn lebt meistens mit mehreren Hennen zusammen.
Unsere Haushühner haben die gleichen Verhaltensweisen und Bedürfnisse wie das Bankiva-Huhn. Dazu brauchen sie aber Platz und geeignete Gelegenheiten. → 1

Geld spielt bei der Tierhaltung eine Rolle

Für den Menschen ist die Haltung von Nutztieren aufwändig. Je weniger Arbeit die Haltung von Tieren macht, desto billiger kann

2 Hahn des Bankiva-Huhnes

3 Bodenhaltung bei Hühnern

4 Käfighaltung

5 Massentierhaltung bei Schweinen

ein Bauer tierische Produkte wie Fleisch und Eier herstellen. Viele Menschen achten beim Kauf dieser Produkte vor allem auf einen günstigen Preis. Deshalb werden viele Tiere inzwischen in beengter **Massentierhaltung** gehalten. → 5

→ Merk dir! Bei der Haltung von Nutztieren unterscheidet man verschiedene Haltungsformen. Die Freilandhaltung ist besonders artgerecht. Die Massentierhaltung ist besonders kostengünstig.

Arbeitsaufträge

1. Gehe in einen Supermarkt und notiere dir die Preise für Eier aus Freilandhaltung und aus Bodenhaltung. → 1, 3

- **a** Errechne den Preis für ein einziges Ei.
- **b** Vergleiche die Preise. Wie lautet das Ergebnis? Erkläre die Unterschiede.

2. Welche Verhaltensweisen kann ein Huhn in Freilandhaltung und in Käfighaltung zeigen, → 1, 4 welche nicht? Schreibe die Antworten in dein Heft.

3. Welches Fleisch würdest du einkaufen: Fleisch aus Massentierhaltung oder Fleisch von Schweinen aus Freilandhaltung? Begründe deine Meinung. Tausche dich mit deinem Tischnachbarn aus.

4. Lena hat einen Bauernhof mit „artgerechter Tierhaltung" besucht. Ihrer Brieffreundin will sie schreiben, was artgerechte Tierhaltung ist. Kannst du Lena helfen? Schreibe den Brief. Nimm den Text aus dem Tierschutzgesetz zu Hilfe. → 6

§ 1 Grundsatz: Niemand darf einem Tier ohne vernünftigen Grund Schmerzen, Leiden oder Schäden zufügen.

§ 2 Artgemäße Tierhaltung: Wer ein Tier hält, betreut oder zu betreuen hat, muss das Tier seiner Art und seinen Bedürfnissen entsprechend angemessen ernähren, pflegen und verhaltensgerecht unterbringen.

6 Auszug aus dem Tierschutzgesetz

Rund um Haustiere

1. Wie funktioniert eine Katzenkralle?

Ihr braucht: Pappe (DIN-A4-Blatt), Schere, Bindfaden, Gummiband, Musterklammer.

Zeichne den Umriss der Katzenpfote (graue Farbe) und der Katzenkralle (blaue Farbe) nebeneinander auf die Pappe.

Schneide die Krallen und die Pfote aus.

Bohre mit der Schere Löcher in die Pfote (zwei Löcher) und in die Kralle (drei Löcher). → 1

Verbinde die Kralle und die Pfote mithilfe der Musterklammer.

Binde den Bindfaden an der Kralle fest.

Verbinde die Kralle und die Pfote mit dem Gummiband.

a Ziehe vorsichtig an dem Bindfaden. Lass ihn anschließend wieder locker. Beschreibe deine Beobachtungen.
b Vergleiche dein Modell mit einer echten Katzenpfote. Betrachte Abbildung 2. Liste auf, welcher Teil des Modells einem Teil der echten Katzenpfote entspricht.
Erkläre, wie bei der echten Katzenpfote die Bewegung der Krallen zustande kommt.
c Beschreibe die Unterschiede zwischen dem Modell und der echten Katzenpfote.

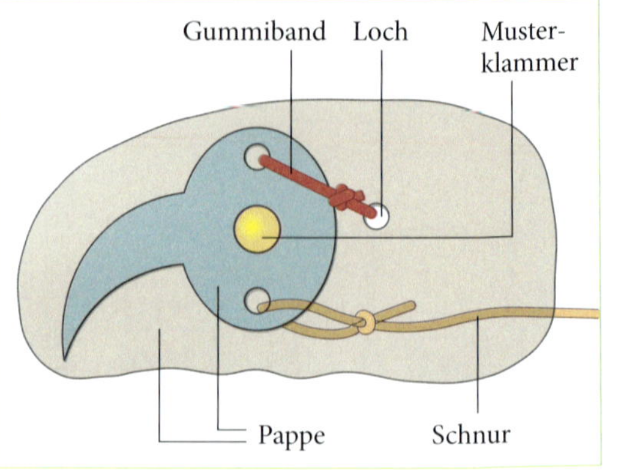

1 Modell der Katzenkralle

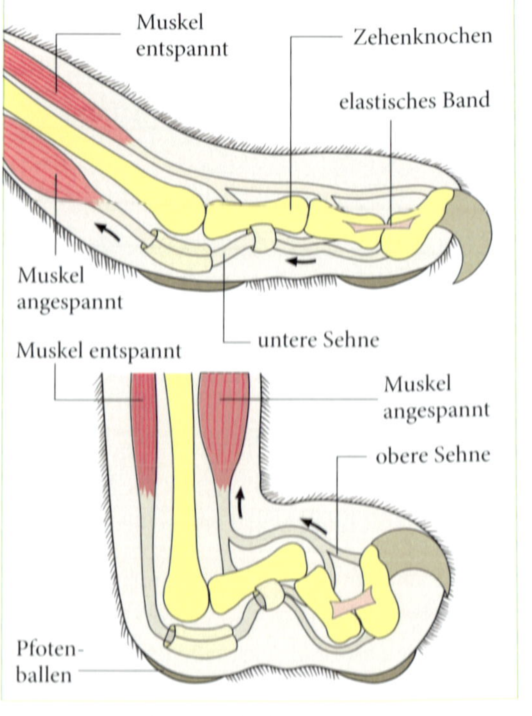

2 Bewegung der Katzenkralle

2. Was kannst du an einem Hund entdecken?

3 Hund

Ihr braucht: einen Hund (Dauer etwa 30 Minuten).

a Achte auf das Verhalten des Hundes. Beschreibe sein Verhalten, wenn er neu einen Raum betritt. Beschreibe was er tut, wenn er ein Geräusch hört, zum Beispiel Händeklatschen.

b Achte auf die Schnauze des Hundes. Beschreibe, wie der Hund seine Zunge hält. Beschreibe die Zähne des Hundes.

c Achte auf den Schwanz des Hundes. Beschreibe die Schwanzbewegung, wenn der Hund jemanden begrüßt. Beschreibe die Schwanzhaltung, wenn der Hund ruhig steht.

d Achte auf die Beine des Hundes. Unterscheide Oberschenkel, Unterschenkel, Fußkrallen und Zehenknochen. Finde heraus, auf welchen Knochen der Hund läuft.

3. Wie wird Käse hergestellt?

4 Mozzarella

Ihr braucht: mindestens 2 Liter Milch, ein großes, sauberes Becherglas (2 l), Zitronensaft, Heizrührgerät, flaches Sieb, sauberes Tuch, 2 Glasschalen, Gewichte, 50 Gramm Salz.

Schütte die Milch in das Becherglas und erwärme sie auf dem Heizgerät auf etwa 30 °C. Gib nun den Zitronensaft hinzu, bis die Milch flockig wird.

Lege das Sieb mit dem Tuch aus und stelle es auf die Glasschale. Schütte die Milch aus dem Becherglas in das Sieb und lass die Flüssigkeit gut abtropfen.

Nun wird der Käse gepresst. Dazu wird das Tuch aus dem Sieb genommen und flach ausgelegt. Auf den Käse wird eine weitere Glasschale gestellt und für drei Stunden mit Gewichten beschwert.

50 Gramm Salz werden in einem halben Liter Wasser aufgekocht. Nachdem diese Lösung abgekühlt ist, wird der gepresste Käse in große Würfel geschnitten und für etwa 30 Minuten in diese Salzlösung gelegt.

Nach dem Abspülen ist der Käse fertig und im Kühlschrank drei bis vier Tage haltbar. In Scheiben geschnitten und mit Olivenöl, Essig und Basilikum schmeckt er gut zu Tomaten.

Was haben Säugetiere gemeinsam und was unterscheidet sie voneinander?

1 Säugetiere

Wir vergleichen und ordnen Säugetiere

Gemeinsamkeiten der Säugetiere

Die in Abbildung 1 gezeigten Tiere ernähren alle ihre Jungen eine Zeit lang mit Milch. Man nennt dies säugen. Daher heißen alle diese Tiere auch **Säugetiere**. Säugetiere haben ein Fell. Ihre Körpertemperatur ist **gleichwarm**. Auch Seehunde und Fledermäuse sind Säugetiere.

Wie man Tiere ordnen kann

Es gibt noch viele andere Säugetiere. Den Biologen erscheint es zu unübersichtlich, alle nur Säugetiere zu nennen. Sie versuchen diese große Gruppe von Tieren weiter zu ordnen. Wie geht das? Die Wissenschaftler beobachten die Tiere und können dabei weitere Merkmale entdecken.

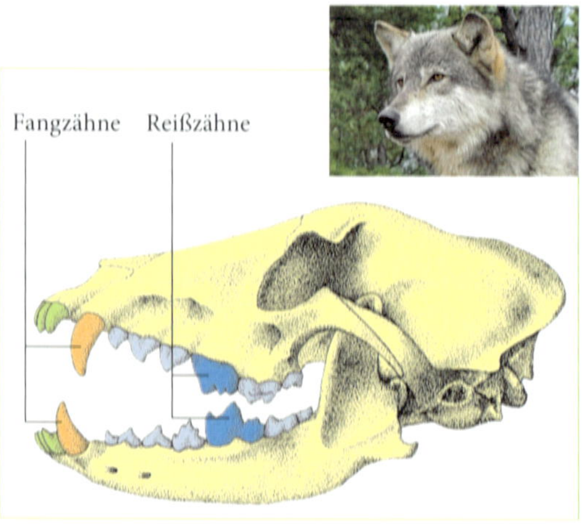

2 Fleischfressergebiss

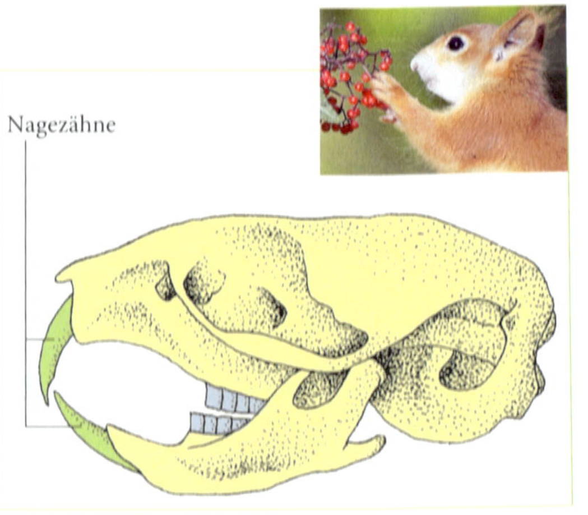

3 Nagetiergebiss

Fleischfressergebiss
gleichwarm
Nagetiergebiss
Paarhufer
Säugetiere
Unpaarhufer

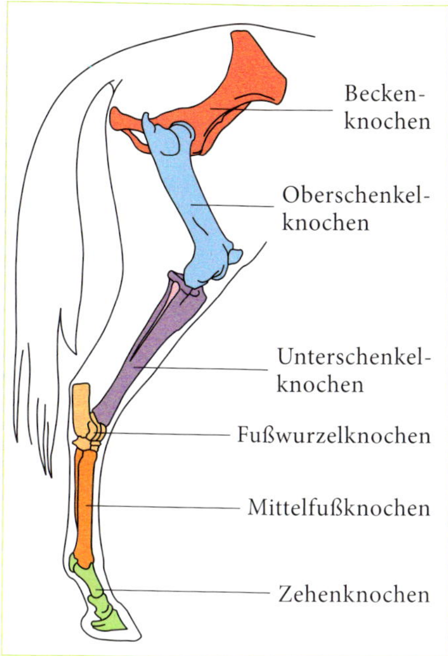

4 Unpaarhufer

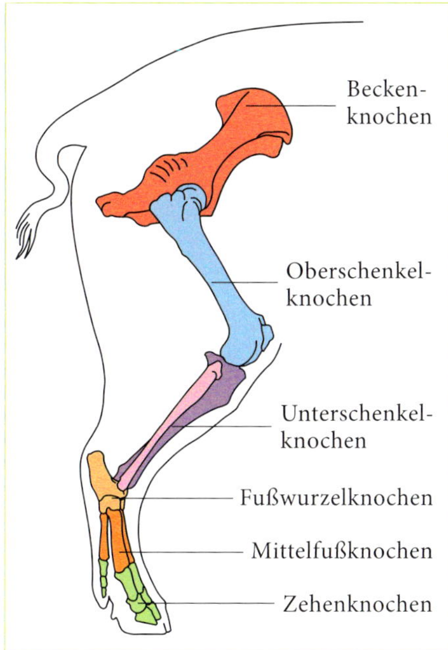

5 Paarhufer

Die Zähne zeigen es

Tiere mit spitzen Fangzähnen und gezackten Reißzähnen haben ein **Fleischfressergebiss**. → 2 Sie werden in die Gruppe der Raubtiere eingeordnet. Beispiele für Raubtiere sind Wölfe, Katzen, Hunde, Füchse und Löwen.

Außerdem gibt es Tiere, die als Vorderzähne große Nagezähne haben. Sie haben ein **Nagetiergebiss**. → 3 Sie werden in die Gruppe der Nagetiere eingeordnet. Dazu gehören Kaninchen, Hamster, Mäuse, Biber und Eichhörnchen.

Unterscheidung über die Füße

Auch über die Füße kann man Säugetiere ordnen. Haben die Tiere nur einen Huf pro Bein, dann handelt es sich um **Unpaarhufer**. → 4 Zu ihnen gehören Pferd, Esel und Zebra. Tiere, bei denen der Huf geteilt ist, heißen **Paarhufer**. → 5 Zu ihnen zählen Rind und Schwein. Paarhufer und Unpaarhufer gemeinsam bilden die Gruppe der Huftiere.

Merk dir! Säugetiere lassen sich mithilfe von Merkmalen in Gruppen ordnen.

Arbeitsaufträge

1. Überprüfe anhand des Textes, ob Mensch, Pinguin, Delfin und Krokodil zu den Säugetieren gehören.

2. Raubtiere haben Fang- und Reißzähne. Nenne den Nutzen dieser Zähne für die Tiere.

3. Suche in diesem Buch nach Tieren, die zu den Raubtieren, Nagetieren und Paarhufern gehören. Schreibe ihre Namen auf und begründe deine Entscheidung.

Brot und Brötchen essen wir gerne und oft. Beim Bäcker gibt es viele verschiedene Sorten. Aus welchen Getreidesorten wird Brot hergestellt?

1 Verschiedene Brotsorten

Pflanzen für unsere Ernährung

Getreidearten

Weizen, Roggen, Gerste und Hafer werden in Deutschland häufig als Getreidepflanzen angebaut. Sie sind **Nutzpflanzen**. Alle Getreidepflanzen gehören zu den Gräsern.

Der Weizen

Die Weizenpflanze hat einen runden und hohlen Stängel, den Halm. Die Blätter sind schmal und umhüllen mit ihrem unteren Teil den Halm. An der Spitze der Pflanze sitzen viele kleine Blüten, die gemeinsam eine Ähre bilden. → 2

Die Früchte des Weizens

Nach der Bestäubung bilden sich in der Ähre die Früchte des Weizens, die Weizenkörner. → 2 Der Keimling im Weizenkorn wächst bei der Keimung zu einer neuen Weizenpflanze heran. Um wachsen zu können, wird der Keimling aus dem Mehlkörper mit

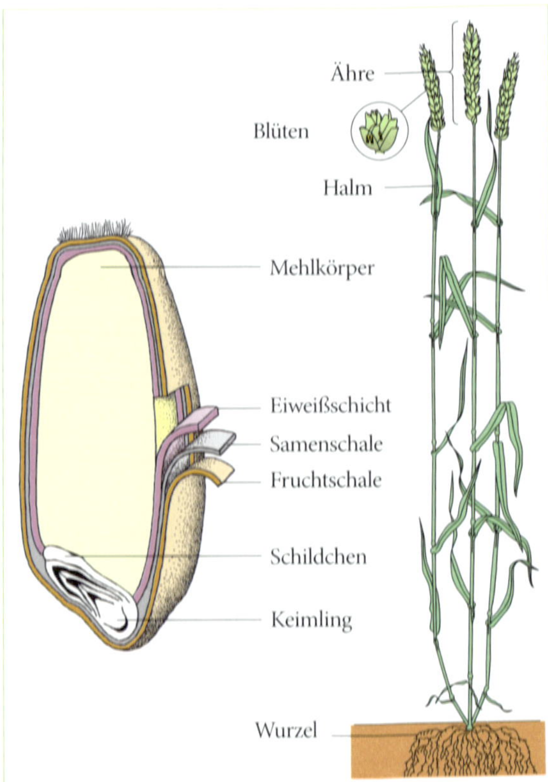

2 Die Weizenpflanze

Gerste
Hafer
Mais
Nutzpflanzen
Reis
Roggen
Weizen

3 Weizen

4 Reisanbau

Stärke ernährt. Aus diesem Mehlkörper gewinnt man Mehl, aus dem wir Brot und Kuchen backen können.
Das Weizenkorn enthält Kohlenhydrate, Eiweiß, Fett sowie gesunde Vitamine und Mineralstoffe.

Gerste, Roggen und Hafer

Die **Gerste** wird beim Brauen von Bier verwendet. Aus **Roggen** wird wie aus Weizen Mehl hergestellt. Aus **Hafer** werden Haferflocken hergestellt.

Andere Länder – andere Getreidesorten

Weißt du, dass Cornflakes aus **Mais** hergestellt werden? In Südamerika ist Mais das wichtigste Getreide. Aus den Körnern wird Maismehl gewonnen, mit dem Fladen gebacken werden.
Die Menschen in Asien ernähren sich hauptsächlich von **Reis**. In einem Jahr isst ein Chinese mehr als 100 Kilogramm davon. Reispflanzen benötigen viel Wasser zum Wachsen. Deshalb wird Reis auf gefluteten Feldern angebaut. → 4

> → **Merk dir!** Die Getreidearten Weizen, Roggen, Gerste, Hafer und Mais sind wichtige Nutzpflanzen. Aus ihnen werden Lebensmittel hergestellt. Die Getreidekörner enthalten gesunde Inhaltsstoffe.

Arbeitsaufträge

1. Aus welchem Getreide wird welches Lebensmittel hergestellt?
- **a** Sammelt Verpackungen von Lebensmitteln aus Getreide.
- **b** Erstellt eine Tabelle dazu.

2. Informiere dich mithilfe des Internets, in welchen Ländern folgende wichtige Nutzpflanzen angebaut werden und was aus ihnen hergestellt wird:
- **a** Kakaobaum
- **b** Kaffeestrauch
- **c** Zuckerrohr
- **d** Olivenbaum

Wichtige Nutzpflanzen der Welt

Die Züchtung von Nutzpflanzen

Die ersten Samenpflanzen sind bereits vor über 270 Millionen Jahren entstanden. Schon vor mehr als 10 000 Jahren haben die Menschen sättigende Grassamen gesammelt. Später begannen sie damit, manche Gräser wie das Einkorn auszusäen. → 1 Dabei wurden Grassamen von Pflanzen benutzt, die eine gute Ernte einbrachten. Der heute angebaute Weizen stammt vom Einkorn ab.

Solche Pflanzen mit hohen Erträgen wurden später miteinander gekreuzt, um die Ernte noch weiter zu verbessern. Über mehrere Pflanzengenerationen entstehen so besonders ertragreiche Sorten. Man spricht von Züchtung. Auch andere Merkmale können das Ziel der Züchtung sein. So entstanden über lange Zeiträume beispielsweise Pflanzenarten mit höherer Widerstandskraft, unter anderem gegen Schädlinge, Nässe, Trockenheit, Hitze oder Kälte. Andere Arten weisen zum Beispiel einen besonders hohen Gehalt an gewünschten Inhaltsstoffen, wie Stärke, Zucker oder Öl, auf.

Das Geheimnis guter Schokolade …

Sicher weißt du schon, dass Schokolade aus Kakao hergestellt wird. Aber woher kommt Kakao eigentlich? Das Kakaopulver stammt von gemahlenen Kakaobohnen. Dies sind die Samen der Früchte des Kakaobaums. → 2 Dieser Baum wächst in Südamerika.

1 Einkorn

2 Kakaobaum mit Früchten

Kakaobohnen sind sehr bitter und ungenießbar. In einem schwierigen Verfahren wird aus den Kakaobohnen die fettige Kakaobutter gepresst. Sie ist die Grundlage für die Schokoladenherstellung. Nach geheimen Rezepten vermischen die Schokoladenhersteller Kakaopulver, Kakaobutter, Zucker und Milchpulver, um leckere Schokolade herzustellen.

Oh, sind die aber süß!

Fast alle Nahrungsmittel, die wir essen, haben einen hohen Anteil an Zucker. Aber woher stammt der Zucker? In tropischen Ländern gewinnt man Zucker hauptsächlich aus Zuckerrohr. → 3 Vor 1750 wurde auch in Europa nur Zucker aus Rohrzucker verwendet. Er kam damals mit Schiffen aus Amerika und war ein Luxusartikel. Heute wird Zucker in Europa aus der Zuckerrübe gewonnen. → 4

3 Geschnittenes Zuckerrohr

4 Zuckerrübe

Öl muss nicht aus der Erde kommen …

Auch Pflanzen produzieren Öl. Die Rapspflanze besitzt viele ölhaltige Samen, aus denen Rapsöl gepresst wird. Das Rapsöl wird für die Herstellung von Margarine und als Speiseöl gebraucht. Aber das Öl kann man auch zur Gewinnung von Kunststoffen und Treibstoffen für Kraftfahrzeuge gebrauchen. Bestimmt hast du schon mal an der Tankstelle das Wort Biodiesel gelesen. Dieser Biodiesel wird aus Rapsöl hergestellt. Es müssen große Flächen mit Rapspflanzen angebaut werden, damit ausreichend Öl produziert werden kann. → **5**, **6**

… manches Öl stammt auch von Bäumen

Aus den Ländern am Mittelmeer kommt ein Öl, das aus Oliven gepresst wird. Dies sind die Früchte des Olivenbaums oder Ölbaums. Sie sehen fast wie Kirschen aus und haben auch einen Stein in der Mitte. Reife Oliven sind schwarz, es gibt aber auch rötliche Olivensorten. Besonders in der Türkei, Griechenland, Italien und Spanien findet man viele Olivenbäume. → **7** Fast die gesamte Ernte wird zu Olivenöl gepresst.

5 Schoten der Rapspflanze

6 Blühende Rapsfelder

7 Olivenbaum und Oliven

Berufe rund um Tiere und Pflanzen

Was macht eigentlich eine Fachkraft für Agrarservice?

Wenn du dir vorstellen kannst, bei Wind und Wetter draußen „auf dem Land" zu arbeiten, ist das ein geeigneter Beruf für dich. Während der Ausbildung zur Fachkraft für Agrarservice erlernst du sowohl alles Wissenswerte rund um die Pflanzenproduktion als auch die Bedienung und die Wartung landwirtschaftlicher Maschinen. In der Pflanzenproduktion wird der Boden bearbeitet, Kulturen werden angelegt und gepflegt, Pflanzen werden geerntet, gelagert und konserviert. Die notwendige landwirtschaftliche Technik wird bedient, geführt, gepflegt und instand gehalten. → 1

Die ausgebildeten Fachkräfte arbeiten z. B. im landwirtschaftlichen Pflanzenanbau oder in agrartechnischen Dienstleistungsbetrieben.

1 Ausbildung zur Fachkraft für Agrarservice

„Ich liebe Tiere"

Jeder, der Tiere mag, mit ihnen arbeiten oder ihnen helfen möchte, hat die Qual der Wahl unter einer Vielzahl von Ausbildungsberufen. → 2, 3

Du kannst dich zum/zur Fischwirt/-in, Landwirt/-in, Pferdewirt/-in, Revierjäger/-in, Tierpfleger/-in, Tierwirt/-in oder tiermedizinischen Fachangestellten ausbilden lassen.

2 Ausbildung zum Fischwirt

Der Unterschied zwischen Tierpfleger/-in und Tierwirt/-in liegt im Einsatzort. Tierpfleger arbeiten in der Forschung, im Zoo, im Tierheim oder in der Pensionstierpflege. Tierwirte arbeiten in der Rinder-, Schweine-, Geflügelhaltung, Schäferei oder Imkerei. Der/Die tiermedizinische Fachangestellte ist eher unter der alten Berufsbezeichnung des Tierarzthelfers bekannt.

3 Ausbildung zur Tierwirtin

Neben der Zucht und Pflege der Tiere achten alle diese Berufsfelder insbesondere auf den Schutz des Lebensraums der Tiere. Tier- und Artenschutzbestimmungen werden eingehalten.

„Ich liebe Pflanzen" – und die Kunst

Als Florist/-in gestaltest du auf künstlerische Art und Weise Pflanzen- und Blumenschmuck. Floristen arbeiten vorwiegend mit Schnittblumen, die z. B. für Familienfeiern zu Sträußen oder Gestecken verarbeitet werden. → 4 Das Kranzbinden für Trauerfeiern gehört ebenfalls zu ihrem Handwerk. Neben ihrer künstlerischen Tätigkeit erlernen die Floristen auch betriebswirtschaftlich notwendiges Handwerk, wie die Kalkulation, die Lohnbuchhaltung und verkaufsfördernde Maßnahmen.

4 Ausbildung zur Floristin

Oder doch lieber einfach „nur Gärtnern"?

Der Gärtnerberuf ist der Landwirtschaft zugeordnet, dieses Berufsbild wird auch von den Landwirtschaftskammern ausgebildet. Allerdings befasst es sich ausschließlich mit dem Gartenbau. Als Gärtner/-in kannst du in Baumschulen und Friedhofsgärtnereien, als Landschaftsgärtner/-in sowie im Gemüse-, Obst- oder Zierpflanzenbau arbeiten.

5 Ausbildung zum Gärtner und zur Gärtnerin

→ 5 Gärtner/-innen schützen Lebensräume und die Umwelt. Sie setzen möglichst wenig Pflanzenschutzmittel ein. Sie arbeiten zum Schutz ihrer Pflanzen verstärkt mit Nützlingen, den natürlichen Fressfeinden der Pflanzenschädlinge.

Fitnessstudio Wald

Wenn du dich in deiner Ausbildung und späteren Arbeit gerne körperlich auspowern möchtest, ist der Beruf des Forstwirts genau der richtige für dich. → 6

Der Arbeitsplatz für den/die Forstwirt/-in ist der Wald. Hier erledigen Forstwirte alle anfallenden Arbeiten. Sie planen und unterhalten die Waldwirtschaftswege und begründen und pflegen die Waldbestände mithilfe forstlicher Maschinen. Sie ernten Holz, schützen den Wald gegen natürliche Schädlinge (Insekten, Pilze, Wild) und arbeiten gezielt im Natur- und Landschaftsschutz. Sie schaffen und erhalten die Waldbiotope. Zur Jagdsaison helfen sie den Revierförstern während des Jagdbetriebs.

6 Ausbildung zur Forstwirtin

Nutztiere und Nutzpflanzen

→ Der Hund stammt vom Wolf ab. Durch Züchtung sind verschiedene Hunderassen entstanden. Als Haustier braucht der Hund Pflege, Aufmerksamkeit und Erziehung.
(Siehe Seite 142–147.)

→ Die Katze ist ein Schleichjäger. Sie orientiert sich mithilfe ihrer Sinnesorgane. Die Jungen sind Nesthocker und werden von der Katzenmutter gesäugt.
(Siehe Seite 148–151.)

→ Kühe sind Nutztiere. Sie liefern uns Milch und Fleisch. (Siehe Seite 152–155.)

→ Auch Tiere haben Bedürfnisse. Bei der Haltung sollte der Mensch auf diese Rücksicht nehmen.
(Siehe Seite 156.)

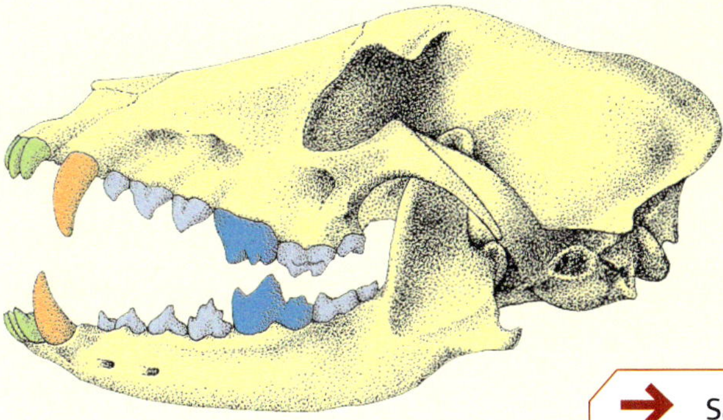

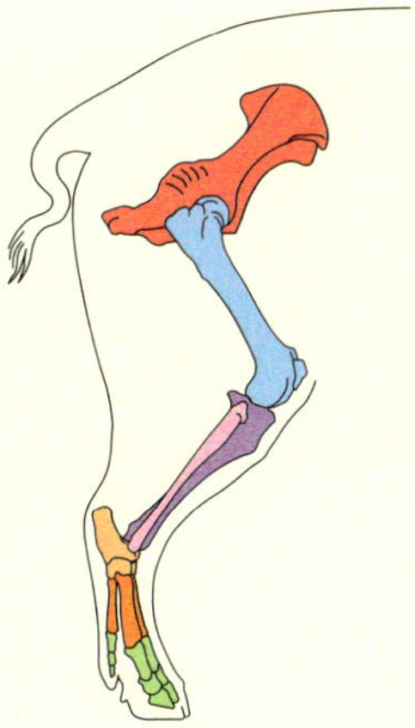

Säugetiere lassen sich anhand von Merkmalen ordnen. (Siehe Seite 160.)

Nutzpflanzen sind wichtig für unsere Ernährung. Aus ihnen werden viele Lebensmittel hergestellt. (Siehe Seite 162.)

Bei einer Vielzahl interessanter Berufe geht es um Tiere oder Pflanzen oder um Produkte, die aus ihnen hergestellt werden.
(Siehe Seite 166.)

1

2

1. Teile folgende Tiere in Haustiere und Nutztiere ein. Begründe deine Zuordnung.

a Schwein
b Wellensittich
c Kuh
d Katze
e Huhn
f Hund

2. Sieh dir die Abbildungen 1 bis 4 an. Schreibe auf, was für eine Botschaft der Hund mitteilt.

3. Nenne Gründe, warum die Katze besonders gut Mäuse jagen kann.

4. Warum kauen Kühe ihre Nahrung zweimal? Erkläre den Begriff „Wiederkäuer".

5. Entscheide, welche der folgenden Tiere nicht zu den Säugetieren gehören. Begründe deine Wahl.

a Eisbär
b Hamster
c Storch
d Reh
e Esel
f Pinguin
g Hai
h Seehund
i Schlange

3

4

5 Futter

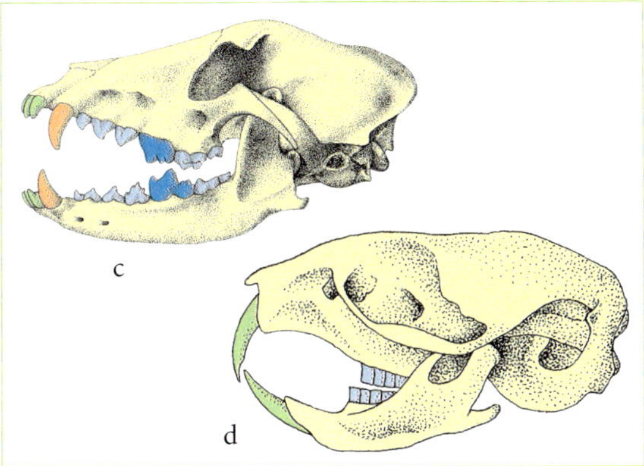

6 Gebisse

6. Erkläre, welches Futter zu welchem Gebiss passt. → 5, 6

7. Welche Begriffe werden hier gesucht?
- **a** Hier befindet sich der Mehlkörper der Weizenpflanze.
- **b** Hier entstehen aus der Blüte des Weizens die Weizenkörner.
- **c** Hier sitzen die Blätter der Weizenpflanze.

Ordne deiner Lösung im Heft ein Smiley zu:

☺ Ich habe die Aufgabe richtig lösen können.

😐 Ich habe die Aufgabe nicht komplett lösen können.

☹ Ich habe die Aufgabe nicht lösen können.

Aufgabe	Fähigkeit	Hilfe findest du auf Seite …
1	Ich kann Tiere in Haus- und Nutztiere unterscheiden.	140
2	Ich kann die Körpersprache eines Hundes verstehen.	146
3	Ich kann das Beutefangverhalten der Katze erklären.	148
4	Ich kann Wiederkäuen erklären.	154
5	Ich kann Säugetiere benennen.	160
6	Ich kann Gebisstypen der entsprechenden Nahrung zuordnen.	160
7	Ich kann den Aufbau einer Getreidepflanze erklären.	162

Gesundheits-bewusstes Leben

Überall hörst und liest du, dass du gesund leben sollst. Müsli essen ist gesund und Sport treiben auch. Aber was heißt denn eigentlich genau, gesund zu leben, und warum ist das denn so wichtig? Kann ich nicht einfach essen, was mir schmeckt, und tun und lassen, wonach mir ist? Dein Körper funktioniert scheinbar automatisch, doch dahinter verbirgt sich ein wahres Wunderwerk. Alle Einzelteile müssen wie ein Team perfekt zusammenarbeiten.

1 Was macht ein Körper eigentlich mit dem Essen? (Siehe Seite 180.)

2 Wann bin ich zu dick und wann zu dünn? (Siehe Seite 184.)

3 Zweimal am Tag Zähne putzen! Ist doch selbstverständlich! Oder? (Siehe Seite 186.)

4 Wie funktioniert das Strecken und Beugen von Armen und Beinen? (Siehe Seite 190.)

5 Wie kann man Rückenschmerzen vorbeugen? (Siehe Seite 194.)

6 Wenn wir Sport treiben, atmen wir schneller. Warum ist das so? (Siehe Seite 198.)

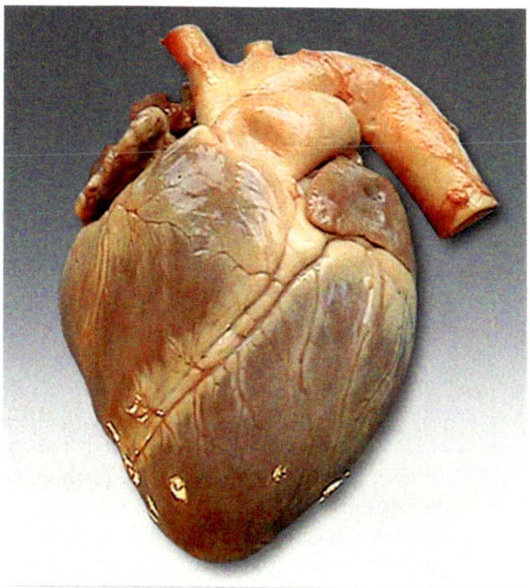

7 Das Herz arbeitet Tag und Nacht. Aber was genau ist seine Aufgabe? (Siehe Seite 202.)

8 Auf den ersten Blick sieht Blut wie Tomatensaft aus. Warum ist Blut aber etwas Besonderes? (Siehe Seite 204.)

Du bist einmalig. Aber dein Körper ist genauso aufgebaut wie der aller anderen Menschen. Er besteht aus vielen Einzelteilen. Diese müssen miteinander funktionieren, damit du dich bewegen, atmen, denken – einfach leben kannst. Doch was benötigt der Körper dazu?

1 Trotz aller äußeren Unterschiede sind wir innen doch alle gleich.

Ohne Energie läuft nichts!

Der Körper – eine Maschine?

Eine Maschine oder ein Auto braucht Energie, um sich zu bewegen oder zu fahren. Die dafür nötige Energie liefern Strom, Öl oder Benzin. → 2

Die energiereichen Kraftstoffe werden im Motor eines Autos mit Sauerstoff verbrannt und in Bewegungsenergie umgewandelt. Ohne Benzin bleibt das Auto stehen. Auch dein Körper bewegt sich und braucht Energie, die in unseren Lebensmitteln steckt. → 3

Wunderwerk Körper

Beim Sport muss sich dein Körper richtig anstrengen. Du kannst die verschiedenen Aufgaben, die er leisten muss, spüren. → 4

Knochen, Gelenke und Muskeln arbeiten bei jedem Sprung und jeder Bewegung zusammen. Das Herz klopft schneller und pumpt Blut durch die Gefäße. Du musst beim schnellen Laufen heftiger atmen und spürst deine Lunge in der Brust. Augen und Ohren nehmen deine Mitspieler in der Umgebung wahr. Dein Gehirn und deine Nerven steu-

2 Benzin liefert Energie für das Auto.

3 Nahrung liefert dir Energie.

4 Körperliche Leistung beim Sport

5 Energiebedarf und Anstrengung (pro Stunde)

ern deine Bewegungen. Durch dieses Zusammenspiel kannst du schnell reagieren, wenn der Ball geflogen kommt.

Dein Körper braucht ständig Energie

Ein Auto verbraucht nur Benzin, wenn der Motor läuft. Im Gegensatz dazu hat unser Körper auch dann einen Bedarf an Energie, wenn er ruht. Deine Organe wie Herz, Lunge und Darm arbeiten auch, wenn du schläfst. Je mehr du dich anstrengst, desto mehr Energie benötigt dein Körper. Beim Inlineskaten hat dein Körper also einen höheren Energiebedarf als beim Schlafen. → 5 Die notwendige Energie dafür liefern **Nährstoffe** aus unserer Nahrung.

Brennwert

Du weißt sicher, dass es Brennstoffe gibt, die mehr oder weniger gut heizen. Papier und Stroh verbrennen schneller als hartes Holz. Die Energie, die der Brennstoff für das Feuer liefert, nennt man **Brennwert**. Auch Lebensmittel haben unterschiedliche Brennwerte. → 6 Sie liefern uns je nach Zusammensetzung mehr oder weniger Energie, die in Kilojoule (kJ) oder Kilokalorien (kcal) gemessen wird.

6 Ein Kopfsalat hat nur 134 kJ, eine Portion Pommes mit Mayonnaise dagegen 4200 kJ.

Merk dir! Wir besitzen in unserem Körper viele Organe, die verschiedene Aufgaben haben. Um diese Aufgaben bewältigen zu können, braucht der Körper ständig Energie. Diese Energie liefert uns die Nahrung.

Arbeitsaufträge

1. Wenn du morgens aufwachst, hast du Hunger, obwohl du nur geschlafen hast. Erkläre, warum das so ist.

2. Suche aus dem Küchenschrank verschiedene Verpackungen von Lebensmitteln heraus und schreibe die Brennwerte in kJ und kcal auf.

Jakob sagt, dass seine Eltern Wert auf gesunde Ernährung legen und ihm viel Obst und Gemüse mit in die Schule geben. Lena meint: „Es ist doch egal, was ich in der Pause esse. Hauptsache man wird satt.“
Hat Lena recht? Ist es unwichtig, was man isst?

1 Obst oder Schokolade?

Was steckt in unserer Nahrung?

Nahrung aus Pflanzen und Tieren

Alles, was wir essen, stammt von Pflanzen oder Tieren und liefert wichtige **Bau- und Betriebsstoffe** für unseren Körper: Obst, Gemüse, Salat und Getreide sowie Fleisch, Fisch, Eier und Käse. → 2 Diese Lebensmittel enthalten die Nährstoffe Kohlenhydrate, Eiweiß und Fett – jedoch in sehr unterschiedlicher Zusammensetzung. Sahnetorte beispielsweise enthält sehr viel Fett. Davon wirst du zwar satt, aber dir fehlen wichtige „Fitmacher“.

Kohlenhydrate

Sie versorgen deinen Körper mit der Energie, die du für deine Tätigkeiten und für die Aufrechterhaltung deiner Körpertemperatur brauchst. **Kohlenhydrate** stecken als Zucker oder Stärke in Lebensmitteln wie Kartoffeln, Brot, Nudeln, Reis, Gemüse und Obst. → 3 **Ballaststoffe** gehören ebenfalls zu den Kohlenhydraten. Das sind unverdauliche Nahrungsbestandteile, die keine Energie liefern, aber die Verdauung fördern.

2 Lebensmittel enthalten Nährstoffe.

3 Kohlenhydrathaltige Lebensmittel

Ballaststoffe
Bau- und Betriebsstoffe
Eiweiß
Fette
Kohlenhydrate
Mineralstoffe
Vitamine

4 Fettreiche Lebensmittel

5 Eiweißreiche Lebensmittel

Fett

Sahne, Käse, Wurst, Nüsse und Öle sind reich an **Fetten**. → 4 Sie liefern sehr viel Energie, deshalb brauchst du nur wenig davon zu essen. Die Fettpolster unter der Haut schützen unseren Körper vor Auskühlung und Stößen.

Eiweiß

Dein Körper braucht **Eiweiß**, um zu wachsen, um Körperzellen zu erneuern und zu reparieren. Nicht nur Fleisch, Fisch, Eier und Milchprodukte enthalten **Eiweiß**, sondern auch Getreide und Hülsenfrüchte. → 5

Ergänzungsstoffe

Um gesund zu bleiben, benötigen wir auch **Vitamine** und **Mineralstoffe**. Vitamin C stärkt die Abwehrkraft. Es steckt vor allem im Obst. Calcium ist ein Mineralstoff, der wichtig für den Aufbau von Zähnen und Knochen ist.

→ Merk dir! Alle Lebensmittel stammen von Pflanzen oder Tieren und liefern für den Körper wichtige Bau- und Betriebsstoffe. Sie enthalten die Nährstoffe Kohlenhydrate, Eiweiße und Fett. Vitamine und Mineralstoffe sind für Körperfunktionen lebenswichtig.

Arbeitsaufträge

1. Schreibe auf, was du heute zum Frühstück gegessen hast. Nenne die Nährstoffe, die darin enthalten waren. → 3–5
2. Stelle mithilfe von Vitamin-C-Teststreifen fest, wie viel Vitamin C in folgenden Lebensmitteln enthalten ist: frischer Zitronensaft, heißer Zitronensaft, frisch geriebener Apfel, selbst gekochtes Apfelmus.
   - a Notiere deine Ergebnisse.
   - b Apfelmus enthält weniger Vitamin C als die gleiche Menge eines geriebenen Apfels. Schließe daraus, wie Vitamin-C-reiche Lebensmittel zubereitet werden sollten.

Wir untersuchen Lebensmittel

1. Wie weist man Stärke nach?

Ihr braucht: Petrischalen, Pipette, verschiedene Lebensmittel wie Kartoffel, Mehl, Zucker, Eiweiß, Nudeln, Wurst und Iod-Kaliumiodid-Lösung.

Fülle von jedem Lebensmittel etwa einen Teelöffel in je eine Petrischale. Gib einige Tropfen der Lösung darauf. Diese Lösung färbt Stärke blauviolett. → 1

Schreibe ein Protokoll. Notiere darin deine Beobachtungen in einer Tabelle. Gib an, welche Nahrungsmittel sich besonders stark und welche sich schwach oder gar nicht färben. Erläutere deine Ergebnisse.

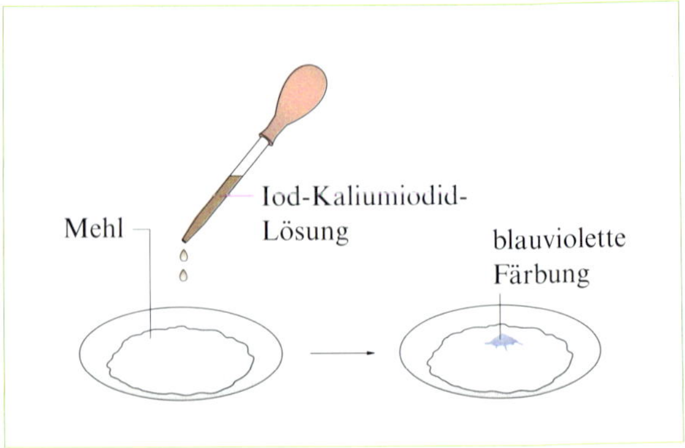

1 Nachweis von Stärke

2. Zuckersüß?

Zuckerhaltige Nahrungsmittel schmecken süß. Da reicht der Geschmackstest. Geringe Mengen von Traubenzucker können durch die Verfärbung von Zuckerteststäbchen nachgewiesen werden. → 2

Ihr braucht: Petrischalen, Zuckerteststreifen, Zitronensaft, Honig, Milch, Säfte, Cola.

Fülle in jede Petrischale etwas von der zu untersuchenden Flüssigkeit und tauche einen Teststreifen ein. An der Veränderung der Farbe kannst du ablesen, ob und wie viel Traubenzucker darin enthalten ist.

Notiere, wo viel und wo wenig Zucker enthalten ist.

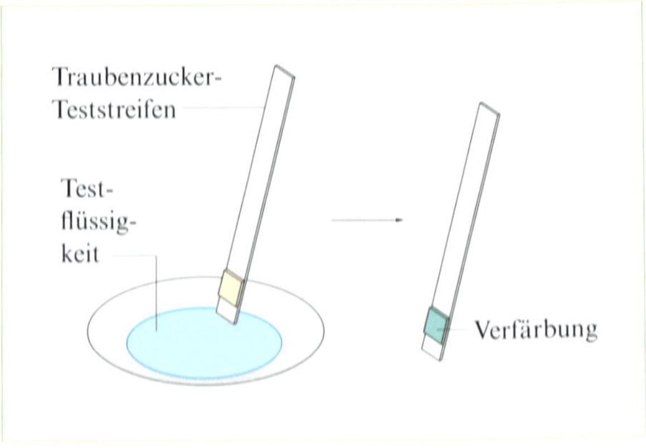

2 Nachweis von Zucker

3. Welche Nahrungsmittel sind eiweißreich?

Ihr braucht: Reagenzglas, Pipette, Eiklarlösung, Orangensaft, Milch, Zitronensaft.

Gib etwas Eiklarlösung in das Reagenzglas. Füge einige Tropfen Zitronensaft hinzu. Die Flocken zeigen Eiweiße an. → 3

Prüfe die anderen Lebensmittel.

Notiere deine Ergebnisse.

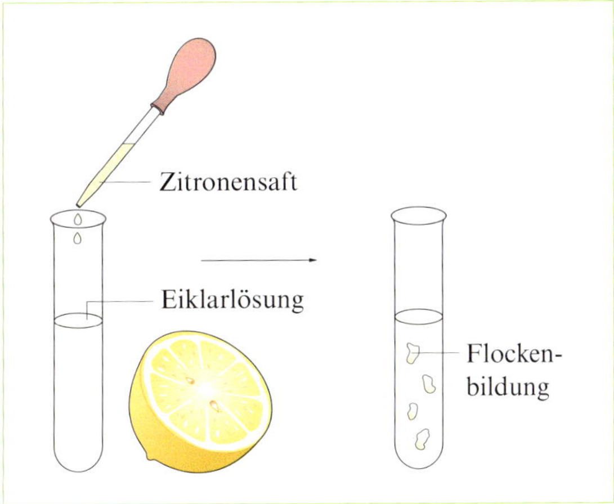

3 Nachweis von Eiweiß

4. Viel oder wenig Fett?

Ihr braucht: Löschpapier, Pipette, Butter, Wurst, Eiweiß, Orangensaft, Cola, Käse, Brühe, Speiseöl.

Nimm ein Blatt Löschpapier und tropfe etwas Speiseöl darauf. Halte das Blatt gegen das Licht. Fetthaltige Nahrungsmittel hinterlassen einen durchscheinenden Fettfleck. → 4

Prüfe die Lebensmittel auf Fett.

Notiere deine Ergebnisse.

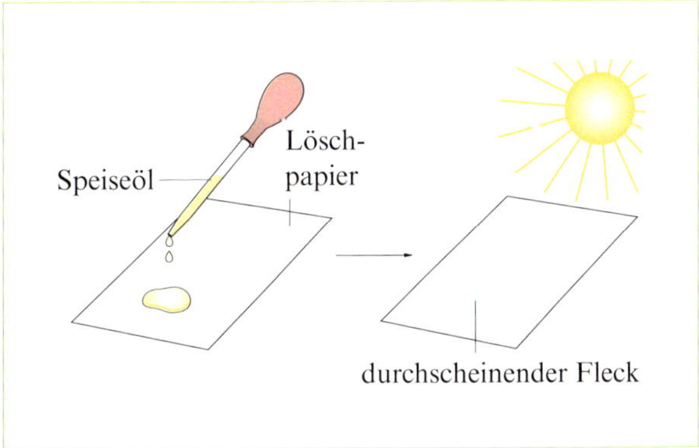

4 Nachweis von Fett

Guten Appetit!
Du beißt ab, kaust und schluckst den Bissen herunter. Das Brötchen verschwindet in deinem Bauch. Nach einiger Zeit bist du satt.
Aber was passiert mit dem Brötchen in deinem Körper?

1 Von der Hand, in den Mund, in den Bauch – und dann?

Was passiert mit dem Frühstücksbrötchen?

Die Verdauung beginnt im Mund

Die Nahrung muss in kleinste Teile zerlegt werden, damit dein Körper die darin enthaltenen Nährstoffe aufnehmen kann. → 2 Mit den Zähnen zerkleinern wir das Brötchen. Durch Speichel wird der Bissen angefeuchtet und durch die **Speiseröhre** in den Magen hinuntergeschluckt.

Magen

Im **Magen** wird der Speisebrei mit dem Magensaft vermischt und gesammelt. → 3 Der

2 Deine Verdauungsorgane verarbeiten fast alle Teile des Brötchens.

After
Dickdarm
Dünndarm
Magen
Speiseröhre

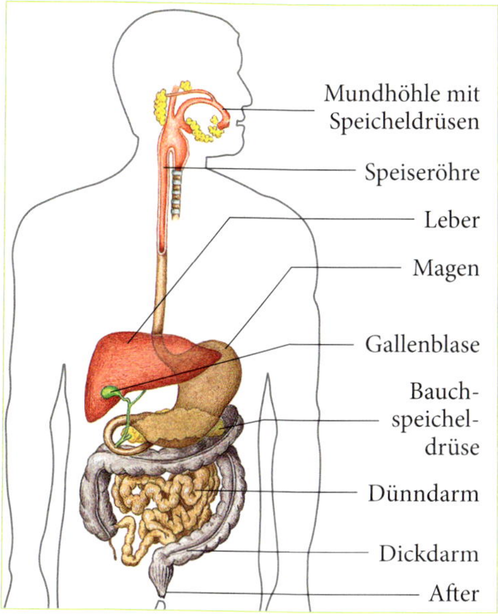

3 Verdauungsorgane

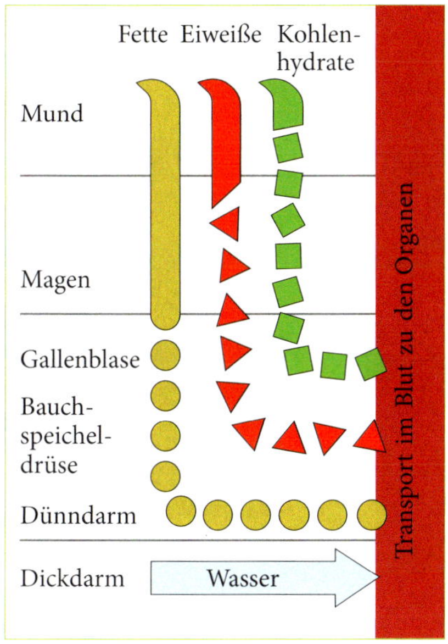

4 Weg der Nährstoffe

Magensaft tötet Bakterien ab und zerlegt die Eiweißstoffe des Käses in kleinere Bausteine.

Dünndarm

Aus dem Magen wird der Speisebrei in kleinen Portionen in den **Dünndarm** weitergeleitet. → 3 Die Gallenblase gibt Galle zum Verdauungsbrei, die das Fett in winzige Tröpfchen zerlegt. Die Säfte aus der Bauchspeicheldrüse zerlegen die Reste deines Brötchens nun vollständig. Im Dünndarm treffen die Nährstoffe auf Millionen von Darmzotten. Sie kleiden die Wand des 3 bis 5 Meter langen Dünndarms aus und vergrößern seine innere Oberfläche von 0,33 m^2 auf 2000 m^2. An jeder Darmzotte kann so eine große Zahl von Nährstoffen in das Blut gelangen und zu den Körperzellen transportiert werden.

Dickdarm

Im **Dickdarm** wird den nicht verdauten Überresten der Nahrung das Wasser entzogen und wieder in den Körper zurückgeführt. → 3 So wird der unverdauliche Rest des Brötchens als Kot über den **After** ausgeschieden.

→ Merk dir! Die Nahrung wird bei der Verdauung in kleinste Bausteine zerlegt. Die Nährstoffe gelangen ins Blut und werden zu allen Körperzellen transportiert. Die unverdaulichen Stoffe scheidet der Körper aus.

Arbeitsaufträge

1. Nenne die Verdauungsorgane.

2. Erkläre mithilfe von Abbildung 4, was an den einzelnen Stationen der Verdauung mit den Nährstoffen passiert.

3. Die innere Oberfläche des Dünndarms ist stark vergrößert.

a Erkläre, wie die Vergrößerung der Oberfläche zustande kommt.

b Erläutere, welchen Vorteil die Oberflächenvergrößerung bei der Verdauung hat.

Hmm! – Pommes, Hamburger und Cola sind schon lecker! Doch bitte nur ab und zu. Zu viel davon ist ungesund. Doch wie ernährt man sich gesund?

1 Lecker, aber auch gesund?

Pizza, Pommes, Schokolade – alles verboten?

Die Mischung macht es

Wer sich nur von Pommes oder Süßigkeiten ernährt, kann auf Dauer nicht gesund bleiben. Achte schon beim Einkauf darauf, dass nicht nur Fertiggerichte und Schokolade im Korb liegen. → 2 Nimm eine gute Mischung der verschiedenen Lebensmittel zu dir. Der **Ernährungskreis** hilft dir. → 3

Essen soll nicht nur satt machen

Du sollst dich dabei auch wohlfühlen. An einem schön gedeckten Tisch mit der Familie ein schönes Essen zu genießen ist für viele Menschen der Höhepunkt eines Tages. → 4 Wenn auch die **Dreiviertel-Teller-Regel** eingehalten wird, ist gesunde Ernährung nicht schwer. Dazu füllst du drei Viertel deines

2 Ein gesunder Einkauf

3 Ernährungskreis

Dreiviertel-Teller-Regel

Ernährungskreis

Zivilisationskrankheiten

4 Beim Essen ist auch eine nette Umgebung wichtig.

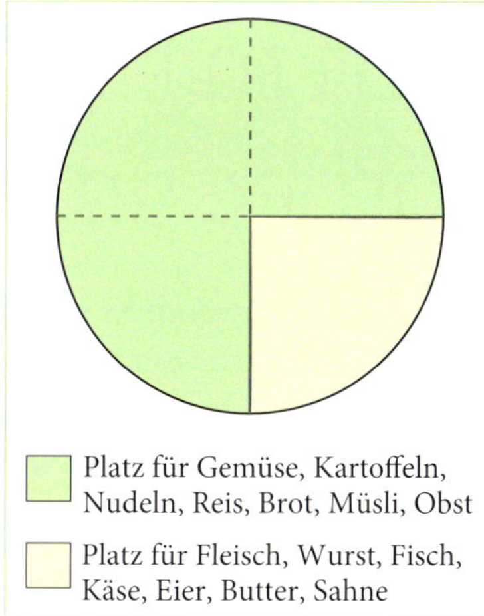

5 Dreiviertel-Teller-Regel

Tellers mit Gemüse, Obst, Nudeln, Reis, Kartoffeln oder Brot. Nur auf das letzte Viertel kommen Fleisch, Fisch, Wurst, Käse oder Eier. → 5 So vermeidest du eine einseitige, Ernährung. Sie kann zu **„Zivilisationskrankheiten“**, z. B. zu Übergewicht, führen.

Trinken ist lebenswichtig

Dein Körper verliert durch Schwitzen und den Harn Flüssigkeit. Deshalb musst du regelmäßig trinken. Dabei ist aber nicht nur die ausreichende Menge wichtig, sondern auch was du trinkst. Süße Limo und Cola enthalten viel Zucker. Mineralwasser und Saftschorle sind gesund und du kannst davon trinken, so viel du willst. → 6 Jugendliche zwischen 11 und 14 Jahren sollen etwa 1 bis 1 ½ Liter am Tag trinken.

6 Trinken ist lebenswichtig.

→ **Merk dir!** Ernähre dich abwechslungsreich. Achte beim Trinken auf zuckerarme Getränke.

Arbeitsaufträge

1. Übernimm Abbildung 5 in dein Heft. Befülle nun deinen Teller nach der Dreiviertel-Teller-Regel. Zeichne die Lebensmittel in die Felder.

2. Gehe in den Supermarkt. Sieh dir die Etiketten von mindestens zehn Getränken an und notiere ihren Zuckergehalt. Begründe, welche Getränke du deinem Freund/deiner Freundin als Durstlöscher empfehlen würdest.

Wie gehe ich mit meinem Körper um?

Wir essen aber nicht nur, um unseren Körper mit den notwendigen Nährstoffen zu versorgen, sondern auch aus vielen anderen Gründen. Wir belohnen uns mit Süßigkeiten oder anderen Leckereien. Manchmal essen wir aber auch aus Langeweile oder weil wir sauer oder traurig sind.
Doch was passiert, wenn wir unser Essverhalten nicht mehr regulieren können? Kann man süchtig nach Essen werden oder süchtig danach sein, nicht mehr zu essen? Findet es in einem Projekt heraus.

1 Nur wenn ich dünn bin, fühle ich mich wohl.

2 Nur wenn ich esse, fühle ich mich wohl.

Du sollst dich in deinem Körper wohlfühlen. Als Orientierung zu deinem Gewicht gibt es den **Body-Mass-Index.**
Liegt er zwischen 18 und 25, hast du ein normales Gewicht.

$$\text{BMI} = \frac{\textbf{Körpergewicht in kg}}{\textbf{(Körpergröße in m)}^2}$$

Beispiel:
- Ina, 13 Jahre alt
- 1,56 m groß
- 46 kg schwer

Rechnung:
$1{,}56\,\text{m} \cdot 1{,}56\,\text{m} = 2{,}43\,\text{m}^2$

$$\frac{46\,\text{kg}}{2{,}43\,\text{m}^2} = 19$$

Lösung: Der BMI ist 19.
Ina hat ein normales Gewicht.

3 Das richtige Gewicht.

Schritte und Tipps für euer Projekt

Vorbereitung
Besprecht, was ihr unternehmen wollt.
Die Mindmap hilft euch dabei. → 4

Planung
Welche Informationen und Materialien braucht ihr?
- Informationsmaterial der BZgA (z.B. www.bzga-essstoerungen.de)
- Informationen vom Arzt oder aus der Apotheke
- Befragung von Mitschülern im Interview oder mit einem Fragebogen
- Bücher und Zeitschriften
- Plakate und Stifte für eine Präsentation

Durchführung
Bildet Arbeitsgruppen und verteilt die Aufgaben.
- Wie viele Schüler sind in einer Gruppe?
- Wer interessiert sich für welches Thema?
- Wie kann ein Fragebogen aussehen?

Erledigt die verteilten Aufgaben in den Gruppen.

Abschluss und Präsentation
Stellt eure Ergebnisse in der Schule aus.
Wie wollt ihr eure Ergebnisse präsentieren?
- Poster oder Wandzeitung
- Film oder Tonaufnahme
- Ausstellung „Wie gehe ich mit meinem Körper um?"
- Stand mit Informationsmaterial und Berechnung des Body-Mass-Index für Besucher
- Projekttag

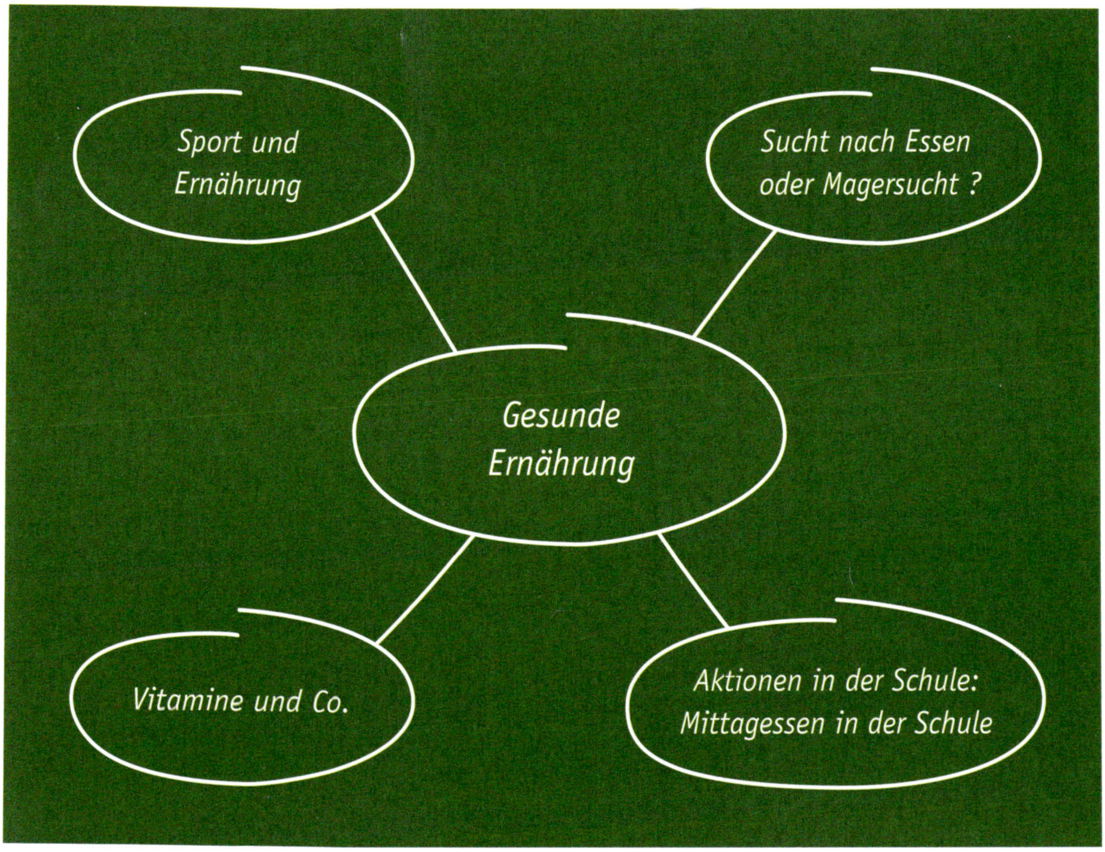

4 Mindmap zur gesunden Ernährung

Tarek verzieht das Gesicht „Aua – mein Zahn tut weh!" Alex meint, Tarek hat wohl ein Loch im Zahn und sollte schnell zum Zahnarzt gehen.
Was musst du tun, um deine Zähne gesund zu erhalten?

1 Was kann Tarek für seine Zähne tun?

Gesunde Zähne

Werkzeuge zum Kauen

Deine **Zähne** zerkleinern die Nahrung im Mund. Mit zwei Jahren haben wir ein vollständiges **Milchgebiss** aus 20 Milchzähnen. Bis zu deinem zwölften Lebensjahr werden die Milchzähne durch bleibende Zähne ersetzt, die du bis an das Lebensende hast und gesund erhalten musst. Eine gute Pflege der Zähne ist daher wichtig.

Die Zähne in deinem Gebiss haben nicht alle die gleiche Form. Man unterscheidet Schneide-, Eck- und Backenzähne. → 2 Sie sind zum Abschneiden, Reißen und Zerreiben der Nahrung da.

Aufbau der Zähne

Alle deine Zähne sind gleich aufgebaut. Sie sind in Zahnkrone, Zahnhals und Zahnwurzel gegliedert und bestehen aus mehreren

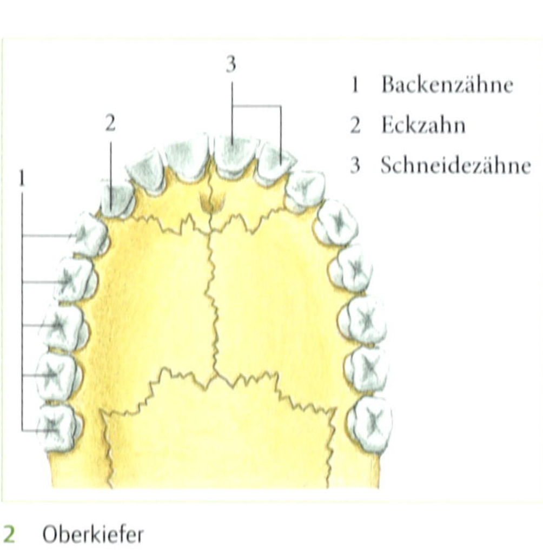

2 Oberkiefer

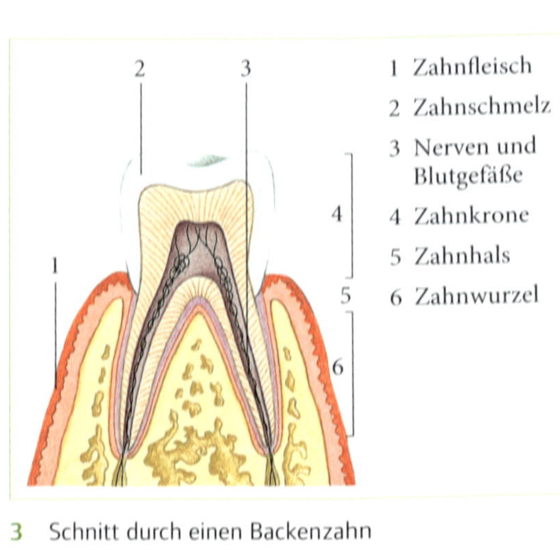

3 Schnitt durch einen Backenzahn

Karies
Milchgebiss
Zähne

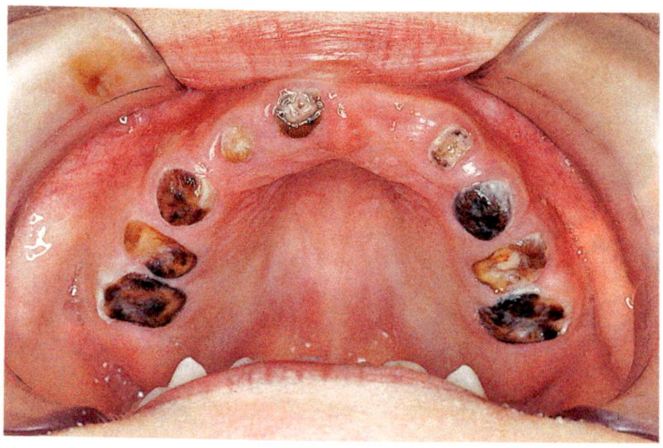

4 Ungepflegte Zähne bekommen Karies.

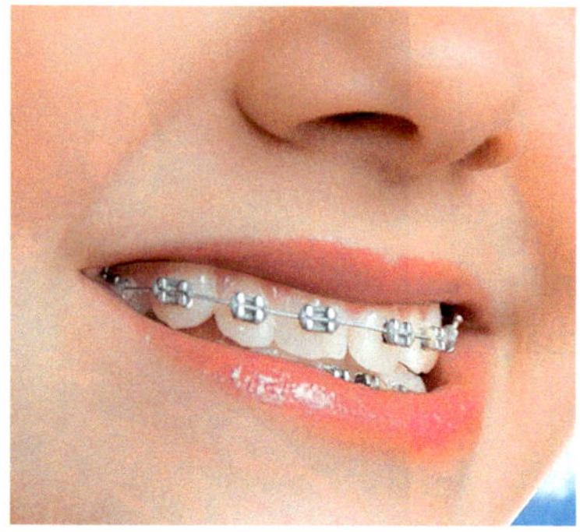

5 Zahnspange

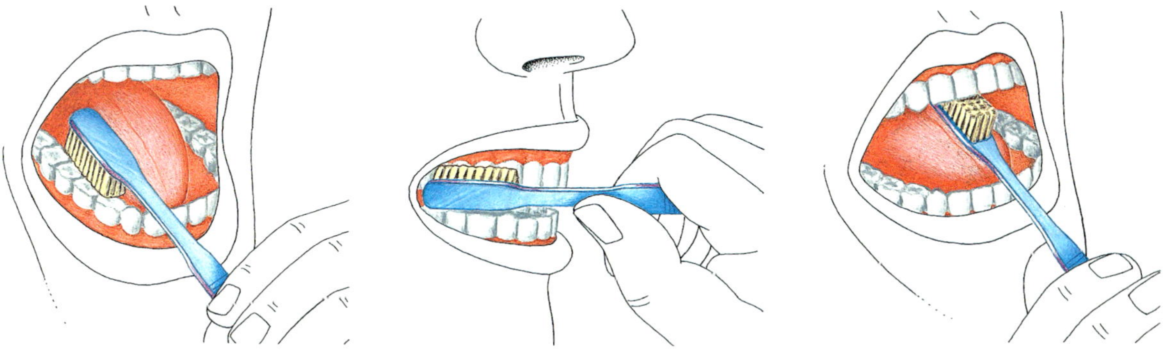

6 So putzt du deine Zähne richtig.

Schichten. → 3 Die Krone ist von hartem Zahnschmelz umhüllt. Er schützt den Zahn. Im Innern wird der Zahn von Blutgefäßen und Nerven durchzogen, die dir schmerzhaft melden, wenn du ein Loch darin hast.

Pflege und Kontrolle

Werden Zähne nicht richtig geputzt, entstehen Zahnbelag und schmerzhafte Zahnfleischentzündungen. Im Zahnbelag sind Speisereste, Speichel und Bakterien. Diese Bakterien können vor allem mit Zucker eine Säure bilden, die deinen Zahnschmelz angreift. Schnell kann ein Loch entstehen. Wird diese **Karies** nicht behandelt, kann der Zahn verfaulen und absterben. → 4 Deshalb solltest du regelmäßig zur Kontrolle zum Zahnarzt gehen. Der Zahnarzt kann auch schiefe Zähne mit einer Zahnspange in die gesunde Form bringen. → 5

> → Merk dir! **Die Zähne sind zum Zerkleinern der Nahrung wichtig. Sie müssen gut gepflegt und regelmäßig vom Zahnarzt kontrolliert werden.**

Arbeitsaufträge

1. Notiere, mit welchen Zähnen du abbeißt und mit welchen Zähnen du kaust.
2. Tarek hat Zahnschmerzen. Erkläre Tarek, was er vielleicht falsch gemacht hat.
3. Sammle aus Zeitschriften Werbefotos von lachenden Menschen. Betrachte die Menschen und ihre Zähne. Erkläre, was die Zähne uns vermitteln sollen.

Hau ruck! – Beim Rudern muss sich dein Körper ganz schön anstrengen. Welche Aufgaben übernehmen deine Muskeln dabei?

1 Beim Rudern kommen die Muskeln zum Einsatz.

Bewegung durch Muskelkraft

Muskeln

Die über 600 Muskeln des Menschen bilden das „Fleisch" des Körpers. → 2 Ob du lächelst, atmest oder läufst – immer wenn du dich bewegst, sind **Muskeln** daran beteiligt. Die Skelettmuskeln sind durch **Sehnen** mit den Knochen verbunden. So können sie ihre Kraft auf die Knochen übertragen. Die Muskeln unseres Skeletts bewegen wir bewusst. Die Muskeln deiner Organe arbeiten dagegen ganz automatisch. Bodybuilder trainieren gezielt ihre Muskeln. Daher sind die Muskeln an ihrem Körper gut erkennbar.

Bewegung ist Teamarbeit

Hast du schon einmal bemerkt, welcher Muskel an deinem Arm dick wird, wenn du etwas Schweres hebst? Es ist der Muskel an der Oberseite des Oberarms, der Beuger. Sobald du den Unterarm wieder senkst, wird der untere Muskel deines Oberarms dick, der Strecker. → 3

Gegenspieler

Alle Muskeln arbeiten, indem sie sich verkürzen. Kein Muskel kann sich aus eigener

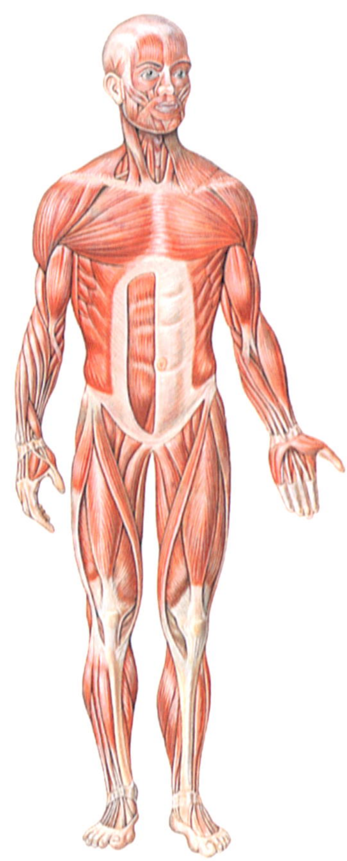
2 Muskulatur des Menschen

Gegenspieler
Hebel
Muskeln
Sehne

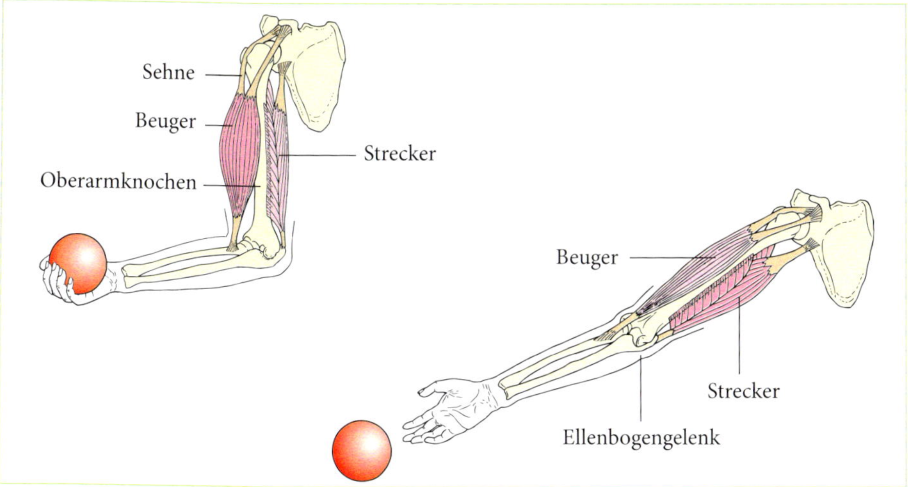

3 Beuger und Strecker arbeiten als Gegenspieler.

Kraft strecken. Das muss ein anderer Muskel besorgen. Deshalb arbeiten Muskeln immer paarweise. Zieht sich ein Muskel zusammen, indem er sich verkürzt, wird gleichzeitig der andere Muskel gestreckt. Für Bewegungen sind daher immer **Gegenspieler** nötig: ein Beuger und ein Strecker. → 3

Der Arm als Hebel

Dein Arm funktioniert wie ein **Hebel**, weil der Ober- und Unterarmknochen durch ein Ellenbogengelenk verbunden sind. Um diesen Gelenkpunkt kann der Unterarm bewegt werden. Entscheidend für die Bewegung des Unterarms ist, dass der Beuger mit seiner Sehne am Unterarmknochen ansetzt. Erhalten deine Muskeln vom Gehirn das Signal, zum Beispiel eine Kugel zu heben, bewegt sich der Unterarmknochen durch die Verkürzung des Beugers nach oben. → 3

- Mit Stretching sollten die Muskeln aufgewärmt werden.
- Ohne Aufwärmung kann Muskelkater entstehen.
- Warme Kleidung schützt vor Muskelrissen und Zerrungen.

4 Regeln für das Muskeltraining

→ Merk dir! **Muskeln können sich nur zusammenziehen. Für deine Bewegungen sind deshalb ein Beuger und ein Strecker notwendig. Bewegungen sind ein Zusammenspiel aus Muskeln, Knochen und Gelenken.**

Arbeitsaufträge

1. Beschreibe deinem Nachbarn mithilfe von Abbildung 3 die Aufgabe von Beuger und Strecker.

2. Durch Übungen kannst du deine Muskeln trainieren. Nenne Übungen, bei denen mehrere Muskelgruppen gleichzeitig beansprucht werden. Frage bei deinem Sportlehrer nach.

3. Hattest du schon mal einen „Muskelkater"? Suche in Büchern nach einer Erklärung dafür und fasse diese schriftlich zusammen.

Wir arbeiten mit einem Modell

Kennst du Modellautos? Sie sehen genauso aus wie echte Autos, nur viel kleiner. Modelle sind Nachbildungen der Wirklichkeit. Nur die wichtigen Merkmale werden im Modell berücksichtigt. Bei dem Modellauto sind dies die äußere Form und die drehbaren Räder. Mithilfe von Modellen kannst du das Wesentliche einer Sache einfacher darstellen und besser verstehen.

1 Modelle sind Nachbildungen der Wirklichkeit.

Tipps zum Arbeiten mit Modellen

Wenn du ein Modell bauen möchtest, überlege dir zuerst, was das Wichtige daran ist. Was willst du zeigen? Hier ist es die Bewegung eines Muskels. Unwichtig ist es, wie der Arm aussieht. Hier zeigen Gummibänder ähnlich dehnbare Eigenschaften wie ein Muskel. Starre Schnur wäre also ungeeignet. Bevor du beginnst, mache immer erst eine Zeichnung.

2 Was beim Beugen und Strecken passiert, kannst du mit einem Modell darstellen.

Nachbildung und Wirklichkeit

Das Modell des Muskels funktioniert auf die gleiche Weise wie sein echtes Vorbild. Es zeigt dir, wie das Gegenspielerprinzip deiner Muskeln funktioniert. Das Modell macht es sichtbar.

Anleitung zum Bau eines Armmodells

Ihr braucht:
Karton, 5 Versandtaschenklammern, 2 Gummibänder, Lineal, Locher, Stift und Schere. → 3

Schritt 1 Zeichne den Umriss von Ober- und Unterarm auf den Karton.

Schritt 2 Zeichne mit dem Stift die Löcher vor. → 4

Schritt 3 Stanze mit dem Locher die vorgezeichneten Löcher aus.

Schritt 4 Stecke durch jedes Loch eine Klammer hindurch.

Schritt 5 Verbinde Ober- und Unterarm. → 5

Schritt 6 Setze die Gummibänder ein. → 5

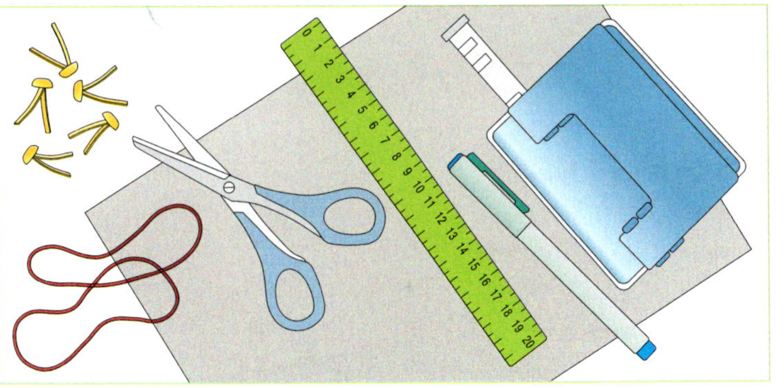

3 Material für dein Modell

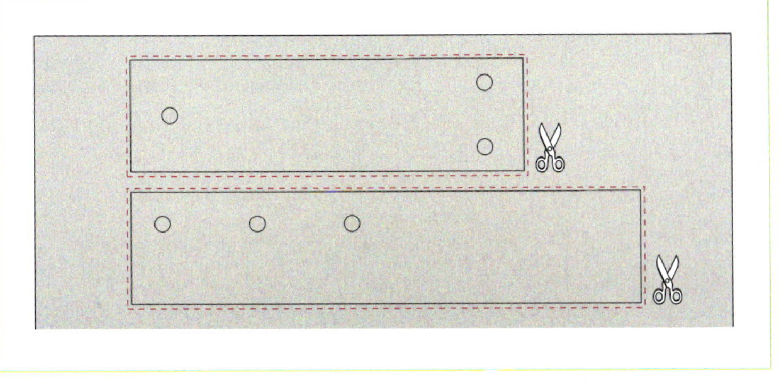

4 Aufzeichnen auf Karton

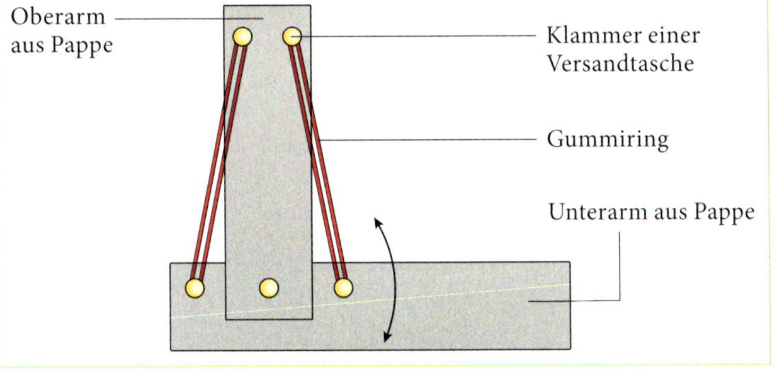

5 Beuger und Strecker im Modell

Arbeitsaufträge

1. Fertige das Modell nach den Schritten 1 bis 6 an.

a Bewege den Unterarm des Modells auf und ab. Beschreibe, was mit den Gummibändern passiert.

b Erkläre deinem Nachbarn mithilfe des Modells das Gegenspielerprinzip.

c Erkläre, was an dem Modell mit der Wirklichkeit übereinstimmt und worin es sich davon unterscheidet.

Anna fragt Lena, ob sie heute mit zum Fitnesskurs im Jugendzentrum kommt. „Nein, ich habe schon seit Tagen Rückenschmerzen", klagt Lena. „Dann solltest du erst recht heute mitkommen", antwortet Anna. Was verursacht eigentlich Rückenschmerzen und was kannst du dagegen tun?

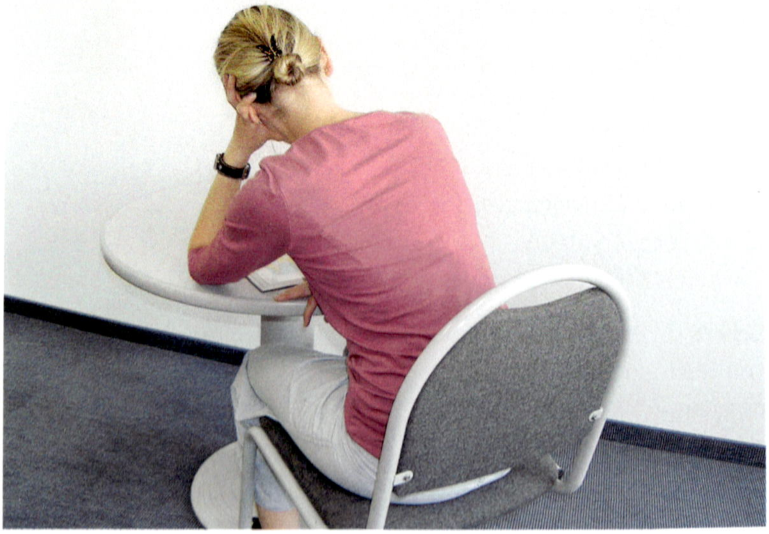

1 Durch eine falsche Sitzhaltung kannst du Rückenschmerzen bekommen.

Ganz schön biegsam

Ganz schön biegsam

Deine **Wirbelsäule** stützt den Körper. Sie besteht aus einer Reihe aufeinandersitzender Knochen, den Wirbeln. Zwischen den Wirbeln sind kleine Polster aus elastischem Knorpel, die **Bandscheiben**. Sie dienen der Wirbelsäule als Stoßdämpfer bei Sprüngen und Stößen. Außerdem sollen sie verhindern, dass deine Wirbel aneinanderreiben und sich dadurch abnutzen. Die Wirbelsäule ist doppelt S-förmig gebogen. → 2 Durch diese Form kann sie wie eine Feder Erschütterungen besser abfedern.

Ursachen für Rückenschmerzen

Du hast sicher schon bemerkt, dass viele Erwachsene über Rückenschmerzen klagen. Doch auch Kinder und Jugendliche können schon einen Rückenschaden bekommen. Durch falsche Belastung, falsches Sitzen oder fehlende Bewegung können Rückenschmerzen und Kopfschmerzen entstehen. Auch wer innerlich angespannt, traurig oder bedrückt ist, lässt den Kopf und die Schultern schlaff hängen. Deshalb solltest du etwas für deine Wirbelsäule tun, um Rückenproblemen vorzubeugen. → 4 Die

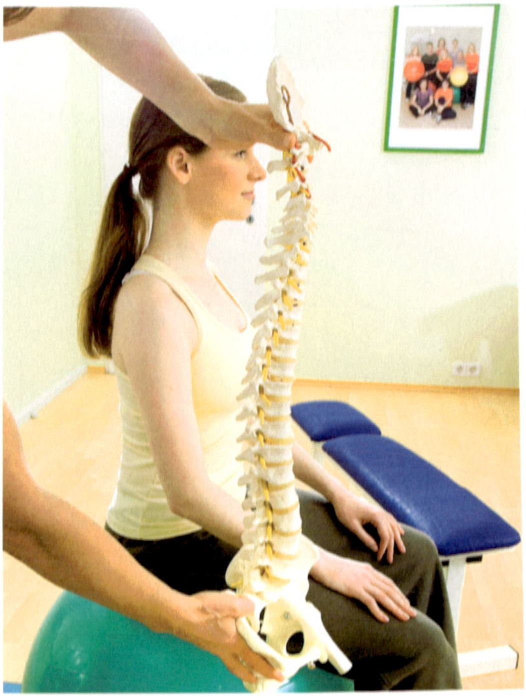

2 Wirbelsäule

Bandscheiben
Haltungsschäden
Wirbelsäule

3 Falsches und richtiges Tragen

4 Training stärkt den Rücken.

häufigsten Haltungsschäden sind Rundrücken und Hohlkreuz.

Falsche Haltung macht den Rücken krank

Wenn du deine schwere Schultasche unter dem Arm trägst, wird deine Wirbelsäule einseitig belastet und du bekommst Rückenschmerzen. Besser ist es, einen Rucksack oder die Schultasche auf dem Rücken zu tragen, damit das Gewicht gleichmäßig verteilt wird. → 3

Auch durch falsches Sitzen am Schreibtisch werden die Bandscheiben in deinem Rücken einseitig zusammengedrückt. Dadurch können **Haltungsschäden** und Kopfschmerzen entstehen.

Training macht den Rücken stark

Zur Entlastung deiner Wirbelsäule ist es wichtig, den Rücken zu stärken. Die Muskeln an beiden Seiten deiner Wirbelsäule kannst du gut fühlen. Sie stützen die Wirbelsäule und halten die Wirbel fest zusammen. Gute Sportarten, um deine Rückenmuskeln zu trainieren, sind Schwimmen, Rudern, Fahrradfahren oder Übungen im Fitnessstudio. → 4

→ **Merk dir!** Die Wirbelsäule stützt den Körper. Durch falsche Belastung, falsches Sitzen und fehlende Bewegung können Rückenschmerzen und -schäden entstehen.

Arbeitsaufträge

1. Beschreibe den Aufbau der Wirbelsäule.
2. Erkläre die Aufgabe der Bandscheibe.
3. Informiere dich, was „Rundrücken“ und „Hohlkreuz“ bedeuten. Frage dazu auch deinen Sportlehrer.
4. Miss deine Körpergröße genau:
   - **a** sofort nach dem Aufstehen
   - **b** vor dem Schlafengehen

Wie fit bist du?

1. Länger, weiter, stärker?

Mit diesem Test kannst du feststellen, wie fit du bist. Notiere dir zu jeder Übung die erreichte Punktzahl.
Zähle die Punkte zusammen. Je höher die Punktzahl, desto fitter bist du. Vergleiche das Ergebnis mit deinem Nachbarn.

Wie lange kannst du auf einem Bein stehen? → 1
- ☐ Weniger als 10 Sekunden (1)
- ☐ Weniger als 20 Sekunden (2)
- ☐ Mehr als 20 Sekunden (3)

Spring aus dem Stand, so weit du kannst. Miss die Weite. → 2
- ☐ Weniger als 1 Meter (1)
- ☐ 1 Meter bis 1,50 Meter (2)
- ☐ Über 1,50 Meter (3)

Wie lange kannst du dich mit gebeugten Armen an der Sprossenwand halten. Zähle die Sekunden. → 3
- ☐ Weniger als 5 Sekunden (1)
- ☐ Weniger als 10 Sekunden (2)
- ☐ Mehr als 10 Sekunden (3)

Suche dir eine Wand. Stell dich mit dem Rücken und leicht gespreizten Beinen dagegen. Nun rutsche so weit runter, bis deine Beine einen rechten Winkel bilden. Wie lange hältst du durch? → 4
- ☐ Weniger als 15 Sekunden (1)
- ☐ Weniger als 30 Sekunden (2)
- ☐ Mehr als 30 Sekunden (3)

1 Gleichgewicht halten

2 Standweitsprung

3 Halten an der Sprossenwand

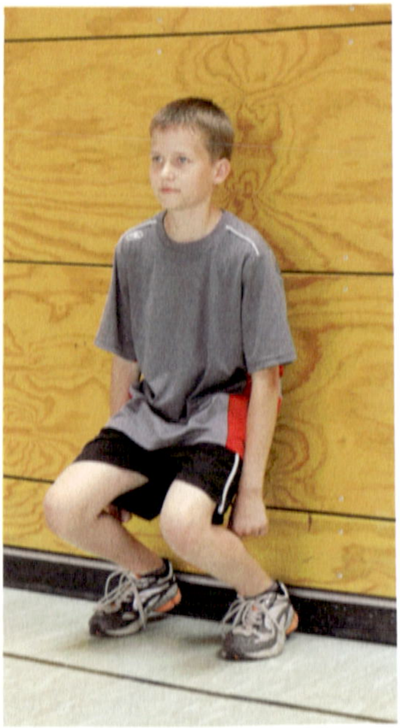
4 An die Wand lehnen

2. Bist du dehnbar?

Vor einer sportlichen Übung müssen die Muskeln gedehnt und warm werden, sonst können sie sich verkrampfen und verletzen. Beim Stretching dehnst du die Muskeln langsam vor und wärmst sie dabei auf. „Stretching" kommt aus dem Englischen und heißt „Strecken, Dehnen". Auch nach dem Sport helfen Dehnübungen den Muskeln, sich wieder zu entspannen.

5 Den Oberschenkel dehnen

6 Den Unterschenkel dehnen

7 Rücken mit „Katzenbuckel" dehnen

Jede Übung langsam ausführen. Die Spannung im trainierten Muskel immer für 10 Sekunden halten. → 5–7

3. Was tun gegen schlechte Haltung?

Hier siehst du einige Übungen, die deine Körperhaltung verbessern und Haltungsschäden vorbeugen können. Sie unterstützen deine aufrechte Haltung und machen die Wirbelsäule beweglicher. → 8–11

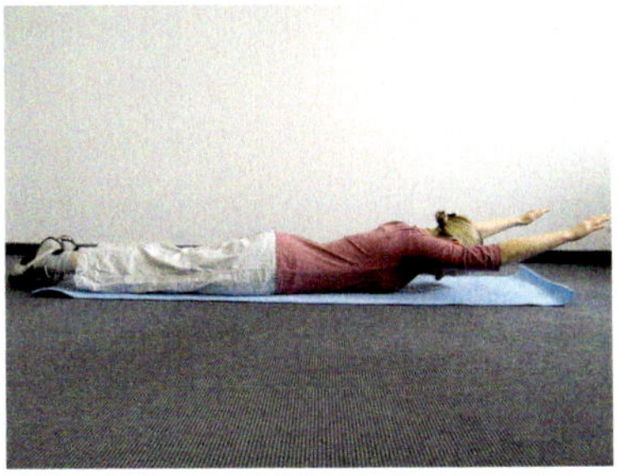

8 In Bauchlage den Oberkörper heben

9 Seitlich hinsetzen

a Erkläre, warum eine gute Körperhaltung wichtig für die Gesundheit ist.

10 Radfahren in der Luft

11 Bodenschaukel aus dem Hocksitz

**Menschen, die sich viel bewegen, haben häufig gute Laune, egal wie alt sie sind. Auch du hast sicher schon bemerkt, dass du besser drauf bist, wenn du dich bewegst und nicht „abgehangen" hast.
Weshalb fühlt man sich mit körperlicher Bewegung einfach besser?**

1 Bewegung tut gut.

Immer in Aktion!

Gute Laune durch Bewegung

Sich zu bewegen ist für den Menschen ein natürliches Bedürfnis. Körperliche **Bewegung** ist für alle Menschen lebenswichtig. Bewegung erhält dich gesund und macht Spaß. Denn beim Sport bildet dein Körper Glückshormone. Menschen, die wenig aktiv sind, haben öfter schlechte Laune und sind unzufrieden. → 2

Muskeln werden kräftiger

Durch regelmäßige Bewegung wachsen deine Muskeln und werden kräftiger. → 3 Kräftige Muskeln helfen deinem Körper, sich aufrechtzuhalten, und entlasten die Knochen und Gelenke. Wenn du dir schon mal das Bein oder einen Arm gebrochen hast, dann weißt du, wie schnell deine Muskeln ohne Bewegung dünn und schwach werden.

2 Rumhängen kann dir die Laune verderben.

3 Training kräftigt die Muskeln.

Abwehrsystem
Bewegung

4 Gemeinsamer Sport ist auch wichtig für Freundschaften.

Für Herz und Lungen

Sportliche Betätigung lässt dein Herz schneller und kräftiger schlagen. Es wird leistungsfähiger und kann mehr Blut durch den Körper pumpen. Wenn du dich bewegst, atmest du tiefer. Deine Lungen nehmen mehr Sauerstoff auf. Das Blut strömt verstärkt in deine Haut und versorgt sie mit Nährstoffen.

Aktives Gehirn

Damit deine Muskeln richtig funktionieren, muss dein Gehirn die richtigen Befehle geben. Es wird bei Bewegung besser mit Sauerstoff versorgt, durchblutet und kann aktiver arbeiten. Wer am Schreibtisch viel „Denkarbeit“ leisten muss, sollte sich daher in den Pausen auch bewegen.

Fit durch Bewegung

Durch Bewegung wird das **Abwehrsystem** deines Körpers angeregt und ist besser auf den Angriff von Krankheitserregern vorbereitet. Du bleibst eher gesund.
Nach einer körperlichen Leistung kannst du besser und tiefer schlafen und erholst dich schneller. Außerdem macht gemeinsamer Sport mit Freunden Spaß und fördert Freundschaften. → 4

→ Merk dir! Regelmäßige körperliche Bewegung sorgt dafür, dass du dich wohlfühlst und leistungsfähig bist.

Arbeitsaufträge

1. Fertige eine Liste mit Gründen für eine regelmäßige Bewegung an.
2. Hast du einen Lieblingssport? Berichte deiner Klasse, warum du dich für diese Sportart entschieden hast.
3. „Mannschaftssport fördert Teamgeist, Toleranz und Fairness.“ Nimm Stellung zu dieser Aussage. Findet in der Klasse konkrete Beispiele und haltet sie schriftlich fest.

Nach einem 100-m-Lauf atmest du viel schneller, als wenn du gemütlich auf dem Sofa vor dem Fernseher oder vor dem Computer sitzt.
Hast du dir schon einmal überlegt, weshalb der Körper offensichtlich mehr Luft zum Atmen benötigt, wenn wir uns körperlich anstrengen?

1 Langstreckenläuferin nach dem Lauf

Unsere Atmung

Wie atmen wir?

Unser Atmungsorgan ist die **Lunge**. Wir kombinieren beim Atmen die **Bauchatmung** und die **Brustatmung**. Bei der Bauchatmung wird das Zwerchfell, eine Muskelschicht zwischen der Lunge und dem Bauchraum, nach unten gezogen. Dadurch wird der Brustraum größer, die Lunge dehnt sich aus und Luft strömt ein. Wölbt sich das Zwerchfell wieder nach oben, verkleinert sich der Brustraum, die Lunge zieht sich zusammen und die Luft wird ausgeatmet. → 2 Mithilfe von Muskeln an den Rippen kann sich bei der Brustatmung der Brustkorb heben. Dabei vergrößert er sich, die Lunge dehnt sich aus. Senkt sich der Brustkorb, verkleinert sich der Raum. → 3

Der Weg der Luft

Die eingeatmete Luft gelangt von der Nase oder dem Mund zunächst in die Luftröhre. Diese gabelt sich an ihrem Ende in zwei Äste, die in die beiden Lungenflügel münden und sich weiter verzweigen. → 4 Diese Röhrchen heißen Bronchien. Am Ende der Bronchien befinden sich winzig kleine **Lungenbläschen**. Die vielen Lungenbläschen und stark verzweigten Bronchien verleihen

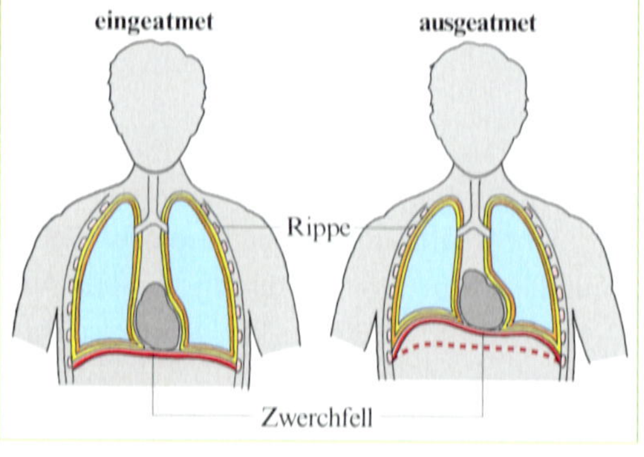

2 Bauchatmung

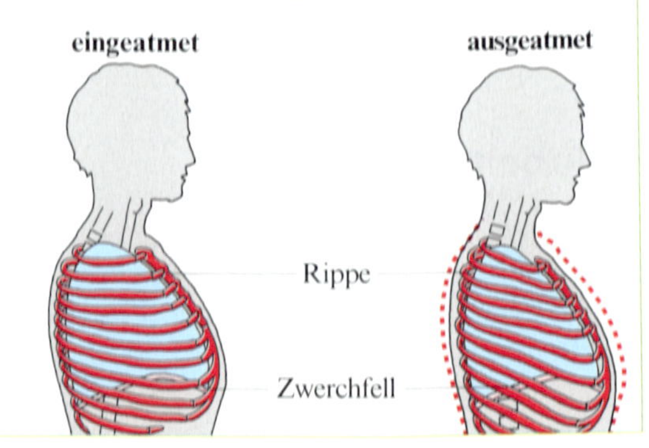

3 Brustatmung

Bauchatmung
Brustatmung
Lunge
Lungenbläschen

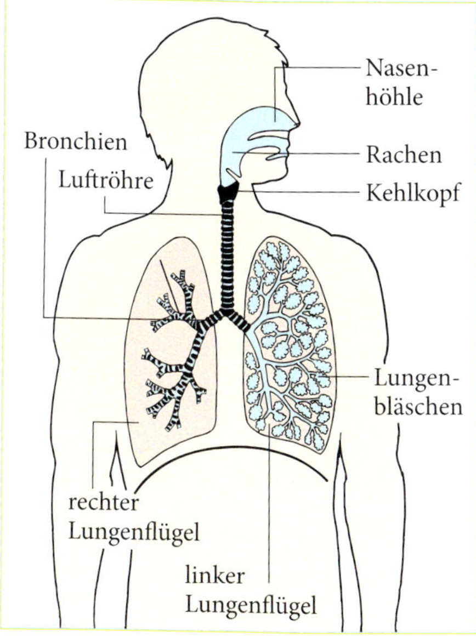

4 Weg der Luft

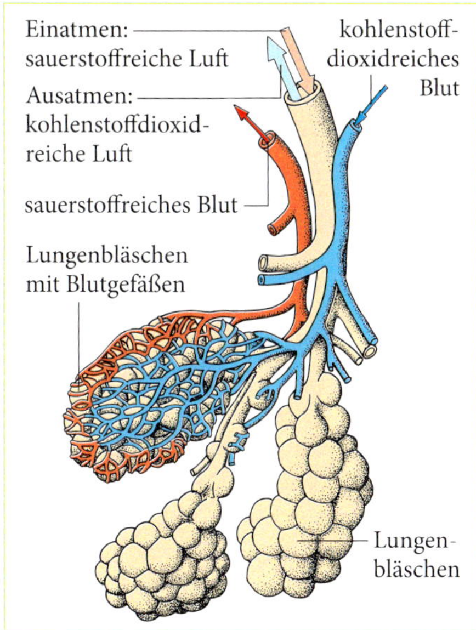

5 Lungenbläschen

der gesamten Lunge eine innere Oberfläche von der Größe eines Tennisplatzes. Der Sauerstoff der Luft kann durch die mehr als 100 m^2 große Oberfläche der Lungenbläschen in die umgebenden kleinen Blutgefäße, die Kapillaren, aufgenommen werden. → 5 Über das Blut wird der Sauerstoff in alle Zellen des Körpers transportiert.

Der Gasaustausch

Die Körperzellen zerlegen die Grundbausteine der Nährstoffe mithilfe des eingeatmeten Sauerstoffs in Kohlenstoffdioxid. Dabei wird Energie frei. Das Kohlenstoffdioxid wird vom Blut wieder zu den Lungenbläschen zurücktransportiert und schließlich ausgeatmet.

Wohin mit der gewonnenen Energie?

Je mehr Muskeln arbeiten müssen, desto mehr Energie muss erzeugt werden. Der Körper benötigt viel mehr Sauerstoff. Wenn wir aktiv sind, atmen wir schneller.

Merk dir! Beim Einatmen wird Sauerstoff aufgenommen, beim Ausatmen wird Kohlenstoffdioxid abgegeben. Der Gasaustausch findet in den Lungenbläschen und in den Körperzellen statt.

Arbeitsaufträge

1. Beschreibe den Weg der Luft vom Einatmen bis zum Ausatmen.

2. Nenne die Gase, die bei der Atmung eine Rolle spielen. Notiere die Stellen, an denen der Gasaustausch stattfindet.

3. Die Sportlerin atmet durch den Mund. → 1
Erkläre.

4. Bildet Zweiergruppen. Zählt die Einatemzüge pro Minute bei folgenden Tätigkeiten und tragt die Ergebnisse in eine Tabelle ein:
a ruhiges Sitzen
b nach 15 Kniebeugen
c nach einem 50-m-Sprint auf dem Schulhof
Erklärt das Ergebnis.

Nach körperlicher Anstrengung, wenn du Angst hast oder wenn du dich auf etwas Besonderes freust, merkst du, dass dein Herz schneller schlägt. In vielen Redewendungen kommt das Herz vor. Es wird als Motor unseres Kreislaufs bezeichnet. Was geschieht in unserem Körper, wenn das Herz schlägt?

1 Das Herz als Symbol für die Liebe

Das Herz als Kreislaufmotor

Ein Motor, der immer arbeitet

Das **Herz** schlägt etwa 100 000-mal am Tag. An den Handgelenken kannst du den Herzschlag als Puls fühlen. Das Herz ist ein Hohlmuskel, der sich ständig zusammenzieht und wieder ausdehnt. → 2

Die Rolle des Herzens

Wenn sich das Herz zusammenzieht, wird das Blut aus dem Herzen in die Blutgefäße gedrückt. Dehnt sich das Herz wieder aus, saugt es das Blut aus den Gefäßen an. Wenn das Herz bei Anstrengung schneller schlägt, dann wird auch das Blut schneller durch den Körper gepumpt.

Der Bau des Motors

Damit sich das sauerstoffreiche und das sauerstoffarme Blut im Körper nicht vermischen kann, besteht das Herz aus zwei Hälften. Jede Herzhälfte besteht aus einem Vorhof und einer Herzkammer. → 3 In die Vorhöfe und die Herzkammern münden Blutgefäße. **Venen** leiten das Blut über den Vorhof in das Herz, **Arterien** führen das Blut über die Herzkammer aus dem Herzen hinaus.

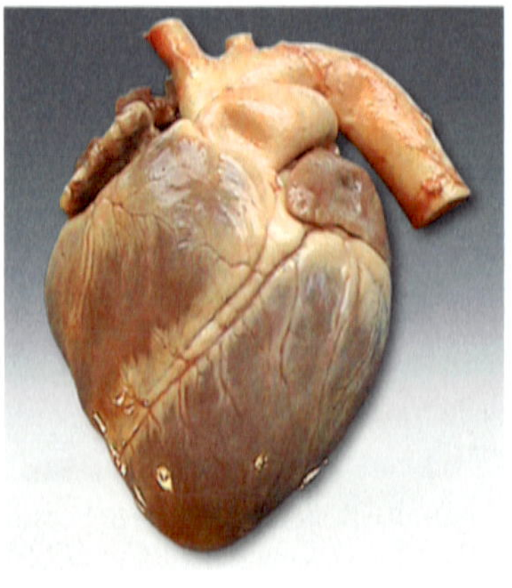

2 Menschliches Herz

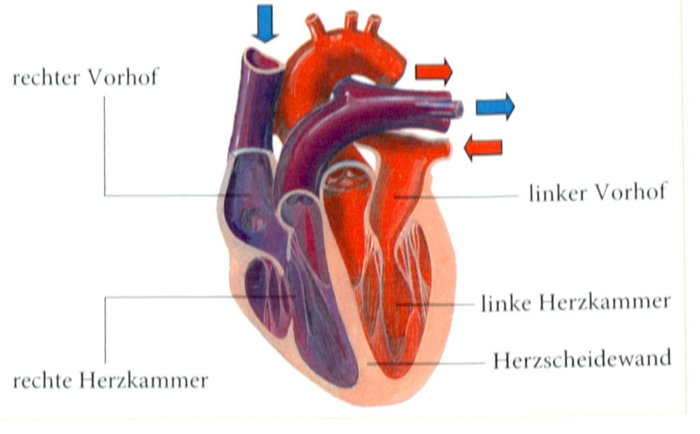

3 Aufbau des Herzens

Arterien
Herz
Körperkreislauf
Lungenkreislauf
Venen

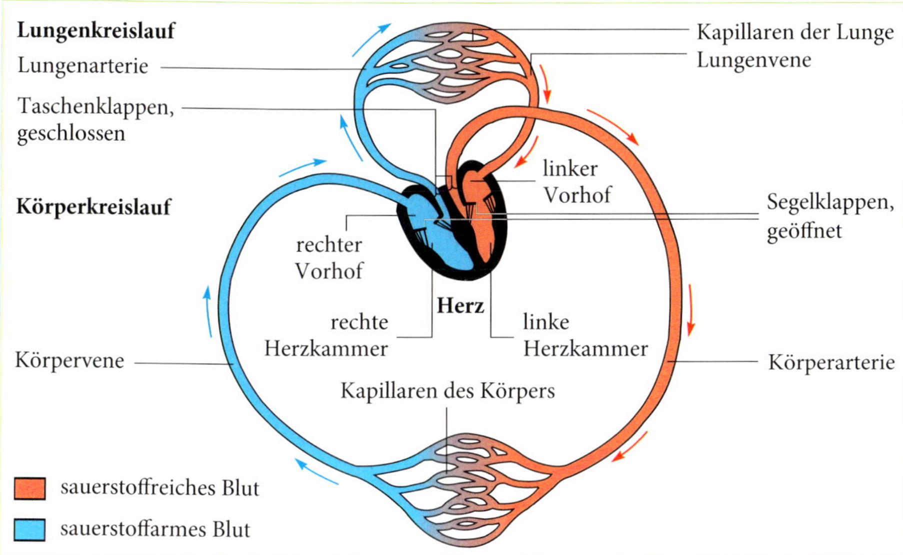

4 Körper- und Lungenkreislauf

Der Weg des Blutes

Von der linken Herzkammer fließt das sauerstoffreiche Blut durch Arterien in alle Teile des Körpers. In den Kapillaren gibt es Sauerstoff an die Zellen ab und nimmt Kohlenstoffdioxid auf.

Das zum Herzen zurückfließende Blut sammelt sich in den Venen und gelangt schließlich über den rechten Vorhof in die rechte Herzkammer.

Der Weg des Blutes durch den Körper wird **Körperkreislauf** genannt. → 4 Aus der rechten Herzkammer fließt das sauerstoffarme Blut über die Lungenarterie zur Lunge. Dort nimmt das Blut wieder Sauerstoff auf und fließt zurück in die linke Herzkammer. Der Weg des Blutes über die Lunge heißt **Lungenkreislauf**. → 4

→ **Merk dir!** Das Herz ist ein Hohlmuskel, der aus zwei getrennten Hälften besteht. Durch das Zusammenziehen wird das Blut in die Blutgefäße gepumpt. Das Blut durchläuft den Körperkreislauf und den Lungenkreislauf.

Arbeitsaufträge

1. Beschreibe den Weg des Blutes:
- **a** durch den Körper
- **b** durch die Lunge

2. Erkläre, was Arterien und Venen sind.

3. Zähle jeweils 15 Sekunden lang den Pulsschlag deines Partners. → 5 Berechne den Puls pro Minute:
- **a** in Ruhe
- **b** nach einem 200-m-Lauf

Erkläre deine Beobachtung.

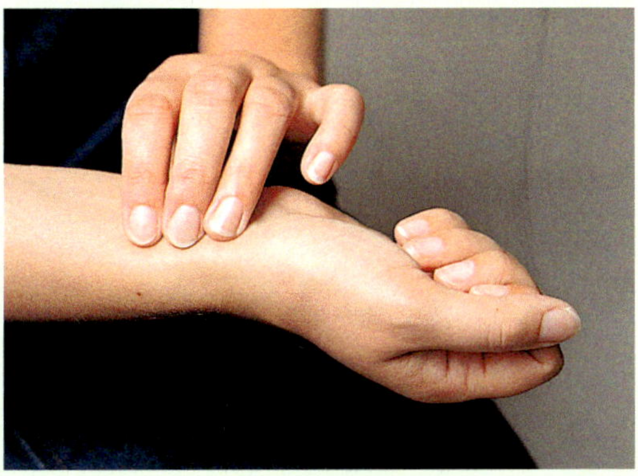

5 Pulsmessung

Sicherlich hast du dir schon mal das Knie aufgeschlagen oder dich geschnitten. Dabei konntest du beobachten, dass das Blut, das aus der Wunde quillt, bereits nach kurzer Zeit fest wird und eine Kruste bildet.
Was hier wohl geschieht?

1 Kleine Wunden kommen meist schnell zum Stillstand.

Zusammensetzung und Aufgaben des Blutes

Das Blut, ein ganz besonderer Saft

Jeder Mensch besitzt fünf bis sechs Liter Blut. Es fließt in Blutgefäßen, die den Körper durchziehen. Blut ist keine einheitliche Flüssigkeit. Es besteht aus flüssigen und festen Bestandteilen. → 2 Der flüssige Teil heißt **Blutplasma**. Es besteht aus Wasser, in dem Eiweiße, Zucker, Fette und Salze enthalten sind. Zu den festen Bestandteilen gehören die roten und weißen **Blutkörperchen** sowie die **Blutplättchen**. → 3

Aufgaben des Blutes

Über das Blut werden nicht nur Sauerstoff und Kohlenstoffdioxid transportiert: Nährstoffe gelangen über das Blut vom Darm in die Zellen. Giftstoffe transportiert das Blut zur Leber und zu den Nieren. Botenstoffe gelangen über das Blut zu den Organen, in denen sie gebraucht werden. Das Blut reguliert außerdem die Körpertemperatur und es sorgt für den schnellen Verschluss von Wunden.

2 Blutstropfen

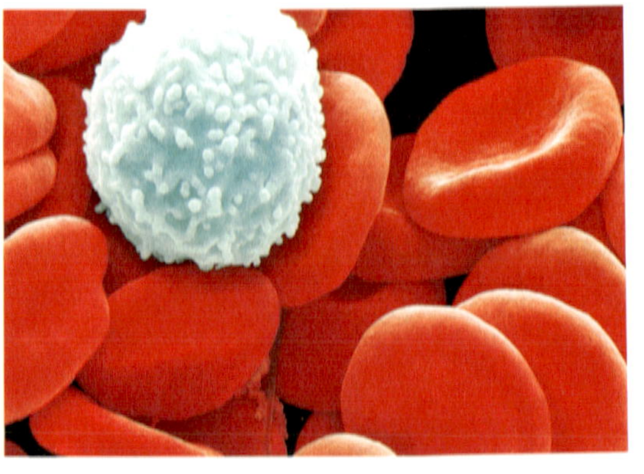

3 Ein Blutstropfen unter dem Mikroskop

Blutkörperchen
Blutplasma
Blutplättchen

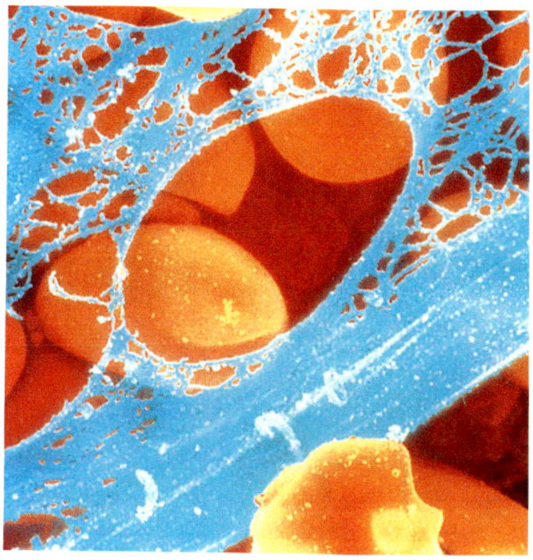
4 Blutgerinnung unter dem Mikroskop

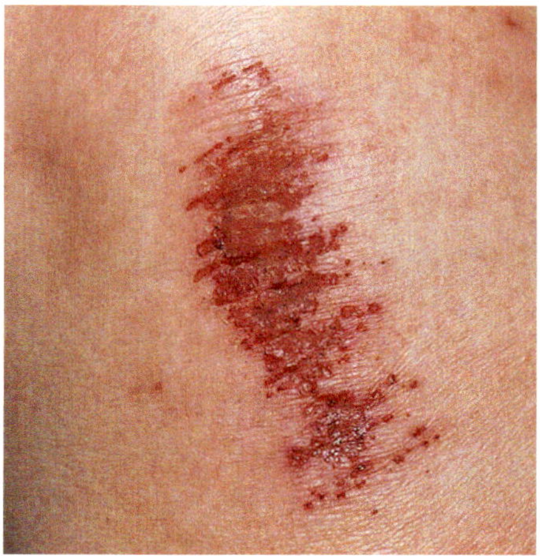
5 Die Wunde hat sich geschlossen.

So funktioniert die erste Hilfe im Körper

Wenn ein Blutgefäß verletzt wird, kann der Körper kleinere Wunden selbst wieder verschließen. Zuerst zieht sich das Gefäß zusammen. Dadurch fließt weniger Blut zu der verletzten Stelle. Anschließend bilden Blutplättchen einen Pfropf, indem sie sich an den Wundrändern zusammenballen. Die Blutplättchen setzen auch Stoffe frei, die zur Gerinnung des Blutes führen. Am Ende dieses Vorgangs bildet sich ein festes Netz, in dem sich die Blutzellen verfangen, und es entsteht eine Kruste. → 4, 5 Kleine Wunden können gut mit einem Pflaster versorgt werden.

Gefahren für die Blutgefäße

Durch Bewegungsmangel, fettreiche Nahrung oder auch durch das Rauchen lagern sich allmählich schädliche Stoffe in den Blutgefäßen ab. Die gleiche Menge Blut muss dann durch engere Gefäße fließen. Der Blutdruck in den Gefäßen steigt an. Das kann zur Schädigung der Blutgefäße und auch des Herzens führen.

Merk dir! Das Blut ist das wichtigste Transportsystem unseres Körpers. Der flüssige Bestandteil heißt Blutplasma. Rote und weiße Blutkörperchen sowie die Blutplättchen gehören zum festen Bestandteil des Blutes.

Arbeitsaufträge

1. Nenne die verschiedenen Bestandteile des Blutes.
2. Beschreibe die verschiedenen Aufgaben des Blutes.
3. Bei Verletzungen mit starkem Blutverlust kann Leben durch eine Bluttransfusion gerettet werden. Informiere dich über Bluttransfusionen.
4. Alex leidet an der seltenen Bluterkrankheit. Dabei ist die Blutgerinnung gestört.
   - a Erkläre, wie die Wundheilung bei einem gesunden Menschen erfolgt.
   - b Stelle eine Vermutung an, welche Gefahr einem Bluterkranken bei einer Verwundung droht.

Immer gut drauf – auch ohne Alkohol und Zigaretten!

Viele Jugendliche rauchen und trinken Alkohol, obwohl sie wissen, wie schädlich diese Drogen für ihren Körper sind. Wissenschaftler haben eine große Anzahl von schädlichen Stoffen im Tabakrauch nachgewiesen – Lungenkrebs und Herzinfarkt können die Folge sein. Auf Partys wird dazu auch noch oft viel Alkohol getrunken. Doch betrunken zu sein ist nicht cool. Du kannst auch anders Spaß haben!

1 Alkohol und Zigaretten gehören bei vielen Jugendlichen dazu.

2 Spaß haben geht auch ohne Alkohol und Zigaretten.

Schritte und Tipps für euer Projekt

Vorbereitung

Besprecht gemeinsam, wie ihr andere Schüler am besten auf euer Anti-Drogen-Projekt aufmerksam machen könnt.

Planung

Überlegt, wie ihr vorgehen wollt. Welche Informationen braucht ihr? Woher bekommt ihr sie?

- Umfragen aus dem Internet
- „Rauchfrei"-Kampagne der Bundeszentrale für gesundheitliche Aufklärung (BZgA) www.rauch-frei.info → 3, 4
- Bücher über Gesundheit
- Antidrogenbeauftragten befragen

Durchführung

Befragt zuerst eure Mitschüler, wie diese zum Rauchen und zum Alkohol stehen. Dafür führt in kleinen Gruppen Interviews durch, um die Meinung der anderen Jugendlichen zu erfahren. Gleichzeitig könnt ihr über die Gefahren, die beim Rauchen und Alkoholtrinken entstehen, informieren.

Abschluss und Präsentation

Überlegt, wie ihr die Ergebnisse präsentieren könnt. → 5 Projektergebnisse:

- Veranstaltet eine Ausstellung mit dem Motto: „Immer gut drauf – ohne Alkohol und Zigaretten!"
- Führt Rollenspiele durch. → 6
- Malt ein lebensgroßes Plakat, das die Schädigungen des Rauchens und des Alkohols darstellt. Hängt es in der Schule aus.

3 Rauchfrei-Kampagne

4 Aufklärung der BZgA

5 Mindmap zur Schülerbefragung

6 Rauchen? – Nein danke!

Gesundheitsbewusstes Leben

Über die Nahrung nehmen wir die Nährstoffe Kohlenhydrate, Fett und Eiweiß auf. Sie liefern uns die Energie zum Leben. (Siehe Seite 174–179.)

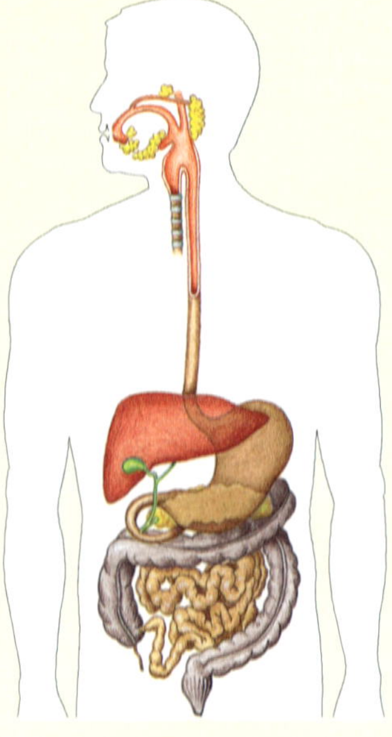

Essen kann man genießen und dabei gesund bleiben. Was und wie viel du isst, kannst du selbst entscheiden. Dabei darf Essen nicht zur Ursache für Stress und Schuldgefühle werden. (Siehe Seite 182.)

Die Verdauungsorgane zerkleinern, transportieren und zerlegen die Nahrung. (Siehe Seite 180.)

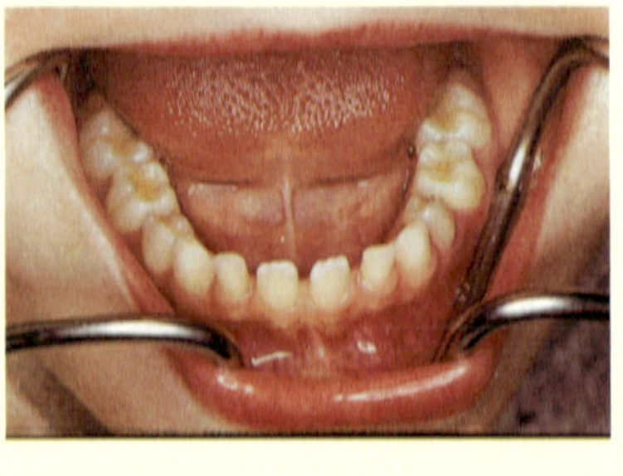

Zähne sind zum Zerkleinern der Nahrung wichtig und müssen gut gepflegt werden. (Siehe Seite 186.)

Das Zusammenspiel von Knochen, Gelenken und Muskeln macht unseren Körper beweglich. (Siehe Seite 188–195.)

Bewegung und Sport tun deinem Körper gut. (Siehe Seite 198.)

Bei der Atmung wird Sauerstoff aufgenommen und Kohlenstoffdioxid abgegeben. (Siehe Seite 200.)

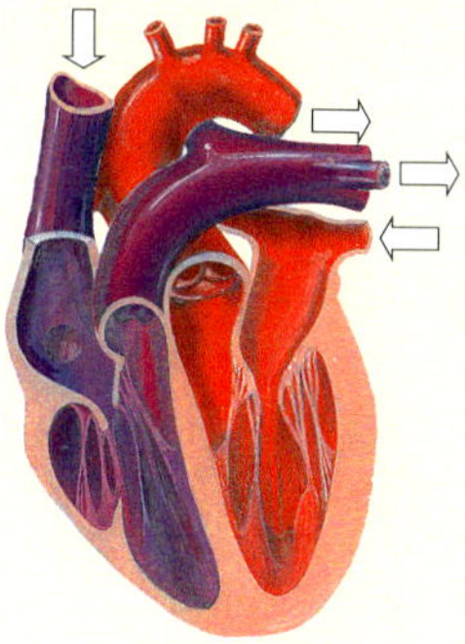

Das Herz als Motor des Kreislaufs pumpt das Blut in alle Teile des Körpers. Das Blut erfüllt viele wichtige Aufgaben in unserem Körper. (Siehe Seite 202–205.)

Zigaretten und Alkohol können süchtig machen und deine Gesundheit schädigen. (Siehe Seite 206.)

1. Für die vielen Aufgaben, die dein Körper leisten muss, braucht er Energie.

a Erläutere, woher die Energie stammt.

b Welche der folgenden Aussagen ist falsch? Begründe.

- Wenn du schläfst, benötigst du keine Energie.
- Wenn du dich viel bewegst, benötigst du auch viel Energie.
- Es ist egal, was man isst.

2. Sich gesund zu ernähren ist gar nicht so schwer. Zu welchem Bild passen folgende Aussagen? → 1–3

a Alle wichtigen Nährstoffe sind in ausreichender Menge vorhanden.

b Ein ausgewogenes gutes Frühstück!

c Der Anteil an Zucker und Fett ist viel zu hoch.

1 Huhn mit Gemüse

2 Cola, Pizza, Kuchen

3 Obst und Joghurt

3. Anna behauptet, sie sei zu dick. Sie ist 12 Jahre alt, 1,63 m groß und wiegt 43 kg. Berechne den BMI und erkläre das Ergebnis.

4. Die Knochen des Skeletts sind das Gerüst deines Körpers.

a Nenne den Teil des Skeletts, der in Abbildung 4 zu sehen ist.

b Erkläre die Funktion deines Skeletts.

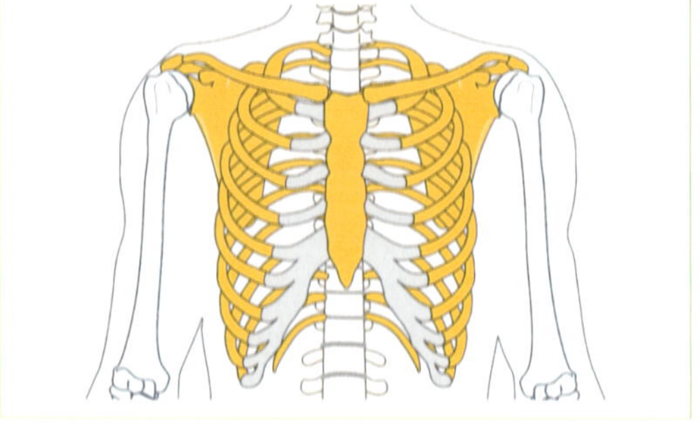

4 Wie heißt dieser Teil des Skeletts?

5. Beschreibe das „Gegenspielerprinzip" deiner Muskeln mithilfe einer kleinen Zeichnung. Beschrifte deine Zeichnung.

6. Wie trägst du deine Tasche richtig? Erkläre anhand der Abbildung 5.

5 Tragen einer Tasche

7. Beschreibe, wie der Sauerstoff aus der Luft in die Körperzellen kommt.

8. Erkläre, warum das Herz als Motor des Kreislaufs bezeichnet wird.

9. Welcher Aussage könntest du zustimmen? → 6
Begründe deine Wahl.

6 Meinungen zum Rauchen

Ordne deiner Lösung im Heft ein Smiley zu:
☺ Ich habe die Aufgabe richtig lösen können.
😐 Ich habe die Aufgabe nicht komplett lösen können.
☹ Ich habe die Aufgabe nicht lösen können.

Aufgabe	Fähigkeit	Hilfe findest du auf Seite …
1	Ich kann erklären, warum wir essen müssen.	174
2	Ich kann zwischen gesunder und ungesunder Ernährung unterscheiden.	182
3	Ich kann den Body-Mass-Index (BMI) ausrechnen und das Ergebnis beurteilen.	184
4	Ich kann Knochen dem Skelett zuordnen und kenne ihre Funktion.	188
5	Ich kann die Arbeitsweise von Muskeln erklären.	190
6	Ich kann erklären, wie man richtig eine Tasche trägt.	195
7	Ich weiß, wie die Atmung funktioniert, und kenne die Stoffe, die für die Atmung wichtig sind.	200
8	Ich kann die Funktion des Herzens erklären.	202
9	Ich kann Stellung zu Aussagen über das Rauchen beziehen.	206

Sinne und Wahrnehmung

Mit unseren Sinnen nehmen wir die Welt wahr. Im Kino sinken wir in die gemütlichen Sessel und tauchen ein in die Welt des Films. Mit den Augen verfolgen wir die Bilder auf der Kinoleinwand. Mit den Ohren nehmen wir die Geräusche aus den Lautsprechern wahr. Das macht das Erlebnis Kino perfekt.

Es ist uns gar nicht bewusst, was unsere Sinnesorgane täglich leisten. Erst wenn ein Sinnesorgan beeinträchtigt wird, merken wir, wie wichtig unsere Sinne eigentlich sind.

1 Wie kommt die Musik in unser Ohr? (Siehe Seite 224.)

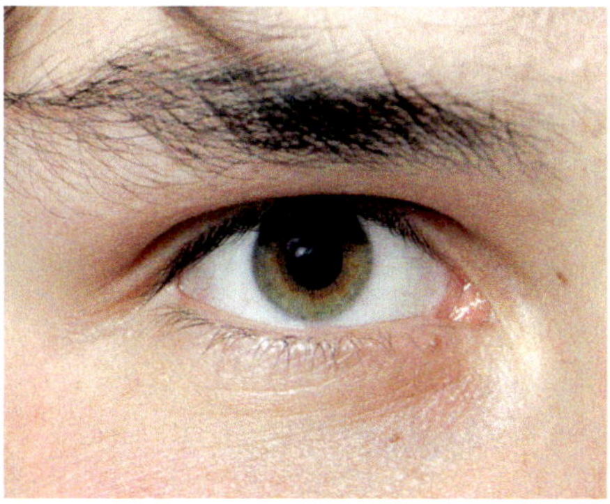

2 Wie sehen wir? (Siehe Seite 220.)

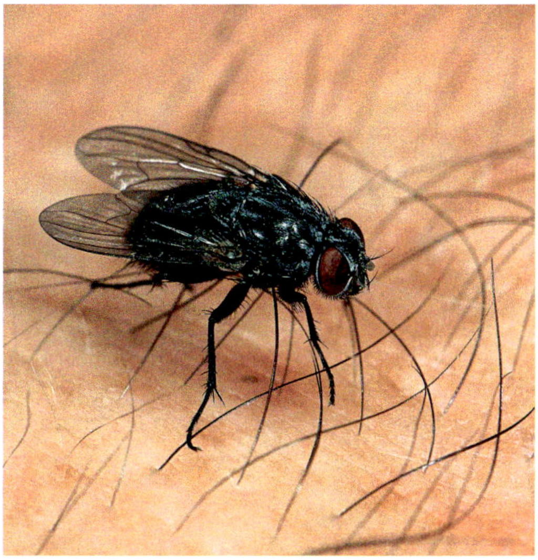

3 Die Haut ist ein sehr vielseitiges Organ. Welche Aufgaben erfüllt sie? (Siehe Seite 228.)

4 Welche Sinne haben die Tiere uns voraus? (Siehe Seite 232.)

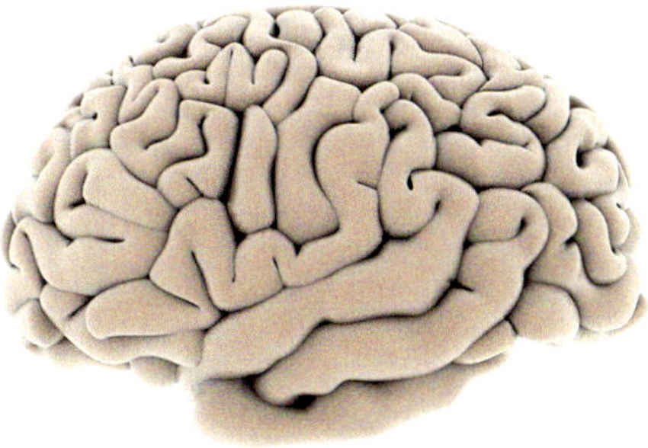

5 Was leisten Nervensystem und Gehirn. (Siehe Seite 234.)

Wer geht nicht gerne ins Kino? Das ist doch viel besser als Fernsehen. Irgendwie mitreißender. Und wenn der Film zu Ende ist, braucht man eine gewisse Zeit, um wieder in der Wirklichkeit anzukommen.
Was macht Kino zu einem solchen Erlebnis?

1 Erlebnis Kino

Wahrnehmung mit den Sinnesorganen

Das Kino spricht unsere Sinne an

Die Kinoleinwand ist um ein Vielfaches größer als der Fernseher zu Hause. Schon allein dadurch fühlt man sich mitten im Geschehen. Der Eindruck wird aber noch von den Geräuschen verstärkt, die ein besonderes Hörerlebnis schaffen. Man hört zum Beispiel, wie die Pinguine leise von hinten heranlaufen und immer lauter näher kommen. → 1

Die Umwelt ist voller Reize

Alles, was von unserer Umwelt auf uns einwirkt und was wir mithilfe unserer **Sinnesorgane** wahrnehmen können, nennt man **Reize**. Dabei ist jedes Sinnesorgan auf einen bestimmten Reiz spezialisiert. → 2

Sinneszellen wandeln Reize um

Die Geräusche der Pinguine aus dem Kinofilm erzeugen Schallwellen, die in unser Ohr gelangen. Dort nehmen Hörsinneszellen diese Schallwellen wahr. Sie wandeln die Schallwellen dann in **Signale** um, die sie über den Hörnerv an das **Gehirn** weiterleiten. Dies kann man sich wie ein Telefongespräch vorstellen. Du sprichst in die Sprechmuschel des Hörers. Deine Stimme wird in Signale

Reiz		Sinnesorgan
Licht	→	Auge
Schall	→	Ohr
Teilchen in der Luft	→	Nase
Teilchen in Lebensmitteln	→	Zunge

2 Sinnesorgane nehmen Reize auf.

Sinnesorgan		Gehirn vermittelt
Auge	→	Bild
Ohr	→	Geräusch
Nase	→	Geruch
Zunge	→	Geschmack

3 Das Gehirn verarbeitet und vermittelt Sinneseindrücke.

Gehirn
Reaktion
Reize
Signale
Sinnesorgane

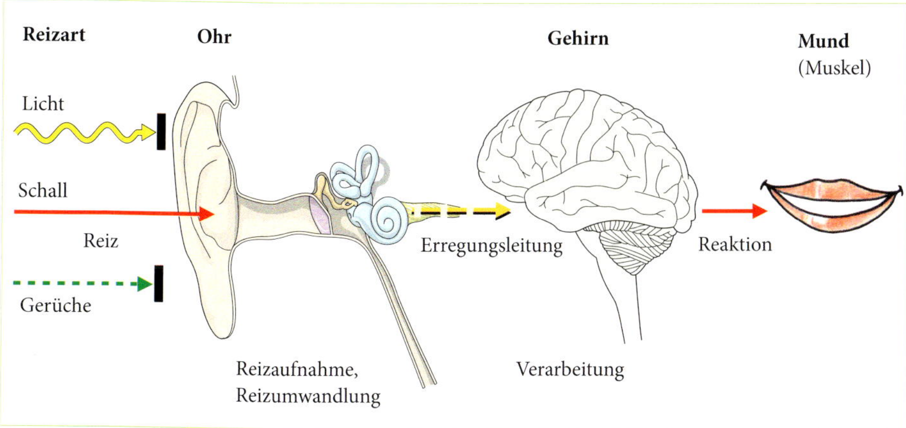

4 Reizaufnahme und Reizverarbeitung

umgewandelt, die über das Telefonkabel weitergeleitet werden. Das Telefonkabel entspricht also dem Hörnerv. Schließlich werden die Signale dann wieder in Sprache verwandelt, sodass dein Gesprächspartner dich sprechen hört. Ähnlich geschieht die Verarbeitung im Gehirn. Auch hier werden die Signale umgewandelt, sodass du ein Hörerlebnis hast. → 3, 4 Die Pinguine im Film sind lustig und du lachst. Dies ist eine **Reaktion**.

Das Gehirn ermöglicht die Wahrnehmung

Erst das Gehirn vermittelt uns den jeweiligen Sinneseindruck, also das Bild, den Geschmack und Geruch und die Geräusche. Im Gehirn werden die Signale verarbeitet, die über den Hörnerv weitergeleitet werden, und auch die Signale, die aus den anderen Sinnesorganen ankommen. Damit können wir unsere Umwelt auf vielfältige Weise wahrnehmen. Wir sehen beispielsweise nicht nur die Pinguine, sondern hören sie auch. Die Sinneseindrücke, die durch den Film entstehen, können im Gedächtnis gespeichert werden. Wir können uns dann erinnern, wenn wir Freunden von dem Film erzählen.

Merk dir! Die Sinneszellen der Sinnesorgane nehmen verschiedene Reize wahr, wandeln diese in Signale um, die dann über Nerven an das Gehirn geleitet werden. Das Gehirn verarbeitet die Signale, sodass wir unsere Umwelt wahrnehmen und auf sie reagieren können.

Arbeitsaufträge

1. Beschreibe verschiedene Situationen (am Strand liegen und Eis essen, im Wald spazieren gehen …). Nenne die Sinnesreize, die dabei von den Sinnesorganen aufgenommen werden.
2. Lena meint: „Sehen und Hören sind ja ziemlich wichtig. Aber die anderen Sinne, vor allem Riechen, braucht man gar nicht.“ Bist du auch ihrer Meinung? Begründe deinen Standpunkt.
3. Ein Ball fliegt direkt auf dich zu. Du fängst ihn. Erstelle zu diesem Vorgang mit Zeichnungen und Stichworten eine ähnliche Reaktionskette wie in Abbildung 4.

Mit allen Sinnen

1. Fühlbeutel

Ihr braucht: verschließbaren Stoffbeutel mit verschiedenen Gegenständen, Augenbinde.

> ➔ ***Achtung:*** *Die Versuchsperson darf die Gegenstände vorher nicht sehen. Ihr werden die Augen verbunden.*

Was fühlst du?

a Nimm jeweils einen Gegenstand aus dem Beutel und beschreibe ihn möglichst genau. → 1
b Notiere deine Ergebnisse.
c Nenne die Gegenstände, die sehr schnell erkannt werden.
d Stelle eine Vermutung an: Mit welchem Sinnesorgan hat die Versuchsperson die Gegenstände erkannt?

1 Mögliche Gegenstände für den Fühlbeutel

2. Sehen mit zwei Augen

Ihr braucht: Stift mit Kappe.

Warum haben wir zwei Augen?

a Die Versuchsperson nimmt den Stift in die eine, die Kappe in die andere Hand. Dann schließt sie ein Auge und versucht, mit leicht angewinkelten Armen die Kappe auf den Stift zu stecken. → 2
b Der Versuch wird noch einmal wiederholt, diesmal jedoch mit beiden Augen.
c Notiere deine Beobachtungen.
d Vergleiche die Ergebnisse beider Versuche miteinander. Erkläre, welchen Vorteil es hat, zwei Augen zu haben.

2 Versuchsdurchführung zum räumlichen Sehen

3. Wie gelangt der Schall zum Ohr?

Ihr braucht: Stativ, zwei Tamburine, ein Tamburinschläger, einen kurzen Holzstab, Faden.

Befestige ein Tamburin und den Holzstab an dem Stativ. → 3

Halte das zweite Tamburin etwa 40 Zentimeter von dem ersten entfernt und schlage es mit dem Tamburinschläger.

Verändere die Schlagstärke: Schlage einmal schwächer, einmal stärker auf das Taburin.

a Notiere deine Beobachtungen.
b Stelle eine Vermutung zur Erklärung der Beobachtungen an.

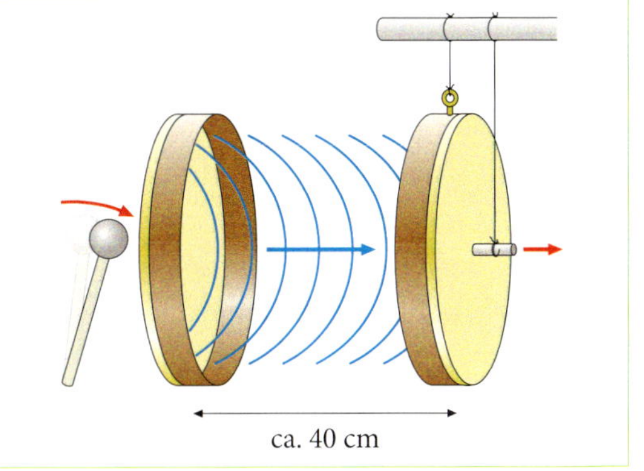

3 Versuchsaufbau zur Schallausbreitung

4. Telefonieren ohne Strom?

Ihr braucht: zwei Plastikbecher, zwei Büroklammern, Faden (5 – 6 Meter lang).

Bohre mit einem spitzen Stift ein Loch in den Boden des Plastikbechers.

Ziehe den Faden hindurch und knote ihn an einer Büroklammer fest. → 4

Wiederhole das Ganze mit dem zweiten Plastikbecher.

Zwei Mitschüler entfernen sich so weit voneinander, dass der Faden gespannt ist. So entsteht ein Dosentelefon.

a Beide Schüler flüstern abwechselnd in den Becher. Notiere deine Beobachtungen.
b Ein dritter Mitschüler zupft an der Schnur. Notiere die Beobachtung.
c Ein vierter Mitschüler hält die Schnur fest und die beiden anderen flüstern abwechselnd in das Telefon. Notiere die Beobachtung.
d Erkläre alle Versuchsbeobachtungen.
e Sage voraus, ob das Dosentelefon funktioniert, wenn der Faden um eine Flurecke geführt wird. Begründe deine Entscheidung.

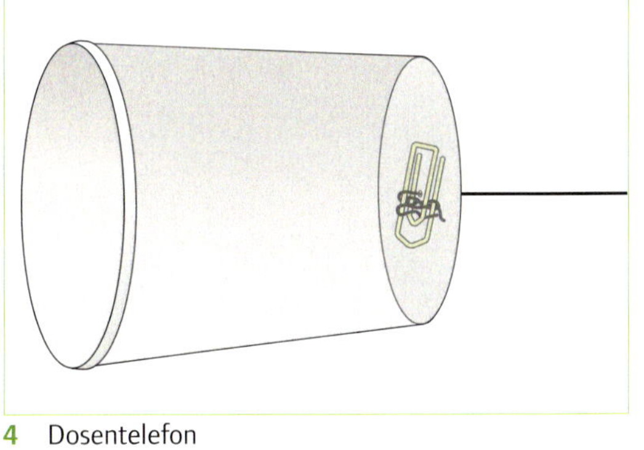

4 Dosentelefon

Anna steht morgens im Bad und betrachtet ihre Augen eingehend im Spiegel. Sie blickt auf ihre Augenbrauen und ihre Augenlider mit den Wimpern. Das Auge selbst ist außen weiß und hat ein dunkles Zentrum. Dazwischen befindet sich eine blaue Schicht mit grünen und braunen Flecken.
Wie sind unsere Augen aufgebaut? Was leisten sie?

1 Anna betrachtet ihre Augen im Spiegel.

Schau mir in die Augen

Augenblick mal

Wenn Anna ihr Auge so genau betrachtet, fällt ihr allerhand auf: Der weiße **Augapfel** ist von feinen Äderchen durchzogen. Die **Iris** ist nicht einfarbig, sondern mit verschiedenen Farben gesprenkelt. → 2 Die schwarze **Pupille** wird blitzschnell kleiner, als Annas Mutter plötzlich das Licht über dem Spiegel anknipst und sie ermahnt: „Anna! Beeil dich! Oder du kommst zu spät in die Schule!"

Schutz der Augen

Unsere Augen reagieren sehr empfindlich, beispielsweise wenn man etwas ins Auge bekommt. Daher dienen einige Teile des Auges

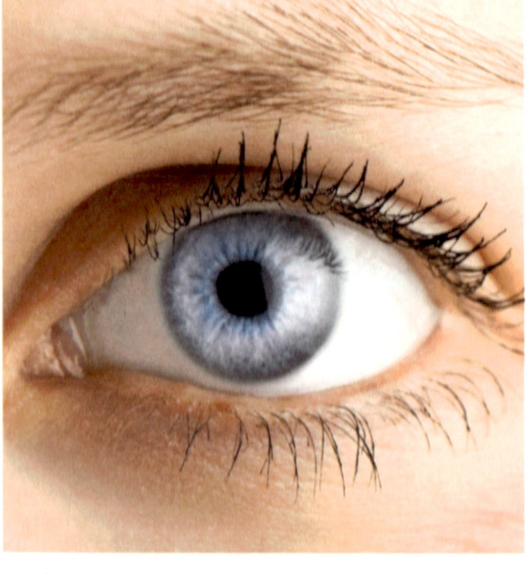

2 Auge

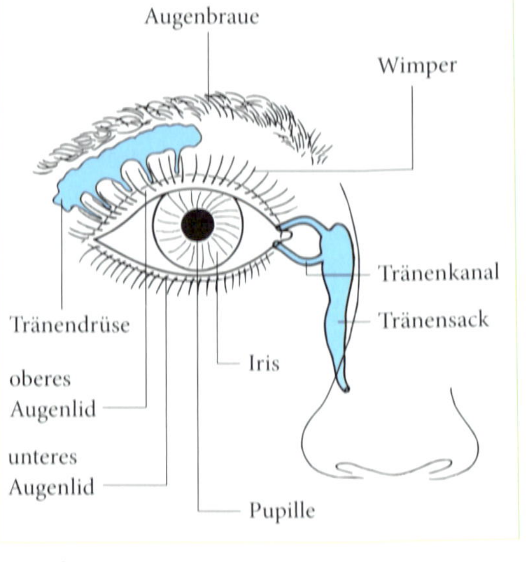

3 Außenansicht des Auges

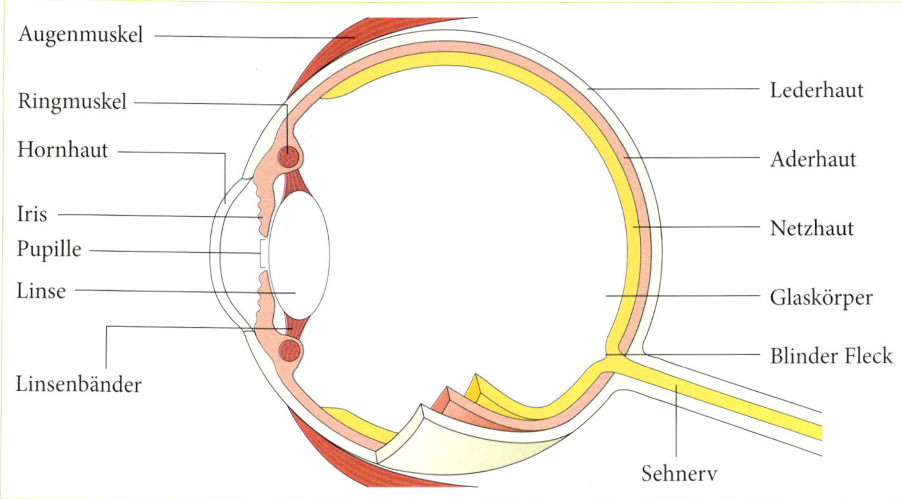

4 Innerer Bau des Auges

Augapfel
Augenbrauen
Iris
Netzhaut
Oberlid
Pupille
Sehnerv
Wimpern

seinem Schutz: Die **Wimpern** halten Fremdkörper fern und mit dem **Oberlid** kann man das Auge schnell zumachen. Wenn wir Sport treiben, dann verhindern die **Augenbrauen**, dass Schweiß in die Augen gelangen kann. Sollte dennoch mal etwas ins Auge gelangt sein, so produzieren die Tränendrüsen vermehrt Tränenflüssigkeit, sodass Fremdkörper ausgespült werden. → 3

Für das Sehen wichtig

Von außen sind die weiße Lederhaut, Iris und Pupille sichtbar. Leder-, Ader- und Netzhaut bilden die äußeren Schichten des Augapfels. Bei zu starkem Licht zieht sich die Iris zusammen, sodass die Pupille kleiner wird und nur noch wenig Licht ins Auge fällt. → 4 Das Licht durchdringt die Linse und den Glaskörper. Die Linse sorgt für ein scharfes Bild auf der **Netzhaut**. Auf der Netzhaut befinden sich die **Sehsinneszellen**, die die Lichtreize in Signale umwandeln. Die Signale werden über den **Sehnerv** an das Gehirn weitergeleitet. Das Gehirn vermittelt uns dann das Bild.

> → **Merk dir!** Das menschliche Auge besteht aus vielen Teilen. Einige dienen dem Schutz (Wimpern, Ober- und Unterlid, Lederhaut), andere sind für das Sehen wichtig (Pupille, Iris, Linse, Hornhaut, Netzhaut, Sehnerv).

Arbeitsaufträge

1. Betrachte dein Auge im Spiegel.

- **a** Zeichne es möglichst genau mit Bleistift auf ein weißes Blatt ab. Gib anschließend die Farben mit Buntstift wieder. Du kannst auch ein Auge deines Sitznachbarn abzeichnen.
- **b** Beschrifte deine Zeichnung mit den Fachbegriffen.
- **c** Erläutere die Aufgaben der Teile des Auges.

Die Klasse 6c der Gutenberg-Gesamtschule besucht eine Ausstellung in einem Museum für Moderne Kunst. Gleich in der Eingangshalle bewundern die Schüler ein sehr großes Bild. Es ist knapp zwei Meter hoch und über drei Meter breit.
Unglaublich, wie kann ein so großes Bild in unser Auge passen?

1 Auch große Bilder „passen" in unser Auge.

Das Auge erzeugt Bilder

Das Bild wird verkleinert

Das Bild im Kunstmuseum ist 2 Meter hoch und 3,20 Meter breit. Unsere Netzhaut ist jedoch nur ungefähr so groß wie ein 1-Cent-Stück. Deshalb muss das Auge das Bild verkleinern.

Der Weg des Lichtes

Zunächst fällt Licht auf das Bild und wird dann von diesem zurückgeworfen. Danach gelangt das Licht durch die Pupille in unser Auge. Direkt hinter der Pupille befindet sich die **Linse**.
Die Linse bündelt nun das Licht so, dass ein sehr kleines, aber scharfes Bild des Gemäldes auf der Netzhaut erscheinen kann.
Durch die Bündelung steht es nun allerdings „auf dem Kopf". → 2 Auch durch Glaslinsen lässt sich dieser Effekt erzielen. Einfallende Lichtstrahlen werden gebündelt, sodass ein auf dem Kopf stehendes Bild entsteht.
Auf der Netzhaut befinden sich rund 130 Millionen lichtempfindliche **Sehsinneszellen**. Die meisten von ihnen sind längliche **Stäbchen**, die nur hell und dunkel unterscheiden können. Die übrigen sind dickere **Zapfen**, die zum Farbensehen dienen.

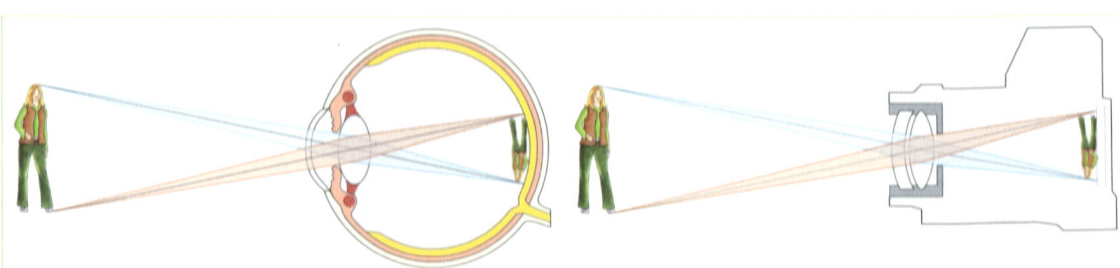

2 Vergleich von Auge und Kamera

Linse
Sehsinneszellen
Stäbchen
Zapfen

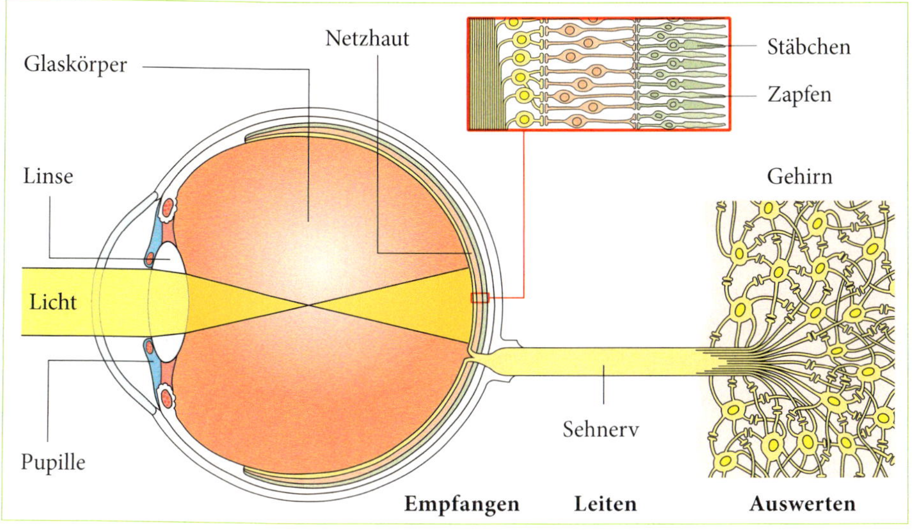

3 Sehvorgang

Empfangen, Leiten, Verarbeiten

Fällt nun Licht durch Pupille und Linse auf die Netzhaut, so werden die Stäbchen und Zapfen gereizt, sie beginnen zu arbeiten. Jede einzelne Sinneszelle wandelt den Lichtreiz in ein Signal um, das sie über den Sehnerv an das Gehirn weiterleitet. → 3 Die Stelle, an der der Sehnerv die Netzhaut verlässt, enthält keine Sehsinneszellen. Sie wird als blinder Fleck bezeichnet.
Im Gehirn werden die Signale nun verarbeitet. Das Gehirn sorgt dabei dafür, dass die unterschiedlichen Bilder beider Augen zu einem einzigen räumlichen Bild zusammengesetzt werden. Außerdem dreht das Gehirn das Bild, das auf der Netzhaut auf dem Kopf stehend abgebildet ist, richtig herum.

Merk dir! Das Licht fällt durch Pupille und Linse in das Auge. Die Linse erzeugt dabei ein verkleinertes Bild auf der Netzhaut, das von den Sehsinneszellen in Signale umgewandelt wird. Über den Sehnerv werden diese Signale an das Gehirn weitergeleitet, wo sie verarbeitet werden. Erst jetzt haben wir ein Seherlebnis.

Arbeitsaufträge

1. Beschreibe den Weg des Lichtes bis zur Wahrnehmung im Gehirn. Verwende dabei die Begriffe aus dem Merkkasten.
2. Vergleiche das Auge und die Kamera in Abbildung 2.
3. Am Schulranzen und an der Kleidung sollen grelle Farben und reflektierende Gegenstände vorhanden sein. Erkläre mithilfe der Abbildung rechts. → 4

4 Auffällige Farben am Schulranzen

Versuche zum Auge

1. Wie schützt sich das Auge vor zu starkem Licht?

Ihr braucht: eine Taschenlampe.

a Verdunkelt den Klassenraum. Wartet einige Minuten, bis sich eure Augen an die Dunkelheit gewöhnt haben. Betrachtet nun die Augen eures Sitznachbarn genau.
b Leuchte nun mit der eingeschalteten Taschenlampe in ein Auge deines Sitznachbarn. Beobachte in diesem Moment genau, was sich bei dem Auge verändert.
c Fertige zwei Zeichnungen an, um deine Beobachtungen festzuhalten. Zeichne ein Auge bei Dunkelheit und ein Auge bei hellem Licht.
d Versuche nun zu erklären, wie sich das Auge vor zu starkem Licht schützen kann. → 1

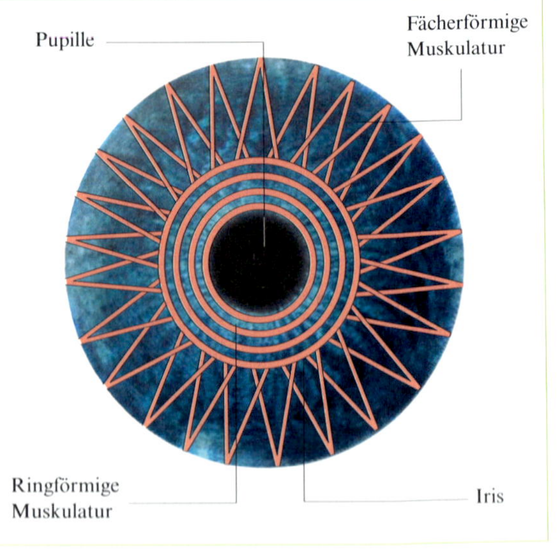

1 Die Iris ist ein Muskel.

2. Wie funktioniert das Sehen?

Ihr braucht: eine Sammellinse und einen Abbildungsschirm, eine Kerze, Feuerzeug.

a Baut den Versuch wie in Abbildung 2 auf.
b Zündet die Kerze an.

→ ***Achtung:*** *Beachtet die Brandgefahr!*

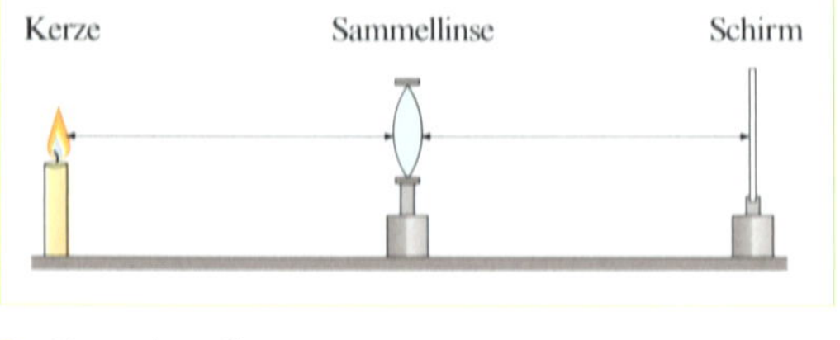

2 Versuchsaufbau

c Schiebt die Linse so lange hin und her, bis ihr ein scharfes Abbild der Kerzenflamme auf dem Schirm erhaltet.

d Was könnt ihr auf dem Schirm erkennen? Zeichnet es auf.
e Der Versuchsaufbau ist ein Modell für den Sehvorgang. Ordne folgende Begriffe einander zu:

Sehvorgang		**Versuchsaufbau**	
1	Augenlinse	A	Schirm
2	Netzhaut	B	Kerzenflamme
3	Gegenstand	C	abgebildete Kerzenflamme
4	Netzhautbild	D	Sammellinse

f Erkläre nun den Sehvorgang mithilfe des Modells. → 2

3. Wie entsteht ein Film?

Ihr braucht: Papierblock (etwa 10 cm · 10 cm mit 30 Seiten, an einer Seite geheftet), Zeichenstifte, Stoppuhr.

Wähle eines der abgebildeten Motive aus. → 3

Zeichne auf jedes Blatt des Blockes eines der Motive.

Der folgende Versuch wird als Partnerversuch durchgeführt.

Einer der Partner betätigt das Daumenkino, der andere Partner nimmt die Zeit.

a Betätige das Daumenkino zunächst schnell. Verlangsame anschließend die Zeit so, dass du das Daumenkino gerade noch als Film, nicht mehr als Einzelbilder erkennen kannst.
b Berechne die Bilder pro Sekunde für diesen Zeitraum.
c Erkläre, wie der Eindruck eines Filmes entsteht.

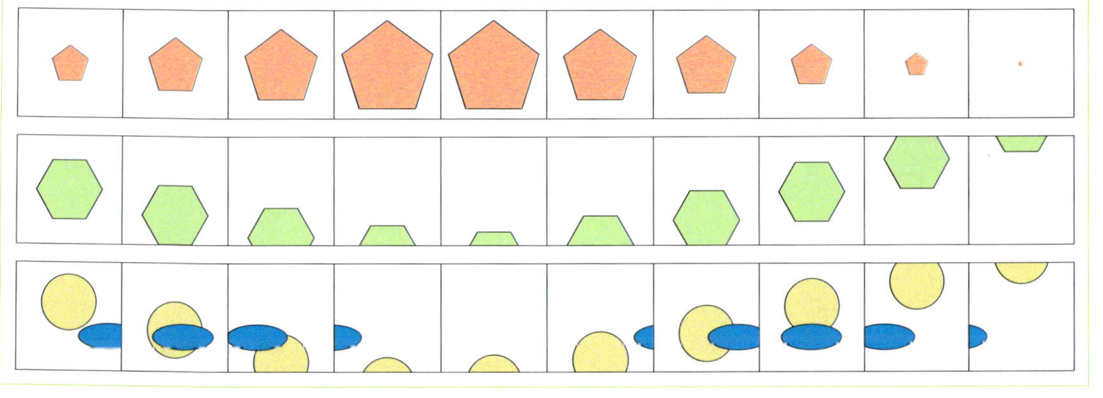

3 Beispiele für Daumenkino

4. Nachweis des Blinden Flecks

Dort, wo der Sehnerv das Auge verlässt, befinden sich keine Sehsinneszellen. Diese Stelle bezeichnet man als „Blinden Fleck".

Ihr braucht: das Biologiebuch.

a Halte diese Buchseite in Armlänge vor deine Augen.
b Schließe das rechte Auge und blicke mit dem linken ununterbrochen auf den weißen Punkt. → 4
c Bewege jetzt das Buch langsam zum Auge hin.
Kannst du beobachten, dass das Kreuz bei einer bestimmten Entfernung plötzlich verschwindet? → 4 In genau diesem Moment fällt sein Bild auf den Blinden Fleck.
d Erläutere, weshalb sich der Blinde Fleck beim Sehen normalerweise nicht bemerkbar macht.

4 Versuch zum Blinden Fleck

Was für ein Tag! Erst das Diktat in Deutsch, danach der Test in Biologie und auch die Mathematikstunde war ganz schön anstrengend. Und nach der Schule dann auch noch der Termin beim Kieferorthopäden. Da hilft nur eins: schöne Musik. Wie hören wir eigentlich?

1 Entspannen mit Musik

Mit den Ohren auf Schallempfang

Bau des Ohrs

Man unterscheidet drei Teile: Außenohr, Mittelohr und Innenohr. Zum **Außenohr** gehören Ohrmuschel, Gehörgang und Trommelfell. Direkt hinter dem Trommelfell schließt sich das **Mittelohr** mit den Gehörknöchelchen an. Sie stellen die Verbindung zum Innenohr dar. Das Mittelohr ist durch einen Verbindungsgang, die Ohrtrompete, mit dem Mundraum verbunden.
Im **Innenohr** liegt die Schnecke, in der sich die Hörsinneszellen befinden. Die **Schnecke** ist mit Flüssigkeit gefüllt. → 2
Das Ohr ist nicht nur zum Hören da. In ihm befindet sich auch das **Gleichgewichtsorgan**, das dafür verantwortlich ist, dass wir unser Gleichgewicht halten können.

Der Weg durch das Ohr

Die Musik erzeugt Schallwellen, die nun durch Außen-, Mittel- und Innenohr wandern. Zunächst werden die Schallwellen von der **Ohrmuschel** aufgefangen und in den **Gehörgang** gelenkt. → 2 Der Gehörgang leitet sie dann zum **Trommelfell** weiter, das dadurch in Schwingungen versetzt wird. Direkt hinter dem Trommelfell befinden sich die **Gehörknöchelchen**, die diese Schwingungen aufnehmen und verstärken. → 2 Die Gehörknöchelchen übertragen die Schwingungen dann auf die **Schnecke**. In ihr befindet sich eine Flüssigkeit, die nun auch in Schwingung versetzt wird. Dadurch werden die Hörsinneszellen gereizt, die diese Schwingungen in Signale umwandeln. Über den Gehörnerv werden die Signale dann an das Gehirn weitergeleitet. Im Gehirn werden diese Signale zu einem Geräusch verarbeitet, das wir jetzt hören.

Woher kommt ein Geräusch?

Unser Gehör kann aber auch die Richtung von Geräuschen bestimmen. Kommt also beispielsweise von rechts ein Moped heran-

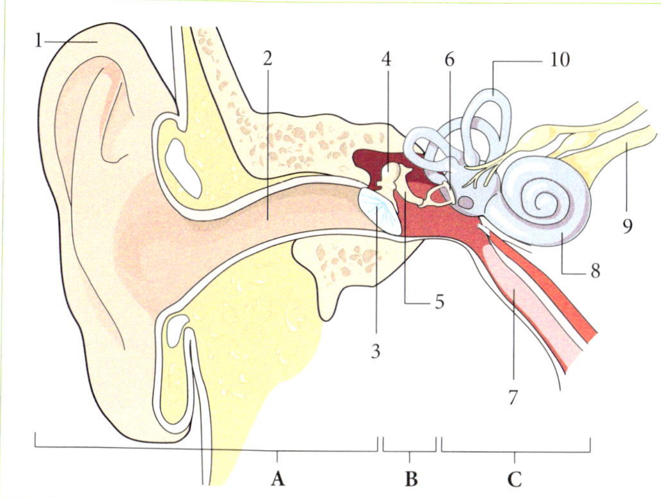

A Äußeres Ohr
1 Ohrmuschel
2 Gehörgang
3 Trommelfell

B Mittelohr
(Gehörknöchelchen)
4 Hammer
5 Amboss
6 Steigbügel
7 Ohrtrompete

C Innenohr
8 Schnecke
9 Hörnerv
10 Bogengänge mit Gleichgewichtsorgan

2 Bau des Ohrs

Außenohr
Gehörgang
Gehörknöchelchen
Gleichgewichtsorgan
Innenohr
Mittelohr
Ohrmuschel
Richtungshören
Schnecke
Trommelfell

gefahren, so wird dieses Geräusch etwas früher und auch etwas lauter vom rechten Ohr wahrgenommen als vom linken. Obwohl wir den Mopedfahrer noch gar nicht sehen, wissen wir dann schon, aus welcher Richtung er kommt. Diese Fähigkeit bezeichnen wir auch als **Richtungshören**.

→ Merk dir! Schallwellen werden von den Ohrmuscheln aufgefangen. Das Trommelfell wird in Schwingung versetzt und überträgt diese auf die Gehörknöchelchen. Die Gehörknöchelchen verstärken und übertragen die Schwingungen auf die Schnecke. Dadurch werden die Hörsinneszellen angeregt und leiten über den Gehörnerv Signale an das Gehirn weiter.

Arbeitsaufträge

1. Decke in Abbildung 2 die Beschriftungen ab. Benenne die einzelnen Teile des Ohrs und erkläre ihre Funktion mit eigenen Worten. Überprüfe zum Schluss.

2. Führt den Versuch von Abbildung 3 durch. Markiere an einem 1 m langen Gummischlauch genau die Mitte. Dein Partner hält die beiden Schlauchenden in seine Ohren.

a Klopfe mit einem Stift leicht auf den Schlauch. Kann dein Partner angeben, ob du links, rechts oder in der Mitte geklopft hast?

b Versucht das Ergebnis zu erklären.

3 Versuch zum Richtungshören

Auf einer Baustelle werden viele Maschinen benutzt, die sehr großen Lärm verursachen. Wenn Arbeiter mit einem Presslufthammer arbeiten, müssen sie einen Gehörschutz tragen.
Welche Wirkung hat Lärm auf das Gehör?

1 Auf der Baustelle

Gefahren für Ohren und Augen

Laut und leise

Unser Ohr nimmt die **Lautstärke** von **Geräuschen** wahr, also ob ein Geräusch laut oder leise ist. Flüstern wird beispielsweise als leise empfunden, ein Moped hingegen als laut. → 2 Geräusche werden dann als Lärm bezeichnet, wenn sie als störend empfunden werden oder unserer Gesundheit schaden. Starker Lärm kann die Hörsinneszellen im Innenohr zerstören. Dadurch entsteht eine dauerhafte Schwerhörigkeit. Menschen, die schwer hören, müssen dauerhaft ein Hörgerät tragen.

Und wenn doch mal was ins Auge geht

Wenn ein Fremdkörper ins Auge gelangt, beginnt es zu tränen, um diesen wieder auszuspülen. Man kann auch selbst versuchen, ihn zu entfernen:
Ziehe das Oberlid vorsichtig über das Auge nach unten. Bewege nun das Auge so lange nach allen Seiten, bis der Fremdkörper an den unteren Augenrand gelangt. Nun kann jemand mit der Spitze eines sauberen Tuchs den Fremdkörper entfernen. Ziehe dazu das Unterlid nach unten und schaue gleichzeitig nach oben. → 3

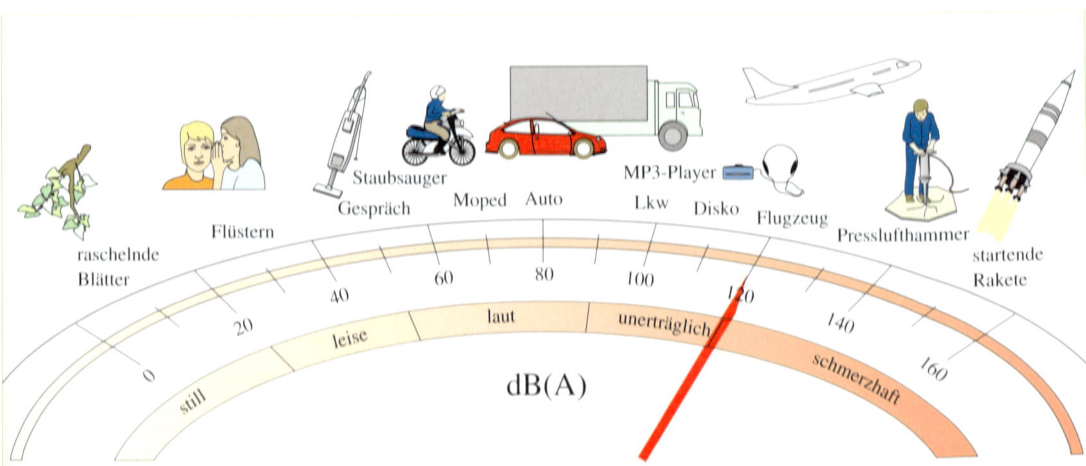

2 Lautstärken

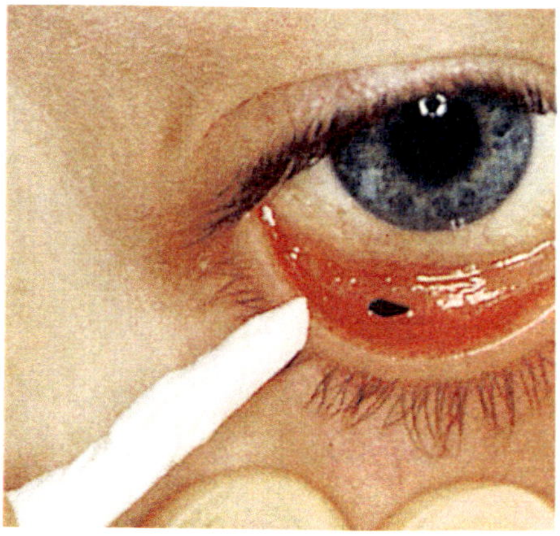

3 So entfernt man einen Fremdkörper.

4 Augendusche

Gerade beim Hantieren mit Chemikalien kann es passieren, dass eine ätzende Flüssigkeit ins Auge gelangt. In diesem Fall spüle beide Augen sofort und ausgiebig mit Leitungswasser aus. → 4 Gehe dann sicherheitshalber zum Arzt.

Tipps vom Augenarzt

So schont man die Augen bei der Arbeit oder dem Spiel am Computer: Der Bildschirm sollte ca. 60 cm vom Auge entfernt sein. Achte auf eine ausreichende Beleuchtung. Das Licht darf aber nicht zu hell sein. Mache nach einer Stunde vor dem Computer eine Pause.

→ Merk dir! Durch sehr laute Geräusche kann das Gehör geschädigt werden, sodass Schwerhörigkeit entsteht. Schwerhörige müssen ein Hörgerät tragen. Die Augen können zum Beispiel durch Fremdkörper oder durch Chemikalien geschädigt werden. Brillen bieten Schutz.

Arbeitsaufträge

1. Ab welcher Lautstärke kann unser Gehör geschädigt werden?
   - **a** Finde heraus, was bei einer Schädigung in den Ohren passiert.
   - **b** Schreibe einige Tipps auf, mit denen du deine Ohren vor Lärm während eines Popkonzerts schützen kannst.

2. Wovor schützen jeweils die auf den Abbildungen 5 bis 8 abgebildeten Gegenstände?

5 Im Labor

6 Am Strand

7 Im Wasser

8 Im Schnee

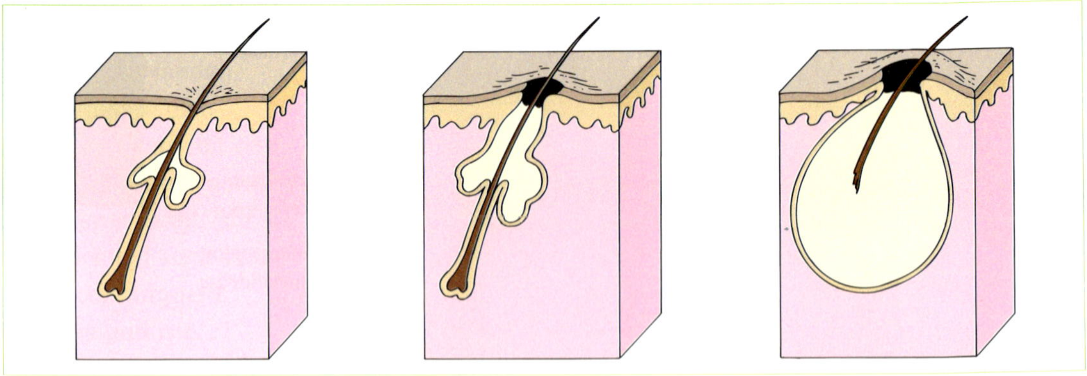

1 So entsteht Akne.

Mitesser & Co.

Während der Pubertät verändert sich die Haut. Die Poren der Talgdrüsen verstopfen, der Talg kann nicht mehr ausgeschieden werden und **Mitesser** entstehen. → 1 Wenn an dieser Stelle nun Bakterien eindringen, kann sich die Haut entzünden. Sie rötet sich, ein **Pickel** ist zu sehen. Viele Jugendliche leiden unter **Akne**. → 2

Hautpflege – das A und O

Gerade während der Pubertät ist die regelmäßige Hautpflege mit parfümfreien Babyseifen und seifenfreien Reinigungsmitteln besonders wichtig. Auf keinen Fall sollten Pickel mit den Fingern selbst operiert werden, denn das verschlimmert die Entzündung nur und kann Narben hinterlassen. Entzündete Stellen können mit desinfizierenden Mitteln aus der Apotheke behandelt werden.

Hauttypen

Je nach **Hauttyp** ist eine entsprechende Pflege nötig. Normale Haut hat eine gute Durchblutung und kann mit hautneutraler Seife gewaschen werden. Trockene Haut fühlt sich rau an, schuppt leicht und ist gegen Seife empfindlich. Sie sollte regelmäßig mit einer Feuchtigkeitsmilch eingecremt werden. Fettige Haut neigt am meisten zu Mitessern und Pickeln, da sie große Talgdrüsenausgänge hat. Sie sollte mit einer besonderen Reini-

2 Akne: verbreitetes Auftreten von Pickeln

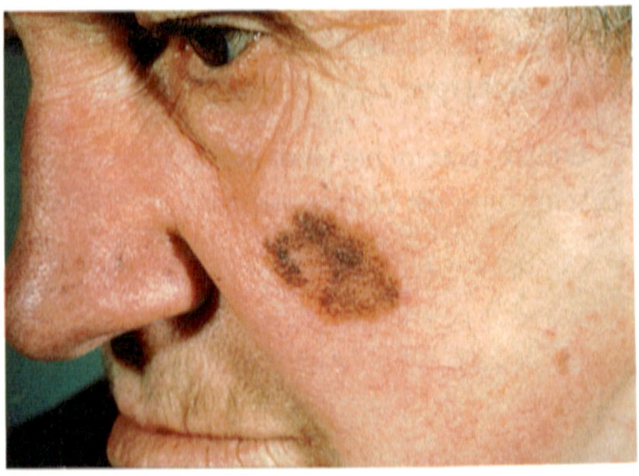

3 Schwarzer Hautkrebs

Akne
Hauttyp
Mitesser
Pickel

4 Man unterscheidet 4 Hauttypen.

gungslotion sorgfältig behandelt werden, die anschließend gründlich mit Wasser abgewaschen wird.

Rette deine Haut

Starke Sonneneinstrahlung und Sonnenbrand sind für die Haut sehr gefährlich. Besonders helle Haut leidet viel schneller unter den schädlichen ultravioletten Strahlen als andere Hauttypen. → 4 Die Strahlung dringt tief in die Lederhaut und schädigt die Zellen. Je nach Verbrennungsgrad entstehen Hautrötungen oder Blasen, die Haut wird trocken, es kommt zu vorzeitiger Hautalterung. Zu häufige Sonnenbäder können erst viele Jahre später zum schwarzen Hautkrebs führen. → 3 Sonnenschutzmittel sorgen lediglich dafür, dass der Aufenthalt in der Sonne verlängert werden kann. Einen Schutz vor Hautkrebs bieten sie jedoch nicht.

Rauchen lässt dich „alt“ aussehen

Zigarettenrauch führt dazu, dass die Haut nicht mehr ausreichend durchblutet werden kann. Dadurch altert sie schneller, wird faltig und bekommt eine gelbliche Farbe.

> → **Merk dir!** Während der Pubertät leiden Jugendliche oft unter Mitessern, Pickeln oder Akne. Eine dem Hauttyp entsprechende Pflege ist in dieser Zeit besonders wichtig. Zigarettenrauch und Sonnenbrand sind für die Haut besonders schädlich.

Arbeitsaufträge

1. Erkläre anhand von Abbildung 1, wie es zur Entstehung von Pickeln kommt. Informiere dich bei deinem Hautarzt oder in der Apotheke, was du zur Vorbeugung gegen Pickel tun kannst.
2. Nenne weitere Faktoren, die sich schädlich auf die Haut auswirken können.

Ein 80-jähriger Pilzsammler rutschte eine Böschung hinunter und konnte sich nicht selbst aus dem Dickicht befreien. Aufgespürt wurde der Mann von einem Hund. Der Hund konnte ihn mithilfe seines Geruchssinns finden. So konnte der Mann gerettet werden.

1 Lebensretter Hund

Die Supersinne der Tiere

Hunde haben empfindliche Nasen

Wäre es nicht praktisch, wenn du allein durch Schnüffeln an deiner Schultasche herausfinden könntest, was für ein Frühstück in deiner Brottasche steckt? Oder in der deines Nachbarn?
Nun, dazu bräuchtest du wohl die Nase eines Hundes: Hunde können extrem gut riechen, selbst wenn ein Geruch äußerst schwach ist und wir ihn gar nicht wahrnehmen können. → 1 Hunde haben in ihrer Nase bis zu 220 Millionen **Riechzellen** – Menschen nur 5 Millionen. Kein Wunder also, dass Hunde bei der Polizei zum Aufspüren von Drogen oder Sprengstoff eingesetzt werden.

Klapperschlangen haben Wärmesensoren

Klapperschlangen haben ein besonderes Sinnesorgan: das Grubenorgan. → 2 Dabei handelt es sich um eine Grube zwischen Augen und Nasenloch, die empfindlich auf Wärme reagiert. Mithilfe dieses **Wärmesinns** fangen Klapperschlangen sogar in der Dunkelheit eine Maus.

Adleraugen

Wenn jemand sehr gut sehen kann, sagen wir auch: „Er hat Adleraugen." → 3 Selbst aus großer Höhe erkennen sie eine winzige Maus auf dem Feld. Schließlich haben sie 5-mal so viele Sehzellen in ihren Augen wie der Mensch.

2 Klapperschlange mit Grubenorgan

3 Adler

elektrischer Sinn
Magnetfeld
Ultraschallrufe
Wärmesinn

4 Beim Hai hilft auch kein Verstecken.

5 Die Fledermaus ist nachts unterwegs.

Verstecken – beim Hai zwecklos

Der Hai kann mithilfe eines **elektrischen Sinns** schwache elektrische Felder wahrnehmen, die von lebenden Fischen ausgehen. → 4 Selbst wenn sich also ein Fisch gut versteckt, kann der Hai ihn mit seinem elektrischen Sinn trotzdem leicht aufspüren.

Die Fledermaus – Jägerin der Nacht

Fledermäuse jagen zumeist in der Dämmerung oder nachts. → 5 Sie stoßen **Ultraschallrufe** aus, die wir nicht hören können, da sie zu hoch sind. Diese Rufe werden von Gegenständen der Umgebung zurückgeworfen und gelangen zum Ohr der Fledermaus. Je weiter nun ein Gegenstand entfernt ist, desto länger braucht der Schall, um wieder zurückzukommen. Auf diese Weise kann die Fledermaus Entfernungen abschätzen.

Den Kompass immer mit dabei

Die Biene verfügt über einen eingebauten Kompass. Denn sie kann das **Magnetfeld** der Erde wahrnehmen und verliert daher niemals ihre Orientierung.

Wolfsohren

An das Leben in der Wildnis ist der Wolf gut angepasst. So nimmt er Geruchsspuren von Beutetieren noch nach mehreren Tagen wahr. Und er hat zudem extrem empfindliche Ohren. Das ist wichtig, denn mit dem Gehör ortet der Wolf seine Beute. Er kann Geräusche hören, die bis zu 10 km weit entfernt sind und sogar Hochfrequenztöne.

→ Merk dir! Tiere verfügen über Sinne, die der Mensch nicht besitzt. Diese Sinne sichern ihr Überleben in verschiedenen Lebensräumen.

Arbeitsaufträge

1. Suche dir zwei Supersinne von Tieren aus.
- **a** Beschreibe die beiden Supersinne.
- **b** Nenne die Unterschiede zum Menschen.

2. Zugvögel legen auf ihren Wanderungen große Wege zurück. Informiere dich in Biologiebüchern oder im Internet, welche Sinne die Zugvögel benutzen, um ihr Ziel zu finden.

Beim Fußball versuchen die Spieler, den Ball möglichst genau in eine der Ecken des Tores zu schießen. Manchmal gelingt es dem Torwart jedoch, solche Bälle zu halten. Wie gelingt es unserem Körper, die Bewegungen beim Schießen des Balles oder beim Halten zu steuern?

1 Beim Fußball

Unser Nervensystem

Zusammenspiel

Fußball ist ein schnelles Spiel. Ein Spieler muss mit dem Ball schnell laufen können. Wenn er den Ball mit dem Fuß berührt, darf der Ball nicht zu weit wegspringen, weil sonst der Gegner den Ball bekommt. Er muss einen Mitspieler sehen, zu dem er den Ball spielen kann. Der Pass zu einem Mitspieler muss „mit Gefühl" gespielt werden, damit die eigene Mannschaft den Ball behält. Die Verarbeitung dieser Sinnesreize und die Steuerung der Bewegungen erfolgt durch unser **Nervensystem**.

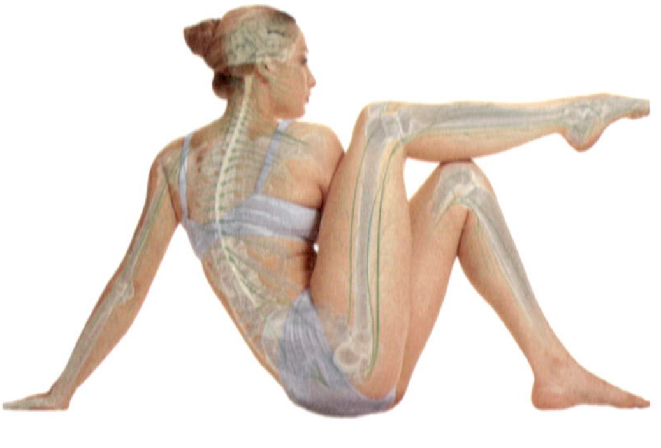

2 Das Nervensystem – ein weitverzweigtes Netz

Netzwerk Nervensystem

Das Nervensystem durchzieht als reich verzweigtes Netz unseren ganzen Körper. → 2 Es besteht aus vielen Milliarden **Nervenzellen**, die hintereinandergeschaltet sind und so lange **Nervenbahnen** bilden können. Auf diese Weise werden Verbindungen vom Gehirn über das **Rückenmark** bis in alle Körperbereiche geschaffen.

Nervenbahnen bestehen aus Nervenzellen

Nervenzellen gehören zu den längsten Zellen des Körpers. Manche können bis zu einem Meter lang werden. Die meisten weisen einen ähnlichen Bau auf. Sie gliedern sich in vier Abschnitte.

Mithilfe der **Dendriten** nimmt die Nervenzelle elektrische Signale von den vorgeschalteten Nervenzellen auf.

Im **Zellkörper** befindet sich der Zellkern. Die elektrischen Signale werden dann über einen einzelnen langen Fortsatz, der **Nervenfaser**, weitergeleitet. Auf diese Weise gelangen die Signale schließlich in die Endknöpfchen.

Dendriten
Nervenbahnen
Nervenfaser
Nervensystem
Nervenzellen
Rückenmark
Synapse
Zellkörper

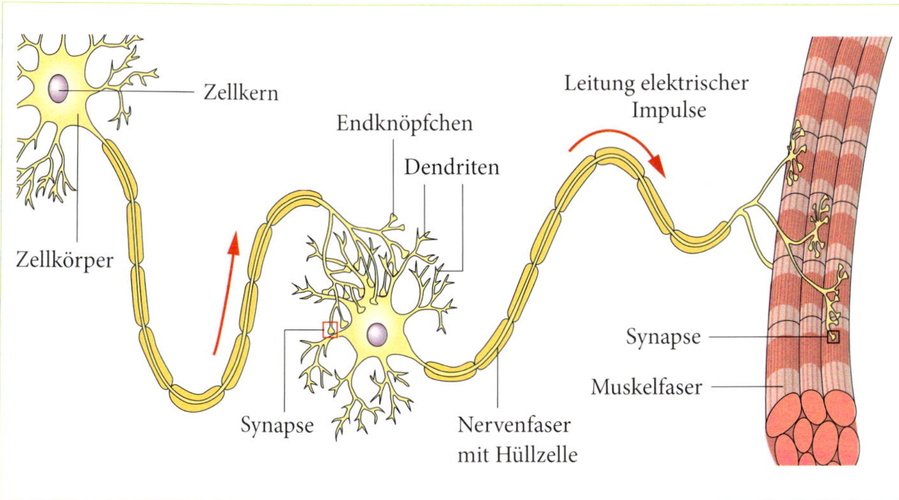

3 Hintereinandergeschaltete Nervenzellen bilden Nervenbahnen.

Die Verbindungen, die eine Nervenzelle mit anderen Zellen eingeht, bezeichnet man als **Synapsen**. Hier werden die Signale auf die nachfolgende Nervenfaser übertragen. → 3

Elektrischer Übertragung

Damit Sinneswahrnehmungen möglichst schnell zu einer Reaktion führen können, müssen die Signale sehr rasch von den Nervenfasern übertragen werden. Sehr schnell gelangen die elektrischen Signale von den Sinneszellen zum Gehirn. Dort werden sie verarbeitet. Das Gehirn schickt nun elektrische Signale an einen Muskel. Der Muskel zieht sich daraufhin zusammen und es erfolgt eine Bewegung, zum Beispiel ein Torschuss beim Fußball.

Auf diese Weise können Informationen schnell übertragen werden. Die Übertragungsgeschwindigkeit kann bis zu 120 Meter pro Sekunde schnell sein.

Merk dir! Viele hintereinandergeschaltete Nervenzellen bilden lange Nervenbahnen, die zum Nervensystem vernetzt sind. Das Nervensystem dient der Weiterleitung von Informationen in Form elektrischer Signale zwischen dem Gehirn und allen Bereichen des Körpers.

Arbeitsaufträge

1. Bringe die Sätze in die richtige Reihenfolge:
- **a** Das Gehirn schickt über Nervenbahnen einen Befehl in Form elektrischer Signale an die Muskeln im Augenlid.
- **b** Die Sehsinneszellen wandeln den Reiz in elektrische Signale um.
- **c** Ein Lichtreiz trifft auf die Sehsinneszellen.
- **d** Über Nervenfasern wird das elektrische Signal von Nervenfaser zu Nervenfaser weitergeleitet.
- **e** Das elektrische Signal gelangt ins Gehirn, wo es verarbeitet wird.

2. Zeichne das Modell einer Nervenzelle groß auf und beschrifte die einzelnen Bauteile. Erkläre den Weg des elektrischen Signals.

Sinne und Wahrnehmung

→ Unsere Umwelt steckt voller Reize. Mit den Sinnesorganen nehmen wir Reize aus der Umwelt wahr und verarbeiten sie. (Siehe Seite 214.)

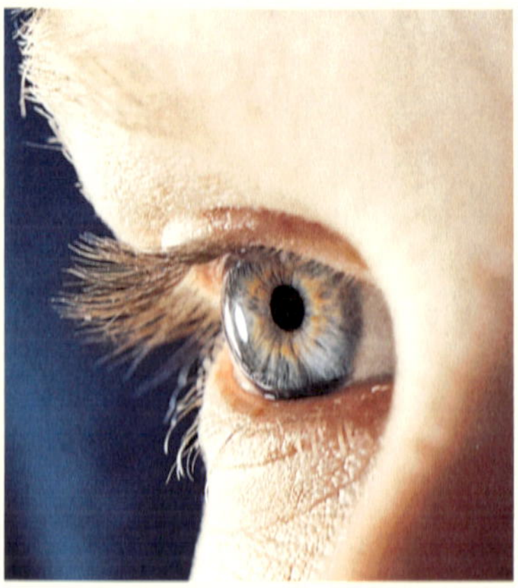

→ Beim Sehen fällt Licht in das Auge. Die Linse erzeugt dabei ein verkleinertes Abbild auf der Netzhaut. Über den Sehnerv werden die Informationen der Netzhaut an das Gehirn gemeldet, wo sie verarbeitet werden. (Siehe Seite 218–223.)

→ Unser Gehör kann Lautstärke, Richtung und Tonhöhe wahrnehmen. Beim Hören werden Schallwellen von den Ohrmuscheln aufgefangen und zum Trommelfell geleitet. Die Gehörknöchelchen übertragen die Schwingungen auf die Schnecke. Dadurch werden die Hörsinneszellen angeregt und leiten über den Gehörnerv Signale an das Gehirn weiter. (Siehe Seite 224.)

Unsere Haut besteht aus den drei Schichten Oberhaut, Lederhaut sowie Unterhaut und erfüllt viele wichtige Aufgaben. (Siehe Seite 228–231.)

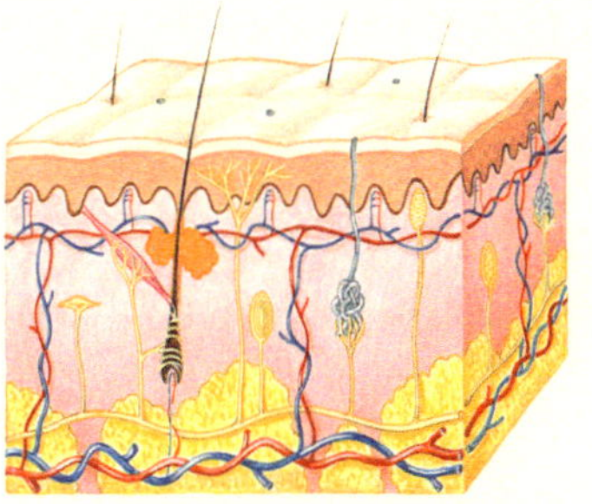

Tiere beeindrucken mit erstaunlichen Sinnesleistungen. Viele verfügen sogar über Sinnesorgane, die wir Menschen nicht haben. (Siehe Seite 232.)

Das Nervensystem besteht aus vielen hintereinandergeschalteten Nervenzellen, den sogenannten Nervenbahnen. Es dient der Weiterleitung von Informationen in Form elektrischer Signale zwischen allen Teilen des Körpers und dem Gehirn. (Siehe Seite 234.)

1. Was gehört zu welchem Sinnesorgan? Sortiere die Begriffe in eine Tabelle:
Linse, Ohrmuschel, Iris, Netzhaut, Gehörgang, Gehörknöchelchen, Pupille, Gehörnerv, Glaskörper, Schnecke, Sehnerv, Trommelfell, Hörsinneszellen.

2. Übertrage die Zahlen von Abbildung 1 in dein Heft und beschrifte sie mit den entsprechenden Fachbegriffen.

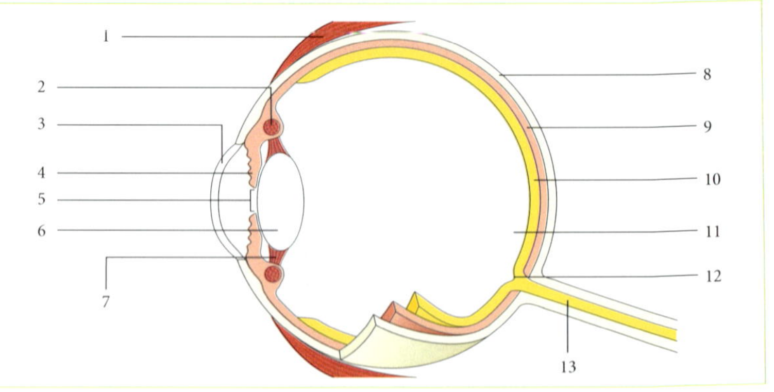

1 Innerer Bau des Auges

3.

a Beschreibe den Weg des Lichtes von der Frau bis zur Netzhaut. → 2

b Erkläre, wie die Signale von der Netzhaut ins Gehirn gelangen.

c Erkläre, wie das Gehirn die empfangenen Signale bearbeitet.

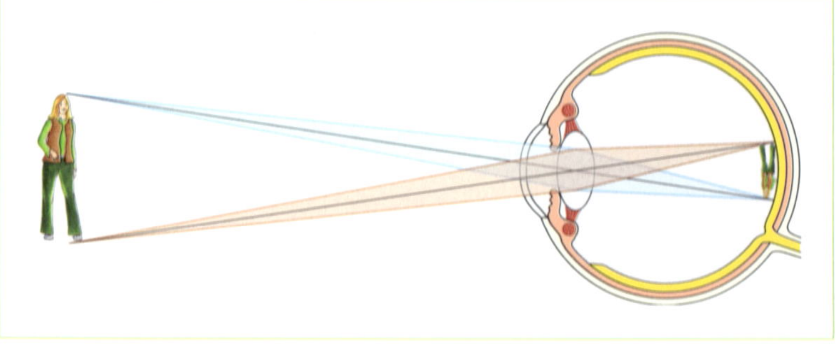

2 Der Weg des Lichtes

4. Bringe die folgenden Aussagen in die richtige Reihenfolge.

a Über den Gehörnerv werden die Signale an das Gehirn weitergeleitet.

b Im Gehirn werden die Signale verarbeitet.

c Die Gehörknöchelchen nehmen die Schwingungen auf und übertragen sie auf die Schnecke.

d Erst jetzt hören wir.

e Dort werden sie zum Trommelfell weitergeleitet, das in Schwingung versetzt wird.

f Die Flüssigkeit in der Schnecke nimmt die Schwingungen auf.

g Dadurch werden die Hörzellen angeregt, die die Schwingungen in Signale umwandeln.

h Schallwellen werden von der Ohrmuschel in den Gehörgang gelenkt.

5. Nenne drei Einflüsse, die für unsere Augen schädlich sind. Erkläre, wie man sich schützen kann.

6. Übertrage die Zahlen von Abbildung 3 in dein Heft und beschrifte sie mit den richtigen Fachbegriffen.

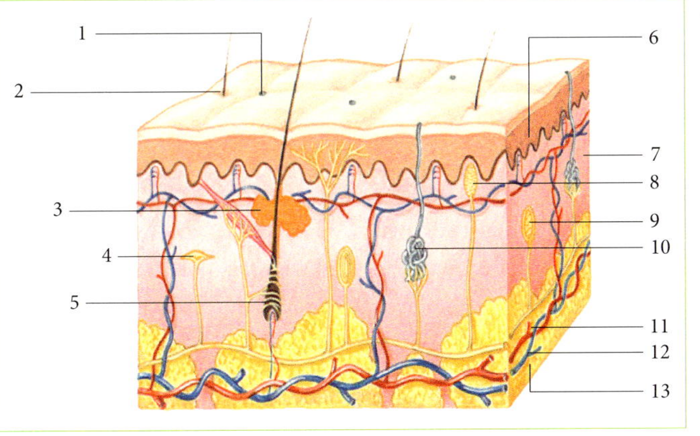

3 Schematischer Aufbau der Haut

7. Übertrage die Zahlen von Abbildung 4 in dein Heft und beschrifte sie mit den richtigen Fachbegriffen.

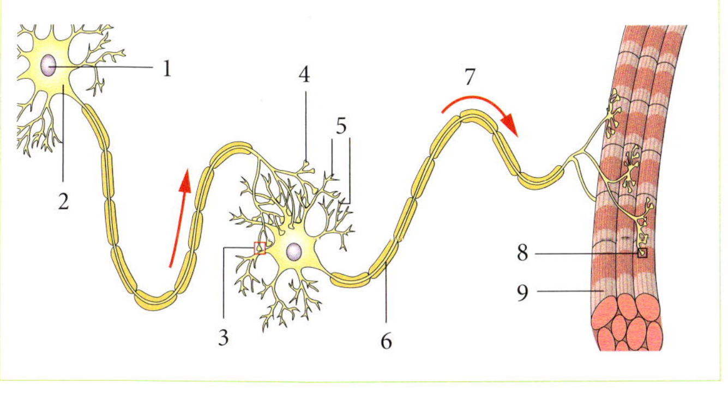

4 Hintereinandergeschaltete Nervenzellen bilden Nervenbahnen.

Ordne deiner Lösung im Heft ein Smiley zu:

☺ Ich habe die Aufgabe richtig lösen können.

😐 Ich habe die Aufgabe nicht komplett lösen können.

☹ Ich habe die Aufgabe nicht lösen können.

Aufgabe	Fähigkeit	Hilfe findest du auf Seite …
1	Ich kann den Aufbau von Auge und Ohr erklären.	218, 224
2	Ich kann den Aufbau des Auges erklären.	218, 220
3	Ich kann den Weg des Lichtes von einem Gegenstand zur Netzhaut erklären.	220
4	Ich kann den Hörvorgang erklären.	224
5	Ich kann mögliche Gefahrenquellen für das Auge aufzählen und geeignete Schutzmaßnahmen für das Auge benennen.	226
6	Ich kann den Aufbau der Haut benennen.	228
7	Ich kann den Aufbau der Nervenzellen benennen.	234

Wachsen und Erwachsenwerden

Heute noch ein Mädchen oder Junge – morgen schon eine Frau oder ein Mann. Dazwischen liegt eine Zeit mit vielen Veränderungen. Dein Körper verändert sich nicht nur äußerlich. Gehe auf eine spannende Entdeckungsreise und du wirst sehen, dass so manches aufregende Ereignis noch vor dir liegt.

1 Wann werde ich zum Mann? (Siehe Seite 244.)

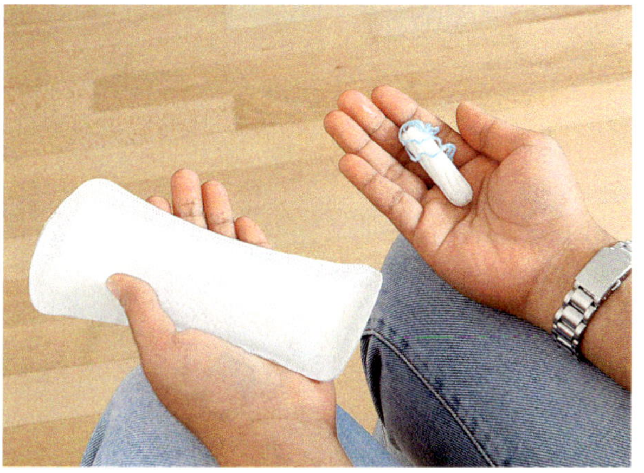

2 Was bedeutet es eigentlich, wenn Mädchen „ihre Tage“ haben? (Siehe Seite 246.)

3 Welche Unterschiede gibt es zwischen Frau und Mann? (Siehe Seite 244, 246.)

4 Bedeutet Liebe, immer „Ja“ zu sagen? (Siehe Seite 248.)

5 Verhütung ist wichtig. Warum und wie funktioniert sie? (Siehe Seite 250.)

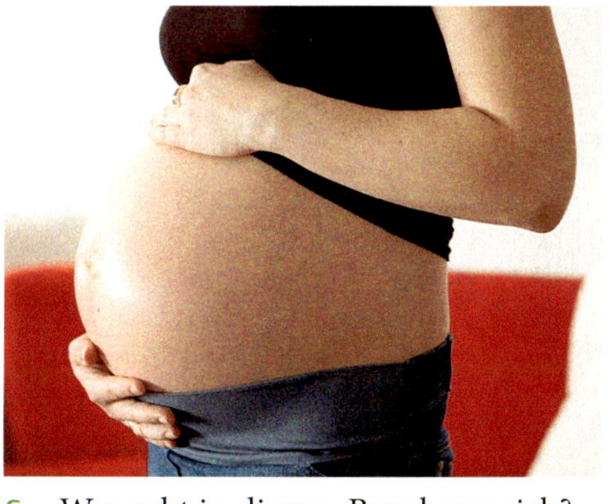

6 Was geht in diesem Bauch vor sich? (Siehe Seite 252.)

Jakob versteht die Welt nicht mehr. Die Eltern sind doof und die Schule nervt. Gerade war er noch gut drauf und nun ist er traurig. Sein Leben fühlt sich an wie eine große Baustelle. Was ist bloß los mit ihm?

1 Was ist bloß los mit Jakob?

Was ist los mit mir?

Die Pubertät – Achtung: Baustelle!

Jakob muss sich keine Sorgen machen. Zwischen dem 10. und 16. Lebensjahr kommt jeder Jugendliche in eine Phase, in der sich sein Leben verändert. Der Körper verändert sich, aber auch das Verhalten ändert sich. Diese Zeit wird **Pubertät** genannt. Bei dem einen beginnt diese Zeit etwas früher, bei dem anderen etwas später. → 2 Jeder Körper hat sein eigenes Tempo.

Der Körper verändert sich

Die Pubertät beginnt mit der Bildung von Stoffen, die wir Hormone nennen. Sie lösen Veränderungen aus. Dadurch wächst du vor allem in die Länge. Aber auch deine Figur verändert sich. Bei den Mädchen wachsen die Brüste und die Hüften werden breiter. → 3 Bei den Jungen werden die Schultern breiter und die Hüften bleiben schmal. → 3 Durch die Hormone beginnen auch die ers-

2 Gleich alt und unterschiedlich weit entwickelt

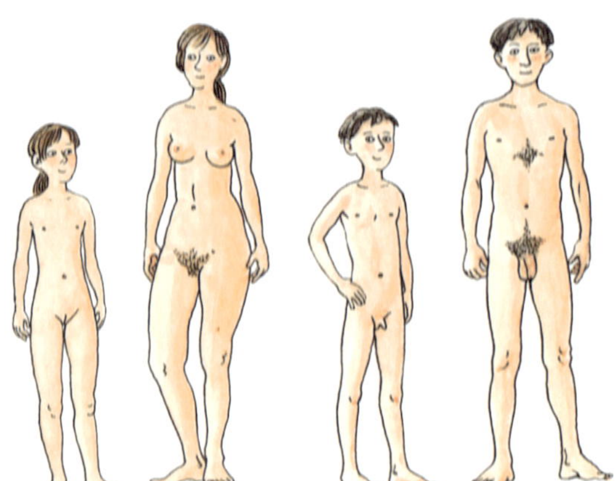

3 Vom Mädchen zur Frau – vom Jungen zum Mann

4 In der Pubertät kann die Haut Probleme machen.

ten Körperhaare in den Achselhöhlen und im Schambereich zu wachsen. Viele Jungen und Mädchen bekommen auch Probleme mit der Haut, denn die Hormone regen die Talgproduktion der Haut an. Dadurch wird die Haut fettig und es können Pickel entstehen. → 4

Das Verhalten verändert sich

Eben noch gut drauf und plötzlich ganz betrübt. In der Pubertät spielen die Gefühle oft „Achterbahn". Die Stimmung kann von einem auf den anderen Moment umschlagen, ohne dass es einen Auslöser dafür gibt. Mit den Eltern führt man immer öfter Diskussionen und die Freunde werden einem wichtiger. Man möchte selbst über sein Leben bestimmen und nicht mehr als Kind behandelt werden. Für viele spielt die erste Liebe auch eine Rolle. Findet der andere mich gut, mag er mich? Man fühlt sich unsicher und fragt sich, ob man mit seiner Art und seinem Aussehen bei den anderen ankommt. So schwierig es manchmal in der Pubertät ist, so spannend ist es auch. Denn man ist dabei, erwachsen zu werden.

→ Merk dir! **Zwischen dem 10. und dem 16. Lebensjahr kommst du in die Pubertät. In dieser Zeit verändern sich dein Körper und dein Verhalten. Du wirst erwachsen.**

Arbeitsaufträge

1. Geht es euch auch so wie Jakob? Seid ihr noch Kinder oder schon Erwachsene? Welche Veränderungen könnt ihr an euch feststellen? Was erwartet ihr vom Erwachsensein?
2. Stelle mithilfe von Abbildung 3 eine Tabelle mit den äußerlich sichtbaren Veränderungen von Mädchen und Jungen in der Pubertät zusammen.
3. Nenne Veränderungen in der Pubertät, die nicht sichtbar sind.

Was passiert genau mit dem Körper eines Jungen in der Pubertät?

1 Aus Jungen entwickeln sich Männer.

Vom Jungen zum Mann

Vom Jungen zum Mann

Die Figur verändert sich, die Schultern werden breiter. Am Hals tritt der „Adamsapfel" hervor und die Stimmbänder werden länger. Dadurch kommen Jungen in den Stimmbruch, bei dem die Stimme mal hoch, mal tief klingt. Die Geschlechtsorgane werden größer, Bart- und Körperhaare sprießen. → 2

2 Bin ich nun ein Mann?

Die männlichen Geschlechtsorgane

Bei einem Jungen sind äußerlich der **Penis** und der **Hodensack** zu sehen. Die empfindliche Eichel an der Spitze des Penis wird von der Vorhaut geschützt. → 3

Der Penis ist normalerweise weich. Mit dem Einsetzen der Pubertät kommt es bei Jungen vor, dass sich der Penis plötzlich versteift. Dabei füllen sich die Schwellkörper in seinem Innern mit Blut. Der Penis wird länger, dicker und richtet sich auf.

Spermienbildung

Im Hodensack befinden sich die Hoden, die täglich mehrere Millionen **Spermienzellen** bilden. Sie sammeln sich in den Nebenhoden. → 3 Beim Samenerguss gelangen die Spermien über den Spermienleiter und die Harnröhre durch den Penis nach außen. → 4 Bei Jungen kommt es zu Beginn der Pubertät vor, dass sie morgens aufwachen und feuchte Flecken in der Wäsche bemerken. Mit diesem ersten Spermienerguss ist der Junge geschlechtsreif. Das heißt, er kann jetzt ein Kind zeugen. Von Zeit zu Zeit

Hodensack
Hygiene
Penis
Spermienzelle

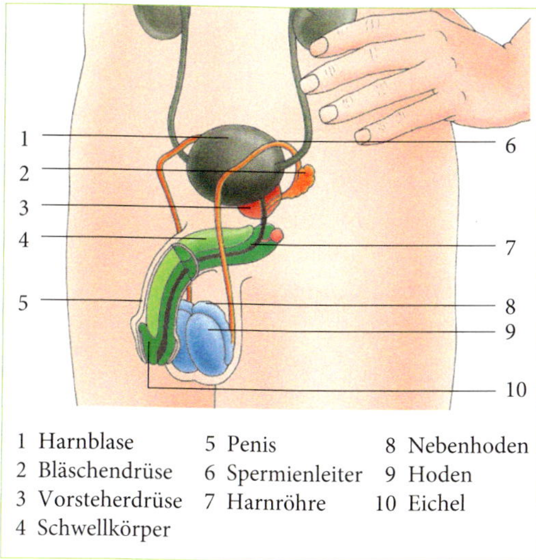

3 Die männlichen Geschlechtsorgane

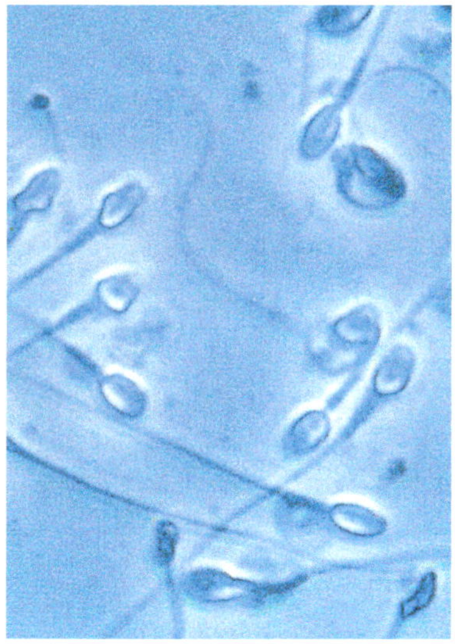

4 Spermien unter dem Mikroskop

kommt es beim Jungen oder beim Mann zu einem unbewussten Spermienerguss im Schlaf.

Selbstbefriedigung – was ist das?

Jakob hat eine Frage, traut sich aber nicht, seine Freunde zu fragen. Darum schreibt er einen Brief an eine Jugendzeitschrift.

Liebes Dr.-Sommer-Team,
meine Freunde sprechen immer über Selbstbefriedigung. Ich weiß nicht, was das ist. Können Sie mir helfen?

Lieber Jakob,
sich selbst zu befriedigen kann ein Weg sein, den eigenen Körper und die eigene Sexualität kennenzulernen. Sich selbst zu befriedigen gehört zur sexuellen Entwicklung. Wenn du deinen Penis berührst, wird dieser steif und du verspürst sexuelle Lust. Es kann bis zum Höhepunkt, dem Orgasmus, kommen. Beim Orgasmus spritzt die Flüssigkeit, in der sich die Spermien befinden, aus dem Penis.

Hygiene – Waschen ist wichtig

Tägliches Waschen der Geschlechtsorgane mit Wasser und einer milden Seife ist wichtig, damit keine Entzündung entsteht. Beim Waschen muss die Vorhaut vorsichtig zurückgezogen werden, um die Absonderungen zu entfernen. So werden Gerüche und Entzündungen vermieden.

> ➔ **Merk dir!** Zu den männlichen Geschlechtsorganen gehören: Penis, Eichel, Spermienleiter, Hodensack und Hoden.

Arbeitsaufträge

1. Erstelle eine Tabelle, in die du alle Geschlechtsorgane des Mannes und deren Funktion hineinschreibst.
2. Erkläre, was bei der Versteifung des Penis passiert.
3. Beschreibe den Weg der Spermien im Körper in Form eines Reiseberichts: „Meine Reise beginnt in den …“

Lisa trägt am Strand normalerweise nur die Bikinihose. Dieses Jahr ertappt sie sich dabei, dass sie wie die Erwachsenen lieber auch das Oberteil benutzt. In der Pubertät verändert sich einiges für Mädchen. Was kommt da alles auf sie zu?

1 Aus Mädchen entwickeln sich Frauen.

Vom Mädchen zur Frau

Vom Mädchen zur Frau

Die Hormone sorgen dafür, dass Mädchen die Regelblutung bekommen. Die Geschlechtsorgane werden größer, Körperhaare sprießen. Der Körperbau verändert sich durch das Brustwachstum und die Verbreiterung der Hüften. Viele Mädchen machen sich Gedanken um ihre Figur und ihr Aussehen.

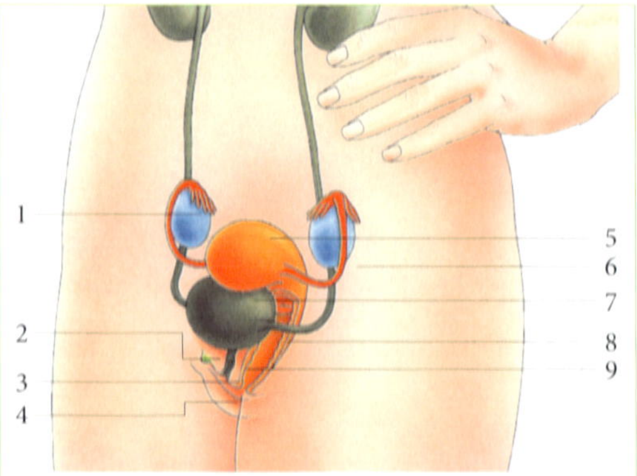

2 Die weiblichen Geschlechtsorgane

Die weiblichen Geschlechtsorgane

Bei Mädchen sind von außen nur die großen Schamlippen zu erkennen. Diese Hautfalten bedecken die kleinen Schamlippen, den Kitzler und den Scheideneingang. → 2 Der Kitzler ist erbsengroß, sehr empfindlich und schwillt bei Erregung an. Bei jungen Mädchen ist der Scheideneingang von einem Jungfernhäutchen bedeckt. Die **Scheide** im Innern deines Körpers ist die Verbindung zur Gebärmutter. → 2 Die **Gebärmutter** ist ein Hohlmuskel und hat etwa die Größe einer Birne. Sie ist sehr dehnbar, sodass ein Baby bis zur Geburt ausreichend Platz hat. Sie ist mit Gebärmutterschleimhaut ausgekleidet. Von der Gebärmutter führen zwei **Eileiter** zu den **Eierstöcken**. → 2

Reifung der Eizellen

Jeden Monat wird eine reife Eizelle aus dem Eierstock ausgeschwemmt und von einem der beiden Eileiter aufgefangen. Diesen Zeitpunkt nennt man Eisprung. → 3 Bereits ab dem ersten Eisprung kann ein Mädchen schwanger werden.

Eileiter
Eierstöcke
Gebärmutter
Regelblutung
Scheide

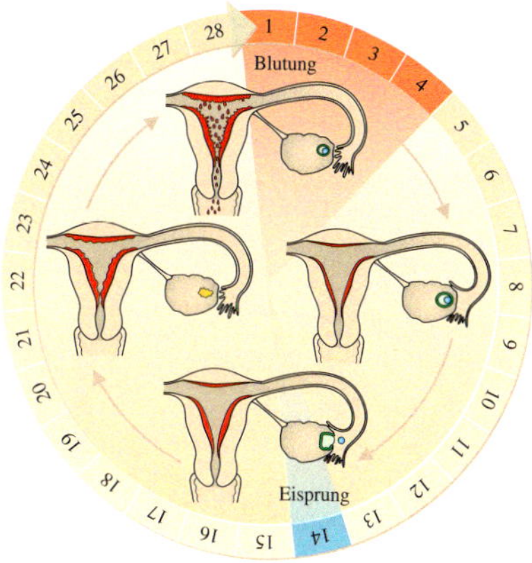

3 Regelzyklus (28 Tage)

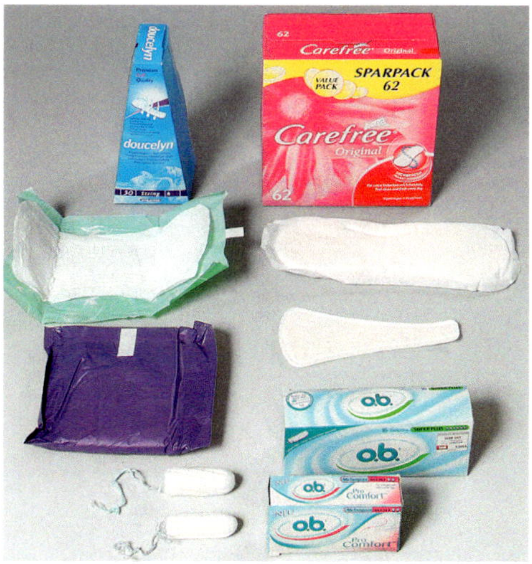

4 Binden und Tampons

Die Regelblutung – was ist das eigentlich?

Die **Regelblutung** setzt zwischen dem 10. und 16. Lebensjahr ein. Sie findet etwa alle drei bis fünf Wochen statt und dauert 3 bis 7 Tage. Die rote Flüssigkeit besteht aus Blut und Gebärmutterschleimhaut. Während die Eizelle im Eierstock reift, baut sich die Gebärmutterschleimhaut auf, um wie ein Nest die befruchtete Eizelle aufzunehmen. Wird die Eizelle nicht befruchtet, wird die Gebärmutterschleimhaut abgestoßen und es kommt zur Regelblutung. Man sagt dann auch, das Mädchen hat ihre „Tage“. Die Zeitspanne vom ersten Tag der Regelblutung bis zum ersten Tag der nächsten Regelblutung nennt man Regelzyklus. → 3

Von Tampons und Binden

Tampons und Binden sind dafür da, die Regelblutung aufzufangen. → 4 Sie sollten mehrmals am Tag gewechselt werden. Tägliches Waschen mit lauwarmem Wasser und einer Waschlotion ist wichtig und verhindert die Bildung von unangenehmem Geruch und Krankheitserregern. Benutzte Tampons und Binden werden im Abfalleimer entsorgt.

→ Merk dir! Zu den weiblichen Geschlechtsorganen gehören: Schamlippen, Kitzler, Scheide, Gebärmutter, Eileiter und Eierstock. Im Eierstock wird jeden Monat eine Eizelle reif.

Arbeitsaufträge

1. Erstelle eine Tabelle mit den Geschlechtsorganen und gib ihre Funktion an.

2. Aylin behauptet, Mädchen können erst mit 18 schwanger werden. Stimmt das? Begründe deine Antwort.

3. Binde oder Tampon? Führe folgende Versuche durch:

a Schneide eine Binde und einen Tampon auf. Beschreibe, woraus sie bestehen und wie sie aufgebaut sind.

b Nimm zwei Messbecher und fülle sie mit 50 ml Wasser. Lege in den einen Messbecher die Binde, in den anderen den Tampon. Was stellst du fest?

Es gibt Situationen, in denen man sich fragt: Was ist richtig, was ist falsch? Was tut mir gut, was nicht? Wo liegen die Grenzen?

1 Zeit der Gefühle

Vom Ja- und Neinsagen

Er liebt mich, er liebt mich nicht …

Aylin ist verliebt. Sie kann nur noch an Tarek denken. Nachts träumt sie sogar von ihm. Er sieht aber auch wirklich toll aus. Immer wenn sie ihn auf dem Pausenhof sieht, wird sie gleich rot. Ob Tarek sie wohl auch mag? Verliebt zu sein ist schön und aufregend. Andererseits kannst du dich auch unsicher fühlen, weil du nicht weißt, wie der andere fühlt. → 1, 2 Es ist wichtig, dass du jemand hast, mit dem du deine Probleme besprechen kannst.

2 Er liebt mich, er liebt mich nicht …

Miteinander reden

Wenn es dann „gefunkt" hat, gehört irgendwann zur Liebe auch die Lust. Der Wunsch nach Nähe und Zärtlichkeit wird größer. Doch was will ich eigentlich? Und was möchte der andere? Man muss offen miteinander reden, wenn einem etwas zu viel wird oder zu schnell geht. Das ist manchmal nicht einfach. Doch beide sollten darauf vertrauen, dass der andere ihn genauso mag, wie er ist. Es ist etwas Wunderschönes, gemeinsam die Liebe zu entdecken.

Sei stark

Wenn jemand etwas von dir verlangt, was du nicht willst, musst du klar **Nein sagen**. → 3 Sage deutlich, dass es kein gutes Gefühl für dich ist. Solltest du dich einmal in einer Situation befinden, in der dich eine Person bedrängt, dann hole dir Hilfe. Wende dich an eine Person, der du vertraust: deine Mutter, einen Freund oder Lehrer. Auch öffentliche **Beratungsstellen** können dir helfen. → 4

3 Nein sagen ist wichtig.

Beratung und Hilfe bekommst du bei:

- der „Nummer gegen Kummer" 0800–1110 333
- über www.profamilia.de
- www.wildwasser.de

4 Hilfe und Beratung

Vorsicht im Internet

Sicher hast du schon E-Mails geschrieben oder dich im Chat unterhalten. → 5 Wenn du aufgefordert wirst, deine Adresse oder Fotos zu verschicken, solltest du vorsichtig sein. Verschicke niemals deine Adresse, Telefonnummer oder Bilder von dir. Triff dich nicht alleine mit einer Chatbekanntschaft.

> → **Merk dir!** Bei Unsicherheiten oder Problemen rede mit einer Person, der du vertraust. Wenn jemand etwas von dir verlangt, was du nicht willst, musst du klar Nein sagen.

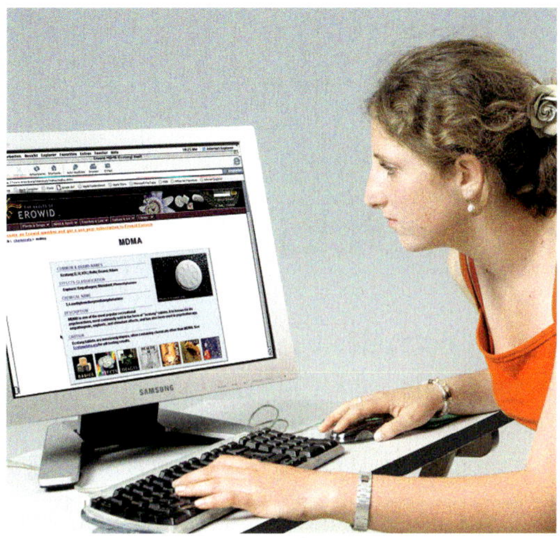

5 Vorsicht mit Bekanntschaften im Internet

Arbeitsaufträge

1. Ergänze folgenden Satz: „Von meinem Freund/meiner Freundin wünsche ich mir …"
2. In welchen Situationen ist es wichtig, Nein zu sagen? Begründe deine Aussagen.
3. Entscheidet, welche der folgenden Geheimnisse man eurer Meinung nach weitererzählen darf und welche nicht? Begründet eure Meinung.

a Du beobachtest im Geschäft, wie zwei Jungen aus deiner Klasse CDs stehlen.
b Du erzählst deinem Freund /deiner Freundin von deinem Schwarm und bittest, niemandem davon zu erzählen.
c Ein Freund deiner Eltern will dich küssen und streicheln, wenn ihr alleine im Zimmer seid. Er sagt, dies sei euer Geheimnis.

Jugendliche suchen in der Pubertät die Nähe des anderen Geschlechts. Es bleibt nicht immer beim Streicheln, Küssen und gegenseitigen Berühren.
Kann ein Mädchen denn schon beim „ersten Mal" schwanger werden?

1 Nähe und Schmusen enden oft ungeplant im „ersten Mal".

Beim ersten Mal kann doch nichts passieren – oder?

Was ist Petting?

Besonders Jugendliche in der Pubertät nutzen das Petting, um erste sexuelle Erfahrungen zu machen. Dazu gehören streicheln, küssen und gegenseitiges Berühren der Geschlechtsorgane. Geschlechtsverkehr findet nicht statt. Wenn Spermienzellen beim Petting in die Scheide gelangen, kann es auch zur Schwangerschaft kommen. → 1

Miteinander schlafen

Irgendwann kommt es dazu, dass Junge und Mädchen miteinander schlafen wollen. Andere Wörter sind „Liebe machen", „Sex" oder „**Geschlechtsverkehr**". Dabei gleitet der steife Penis in die Scheide. Durch die Erregung wird die Scheide feucht, damit der Penis besser eindringen kann. Wenn das Paar keine Kinder zeugen möchte, muss es verhüten.

Verhütung – Sex ja, aber kein Baby

Ein Grund, dass viele Jugendliche beim ersten Mal nicht verhüten, ist, dass die Situation des Geschlechtsverkehrs völlig überraschend kommt. Viele Mädchen trauen sich nicht, ihren Freund auf Verhütung anzusprechen. Manchmal denken Mädchen auch, dass die Jungen schon Bescheid wissen. Pille, Kondom, Spirale, Diaphragma – es gibt eine große Auswahl an Verhütungsmitteln. Wenn ihr miteinander schlafen möchtet, ist es wichtig, sich vorher gemeinsam über Verhütung zu informieren und darüber zu reden.

Das Kondom

Für alle Fälle: Immer ein **Kondom** in der Tasche. Es ist ein dünnes Gummi, das über den Penis gezogen wird und ein Eindringen der Spermienzellen in die Scheide verhin-

2 Kondome schützen auch vor Aids.

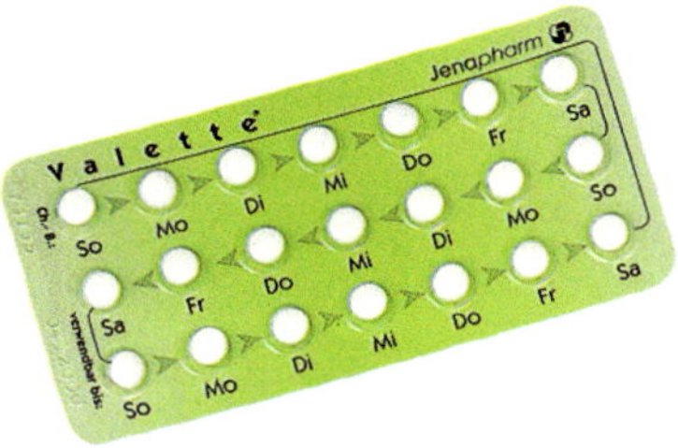

3 Antibabypille

dert. Richtig abgerollt sitzt es recht fest, muss jedoch nach dem Spermienerguss beim Rausziehen des Penis aus der Scheide am Penisschaft festgehalten werden. Das Kondom schützt gleichzeitig vor Geschlechtskrankheiten und **Aids**. Kondome kannst du in Apotheken, Drogerien und Supermärkten kaufen. → 2

Die Pille

Die **Pille** ist eine Hormontablette, die den Eisprung verhindert. Deshalb kann es zu keiner Befruchtung kommen. Sie wird 21 oder 22 Tage lang täglich eingenommen, danach setzt die Regelblutung ein. Bei richtiger Anwendung, das heißt bei regelmäßiger Einnahme, ist die Sicherheit sehr hoch. → 3

Coitus interruptus – Ich pass schon auf!

Beim Coitus interruptus zieht der Mann vor dem Eintritt des Spermienergusses, also direkt vor dem Orgasmus, den Penis aus der Scheide. Diese Methode erscheint sehr reizvoll, da keinerlei Vorbereitung notwendig ist. Das macht sie so verführerisch. Dieses Verfahren bietet aber keinerlei Sicherheit, denn es kommt bereits vor dem Orgasmus zum Austritt von Spermienzellen. Es ist daher dringend vom Coitus interruptus abzuraten!

→ **Merk dir!** Verhütung einer ungewollten Schwangerschaft ist immer wichtig, auch beim ersten Mal.

Arbeitsaufträge

1. Anna ist schwanger. Jakob und sie haben sich aber nur gestreichelt. Dabei hatte Jakob einen Spermienerguss.
- **a** Begründe, warum Anna schwanger ist.
- **b** Erkläre, wie beide die Schwangerschaft hätten verhindern können.
- **c** Informiere dich, wo sich Anna Hilfe holen kann.

2. Stelle in einer Tabelle die Unterschiede zwischen Kondom und Pille gegenüber.

3. Informiere dich unter www.loveline.de über die Benutzung von Kondomen. Präsentiere deine Ergebnisse deinen Mitschülern.

4. Erkläre, wofür das Plakat in Abbildung 2 wirbt.

Jedes Leben beginnt mit einer befruchteten Eizelle. Fast unvorstellbar, dass daraus ein Mensch entsteht. Wie verläuft die Entwicklung?

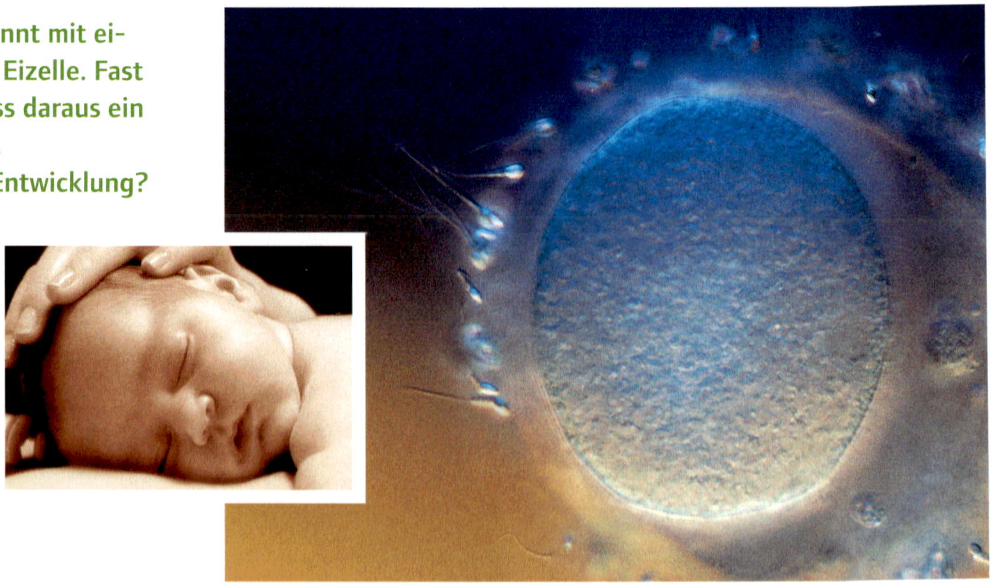

1 Aus einer Eizelle und einer Spermienzelle entwickelt sich ein neuer Mensch.

Wie entsteht ein Baby?

Wie alles beginnt

Wenn eine Eizelle sprechen könnte, dann würde sie Folgendes erzählen: „Endlich bin ich reif und bewege mich im Eileiter in Richtung Gebärmutter. Plötzlich kommt eine Spermienzelle auf mich zu und dringt in mich ein. Dieser Vorgang heißt Befruchtung. Ich teile mich sofort und wachse. In der Gebärmutter angekommen, niste ich mich in der Gebärmutterschleimhaut ein. → 2 Der Frauenarzt nennt mich **Embryo**. Ich wachse weiter."

Versorgung

„Durch den **Mutterkuchen** und über die **Nabelschnur** werde ich mit Nährstoffen und Sauerstoff versorgt. Die mich umgebende **Fruchtblase** schützt mich. Ich schwimme im Fruchtwasser." → 3

Vom Embryo zum Fetus

„Nach 8 Wochen habe ich schon alle inneren Organe. Mein Herz schlägt. Nach 12 Wochen haben alle Organe ihre Aufgaben übernommen. Ich heiße nun **Fetus**." → 4

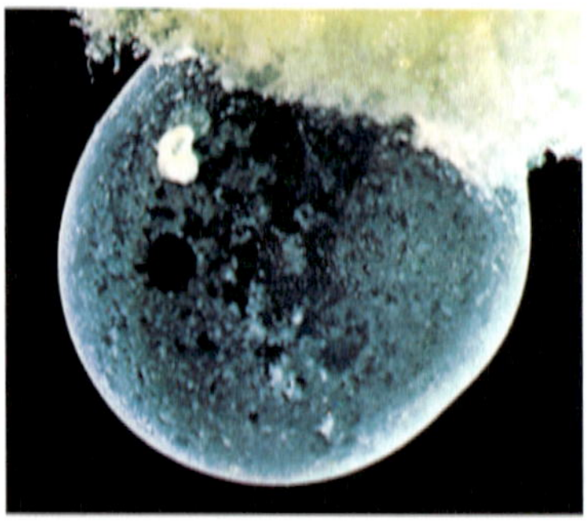

2 Zwei Wochen nach der Befruchtung

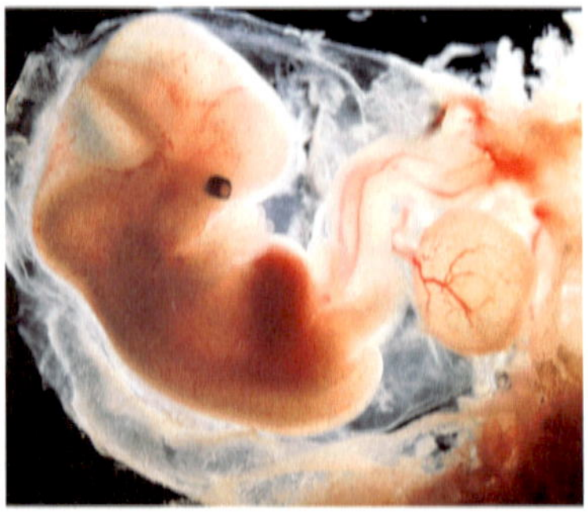

3 Sechs Wochen alter Embryo

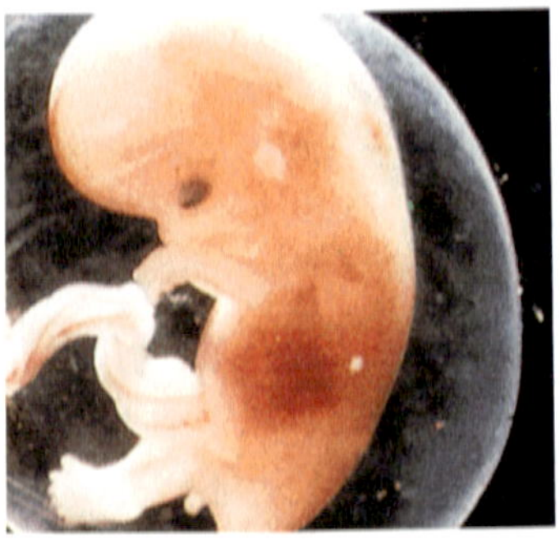

4 Acht Wochen alter Embryo

Embryo
Fetus
Fruchtblase
Mutterkuchen
Nabelschnur
Schwangerschaft

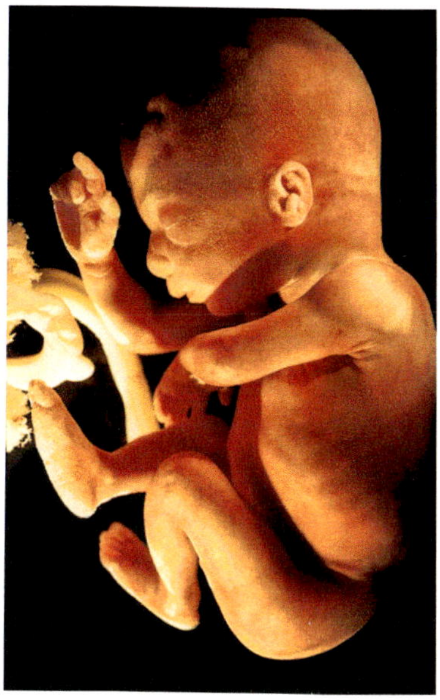

5 Zwanzig Wochen alter Fetus

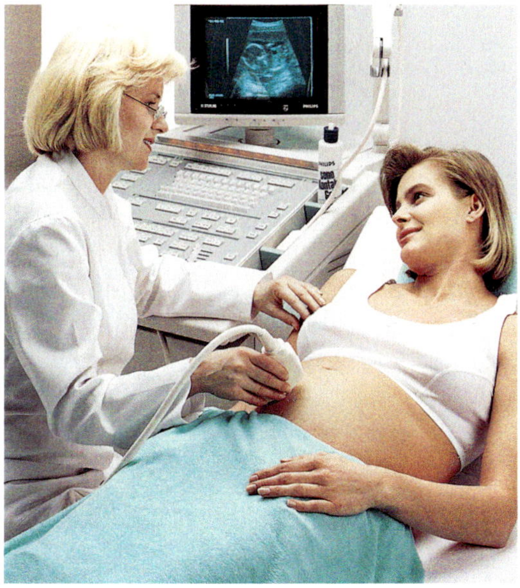

6 Untersuchung bei der Frauenärztin

Das Leben spüren

„Nach 20 Wochen bin ich schon so groß, dass meine Mutter meine Bewegungen an der Bauchdecke spürt. → 5 Jetzt kann ich schon hell und dunkel unterscheiden und Musik hören. Besonders viel Spaß macht mir das Daumenlutschen."

Nach 40 Wochen

„Ich habe nun fast 40 Wochen in der Gebärmutter verbracht. Ich stehe auf dem Kopf und es wird eng. Es dauert nicht mehr lange, dann komme ich auf die Welt."

Schwangerschaft

Ob eine **Schwangerschaft** vorliegt, kannst du mit einem Schwangerschaftstest feststellen. Oder du gehst zu einem Frauenarzt. → 6

→ Merk dir! Die Befruchtung entsteht durch die Verschmelzung von Eizelle und Spermienzelle. Die befruchtete Eizelle wächst und nistet sich in der Gebärmutterschleimhaut ein. In den ersten zwölf Wochen entwickeln sich beim Embryo alle wichtigen Organe.

Arbeitsaufträge

1. Erkläre mithilfe der Abbildungen 2 bis 5 die verschiedenen Entwicklungsstufen in der Schwangerschaft.
2. Erkläre mithilfe eines Modellversuchs, wie wichtig das Fruchtwasser für den Embryo ist.
   - a Stelle das Modell von Abbildung 7 her.
   - b Schüttle das Glas. Was passiert mit dem Ei?
   - c Führe den Versuch ohne Wasser im Beutel durch. Was passiert mit dem Ei?

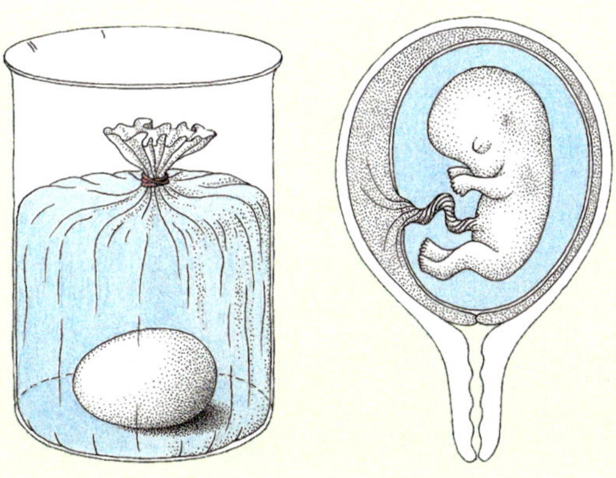

7 Modellversuch zur Funktion des Fruchtwassers

Wie kommt ein Kind auf die Welt? Was geschieht in den ersten Wochen und Monaten?

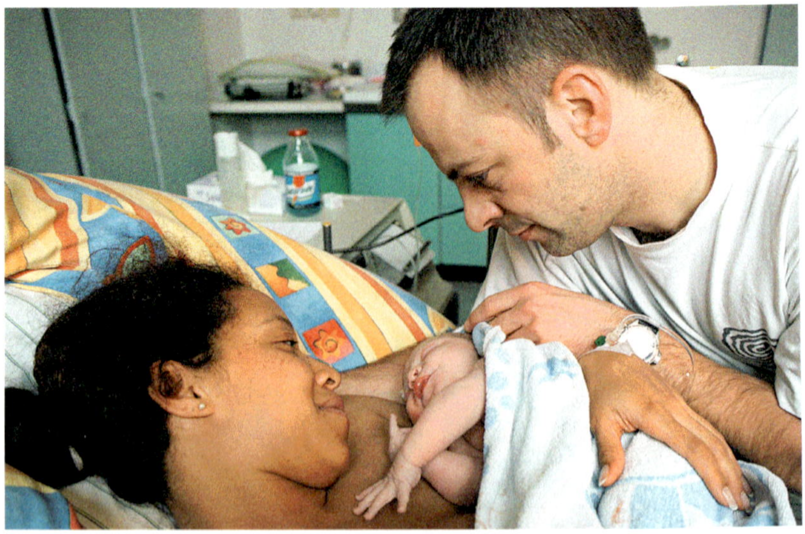

1 Eltern mit einem neugeborenen Kind

Geburt und Entwicklung eines Kindes

Die Geburt

Nach etwa 40 Wochen ist die Entwicklung des Kindes abgeschlossen. Mit den **Wehen** beginnt die **Geburt**. Dabei zieht sich die Gebärmutter zusammen. Die Fruchtblase platzt. Das Baby wird meist mit dem Kopf voran aus der Scheide gedrückt. → 2 Anschließend wird die Nabelschnur ohne Schmerzen durchtrennt. Mit dem ersten Schrei beginnt das Neugeborene selbstständig zu atmen. Kurze Zeit später werden mit einer Wehe Mutterkuchen, Nabelschnur und Fruchtblase ausgestoßen.

Der Säugling

Das Neugeborene beginnt an der Brustwarze der Mutter zu saugen. Die Muttermilch enthält alle wichtigen Nährstoffe. Wenn das

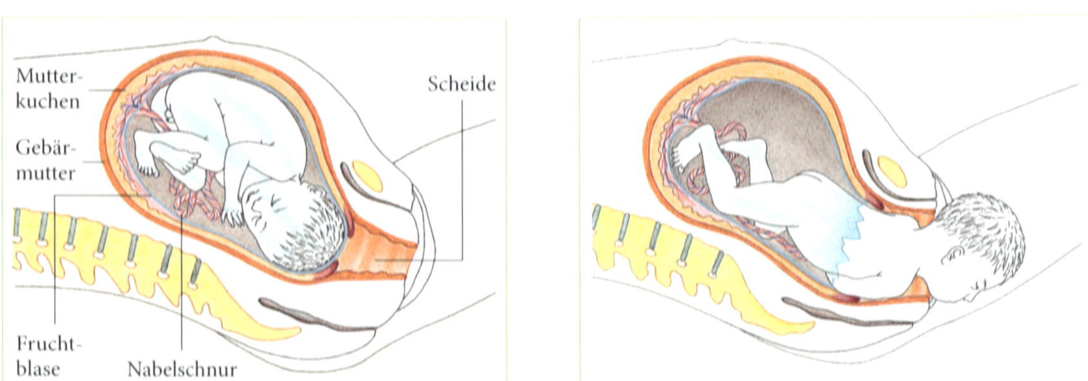

2 Durch Wehen wird das Baby aus der Gebärmutter gedrückt.

Geburt
Vererbung
Wehen

3 Baby

4 Kleinkind

Baby fünf Monate alt ist, kann es Brei essen und schlucken. Babys schreien, wenn sie hungrig oder müde sind. Für Babys ist es sehr wichtig, dass sie engen körperlichen Kontakt mit den Eltern haben. Fürsorge und Geborgenheit spielen für die weitere Entwicklung des Kindes eine bedeutende Rolle. → 3, 4

Ähnlichkeiten liegen in der Familie

„Du siehst aus wie dein Vater!" – „Deine Schwester und du, ihr seht euch aber ähnlich!" Solche Sätze hast du bestimmt schon einmal gehört. Die Ursache für Ähnlichkeiten in der Familie liegt in der Eizelle der Mutter und in der Spermienzelle des Vaters. Dort befinden sich Informationen, die zum Beispiel die Haar- und Augenfarbe des Kindes bestimmen. Diese Informationen geben die Eltern an ihre Kinder weiter. Dies nennt man **Vererbung**. In Familien treten daher oft Ähnlichkeiten unter Geschwistern, Cousins und Cousinen auf.

→ Merk dir! Nach 40 Wochen ist die Entwicklung des Kindes abgeschlossen. Durch Wehen wird es auf die Welt gebracht. Ein Baby braucht viel Aufmerksamkeit und Zuneigung.

Arbeitsaufträge

1. Überlege, was sich für das Baby alles ändert, wenn es den Körper der Mutter verlässt.
2. Begründe, warum Neugeborene auch Säuglinge genannt werden.
3. Finde mithilfe des Internets heraus, wie Zwillinge entstehen.
4. Babys schreien. Informiere dich bei Eltern von Neugeborenen, welche Gründe es für Babys gibt zu schreien. Können Eltern die Gründe am Schreien erkennen?

Sandras Baby weint. Was hat die Kleine denn nur? Wenn es doch nur schon reden könnte. Sandra schaut auf die Uhr. Hunger! Sie legt den Säugling an die Brust. Nun ist er zufrieden und saugt.
Was kann ein Neugeborenes, wenn es auf die Welt kommt? Wie entwickelt sich ein Kind in den ersten Jahren?

1 Der Säugling wird gestillt.

Vom Säugling zum Schulkind

Meilensteine der motorischen Entwicklung

Im ersten Lebensjahr sind die Fortschritte im Bereich der Fortbewegungsmöglichkeiten des Kindes besonders eindrucksvoll. Nach der Geburt liegen Neugeborene nur, ihren Kopf können sie in Bauchlage nur für einen kurzen Moment anheben. → 1, 4

Nach wenigen Wochen schon kann ein Säugling sitzen, wenig später beginnt er zu krabbeln und mit ungefähr einem Jahr machen die meisten Babys die ersten freien Schritte. → 2, 3 Die Bandbreite, wann Kinder welche Fertigkeit erlernen ist groß. Jedes Kind durchlebt diese **Entwicklung** in seinem eigenen Tempo.

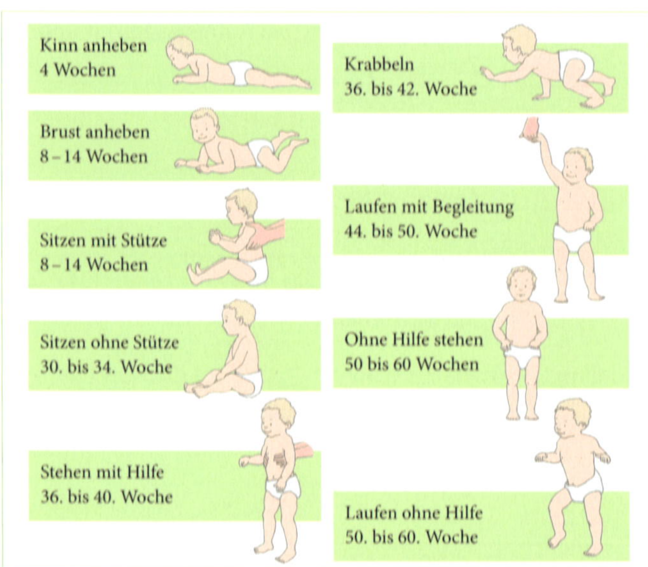

2 Kindesentwicklung

3 Die ersten Schritte

angeboren
Entwicklung
Selbstständigkeit
Sprachentwicklung

4 Neugeborenes

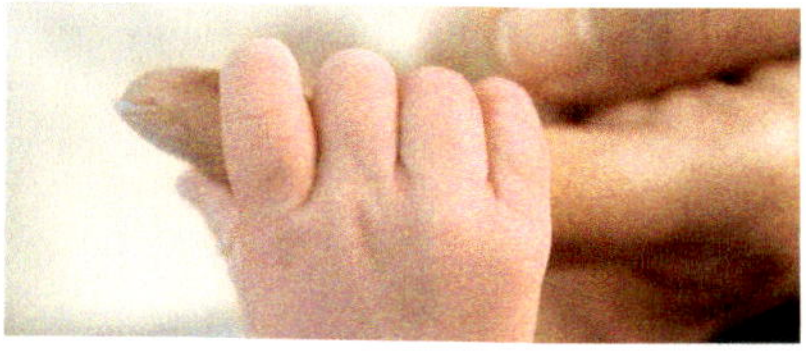

5 Der Greifreflex lässt sich schon beim Neugeborenen beobachten.

6 Das Baby spürt Haut und Duft der Mutter. Es fühlt sich geborgen.

Angeborene Verhaltensweisen sichern das Überleben

Schon im Mutterleib hat das Kind einige Fertigkeiten gelernt, die ihm nach der Geburt helfen, seine Bedürfnisse zu erfüllen. Mit seinem Schreien erregt es die Aufmerksamkeit der Mutter. Mithilfe des Suchreflexes findet es die Brustwarze der Mutter, mit dem Saugreflex kann es trinken und der Schluckreflex sorgt dafür, dass die Nahrung aus dem Mund weitertransportiert wird. Suchen, Saugen und Schlucken sind **angeboren**. Auch das Greifen ist angeboren. → 5

Lernen in allen Bereichen

Mit zunehmendem Alter nimmt das Kind seine Umwelt immer aufmerksamer wahr. Es lernt, seine Körperbewegungen zu kontrollieren, sodass es mit ungefähr einem Jahr laufen kann. Es beginnt seine Umgebung zu erforschen und kann mit den Fingern Gegenstände greifen. Es lernt erste Worte und Sätze (**Sprachentwicklung**). Es lernt soziale Kontakte zu Menschen innerhalb und später auch außerhalb der Familien zu knüpfen. Um all das zu lernen, braucht es vertraute Personen, die es liebevoll versorgen, mit ihm spielen, sprechen und es berühren. → 6

Das Schulkind

Jetzt folgen große Entwicklungsschritte in der **Selbstständigkeit**. Das Kind hat nun die Fähigkeit, sich in einer bekannten, kleinen sozialen Gruppe angemessen zu verhalten. In der Schule muss es lernen, die sozialen Kompetenzen weiterzuentwickeln.

> **Merk dir!** Ein Kind kommt mit angeborenen Verhaltensweisen auf die Welt, die ihm sein Überleben sichern. Mithilfe vertrauter Personen lernt es die Welt kennen und wächst zu einem selbstständigen Menschen heran.

Arbeitsaufträge

1. Beschreibe den Weg eines Kindes bis zu den ersten eigenen Schrittchen. → 3
2. Erläutere die Notwendigkeit der Reflexe.
3. Erkläre, warum Babys ängstlich reagieren, wenn keine vertraute Person anwesend ist.

Wachsen und Erwachsenwerden

→ In der Pubertät verändern Hormone deinen Körper und dein Verhalten. Du wirst erwachsen. (Siehe Seite 242.)

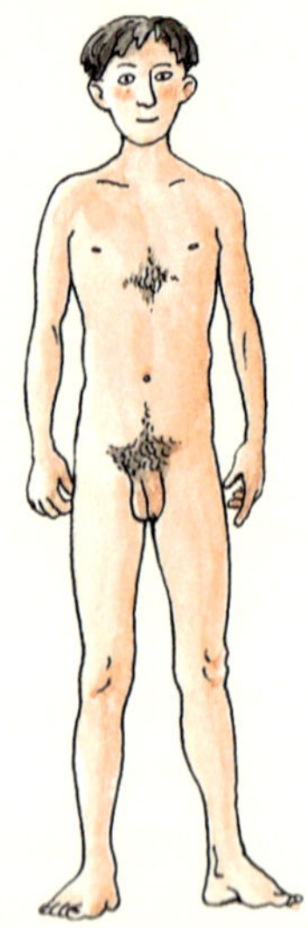

→ Zu den männlichen Geschlechtsorganen gehören Penis, Eichel, Spermienleiter, Hodensack und Hoden. Ab dem ersten Spermienerguss kann der Junge ein Kind zeugen. (Siehe Seite 244.)

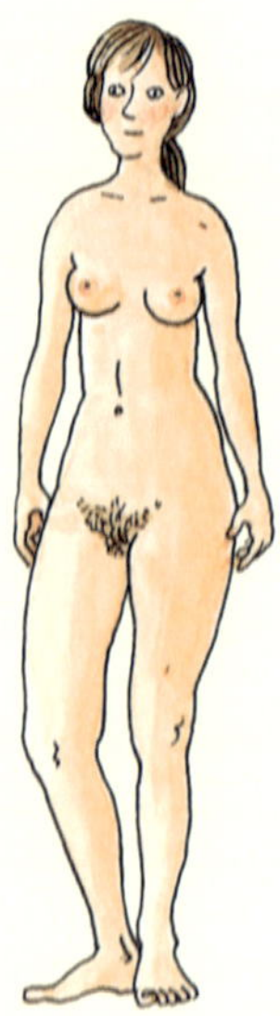

→ Zu den weiblichen Geschlechtsorganen gehören Schamlippen, Kitzler, Scheide, Gebärmutter, Eileiter und Eierstock. Mit dem ersten Eisprung kann ein Mädchen schwanger werden. (Siehe Seite 246.)

→ Liebe ist nicht immer einfach. Lasst euch Zeit und redet miteinander. (Siehe Seite 248.)

Nein!

→ Sage Nein, wenn dir etwas nicht gefällt und du dich dabei nicht wohlfühlst. (Siehe Seite 249.)

→ Kümmert euch vor dem Geschlechtsverkehr gemeinsam um die Verhütung. Kondom und Pille schützen vor einer Schwangerschaft. (Siehe Seite 250.)

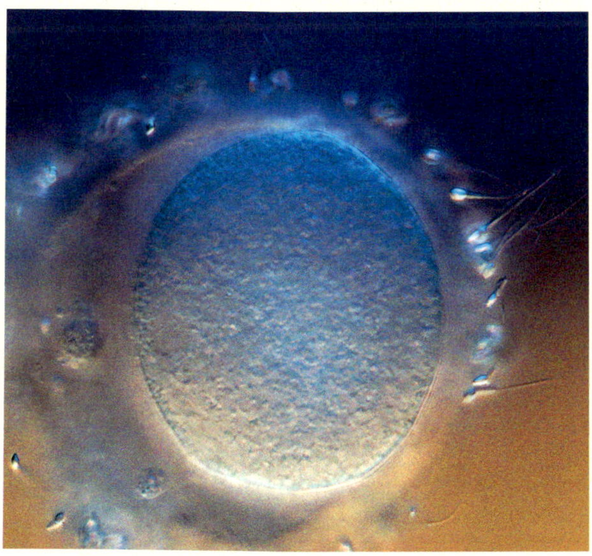

→ Ein Kind entsteht, wenn eine reife Eizelle mit einer Spermienzelle verschmilzt. (Siehe Seite 252.)

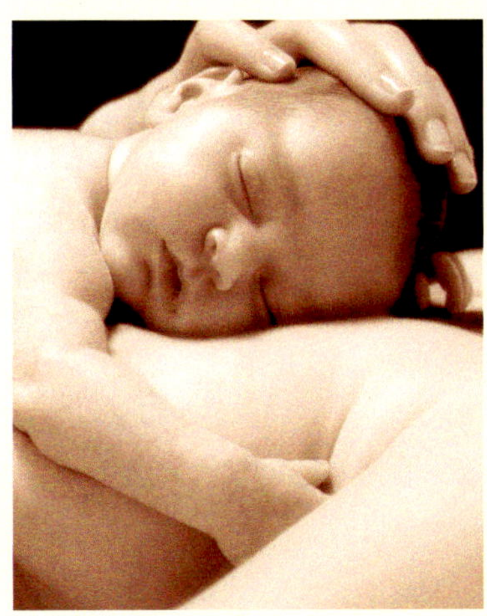

→ Nach 40 Wochen ist die Entwicklung des Kindes abgeschlossen und es wird geboren. (Siehe Seite 254.)

Test

1. Manchmal bezeichnet man die Pubertät als „Achterbahn der Gefühle".
Erkläre, was damit gemeint ist.

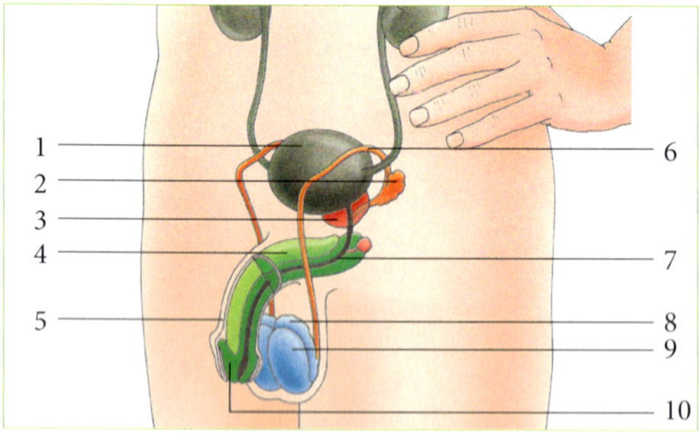

1 Männliche Geschlechtsorgane

2. Während der Pubertät entwickeln sich Jungen zu Männern.

a Nenne vier Dinge, die sich bei Jungen verändern.

b Ordne den Nummern in der Abbildung 1 die richtigen Begriffe zu.

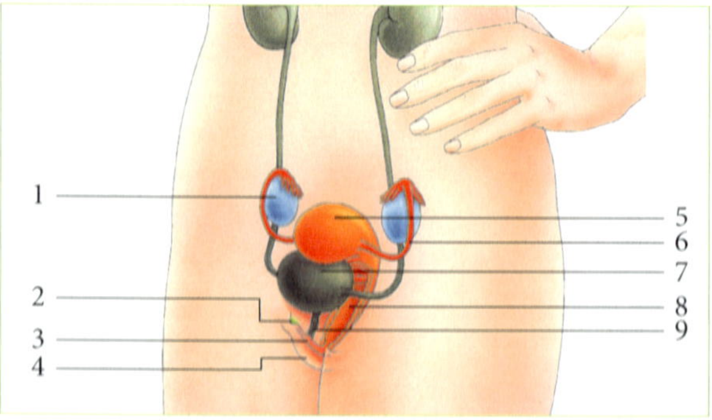

2 Weibliche Geschlechtsorgane

3. Während der Pubertät entwickeln sich Mädchen zu Frauen.

a Nenne vier Dinge, die sich bei Mädchen in der Pubertät verändern.

b Ordne den Nummern in der Abbildung 2 die richtigen Begriffe zu.

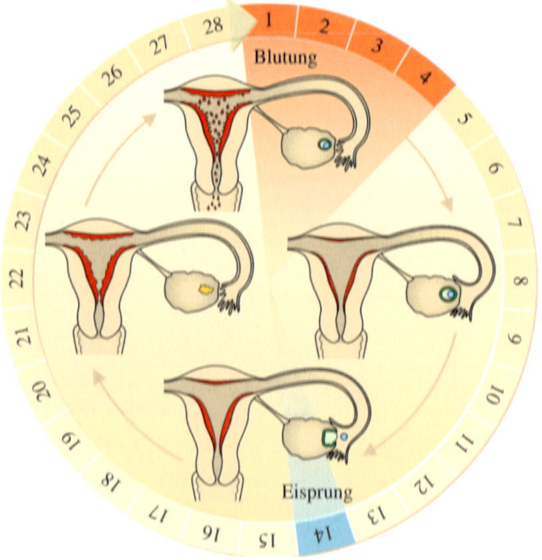

3 Regelzyklus

4. Die Abbildung 3 zeigt einen Vorgang im weiblichen Körper.

a Wie heißt der dargestellte Vorgang?

b Beschreibe ihn und verwende dabei die Begriffe Eierstock, Eileiter, Eizelle, Gebärmutter, Gebärmutterschleimhaut und Scheide.

5. Nenne zwei Verhütungsmittel.

a Erkläre ihren Gebrauch.

b Erkläre ihre Wirkungsweise.

6. Das Kind entwickelt sich im Körper der Mutter. Ordne die Bilder in der richtigen Reihenfolge und lege dazu eine Zeitleiste an.

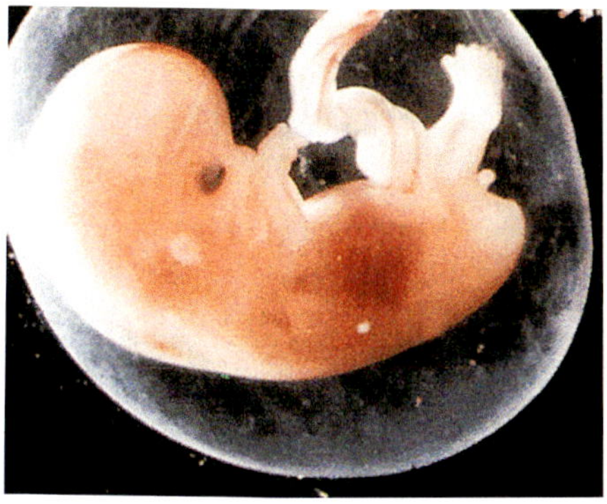

a

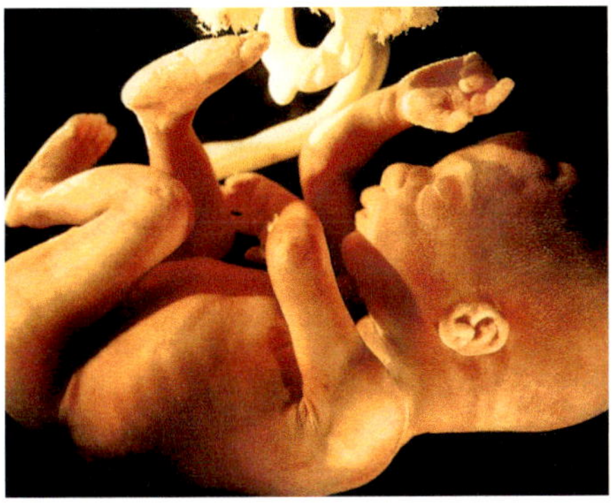

b

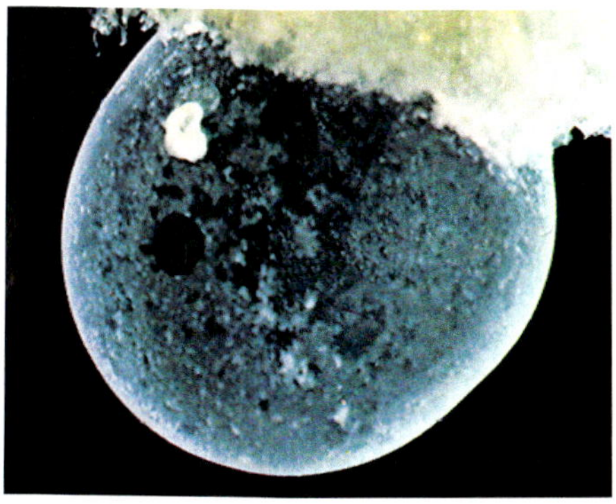

c

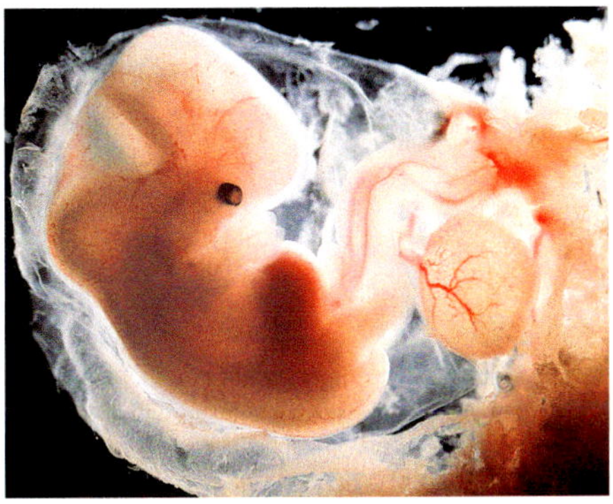

d

Ordne deiner Lösung im Heft ein Smiley zu:

☺ Ich habe die Aufgabe richtig lösen können.

😐 Ich habe die Aufgabe nicht komplett lösen können.

☹ Ich habe die Aufgabe nicht lösen können.

Aufgabe	Fähigkeit	Hilfe findest du auf Seite …
1	Ich kann den Begriff Pubertät erklären.	242
2, 3	Ich kann Veränderungen während der Pubertät benennen.	242–247
2, 3	Ich kann die einzelnen Teile der Geschlechtsorgane nennen und weiß, wo sie liegen.	242–247
4	Ich kann den Vorgang der Regelblutung unter Verwendung der Fachbegriffe erklären.	247
5	Ich kann Möglichkeiten der Verhütung aufzählen und weiß, wie sie wirken und anzuwenden sind.	250
6	Ich kann die Stufen der Entwicklung des Kindes benennen und zeitlich ordnen.	252

Test Lösungen

Kennzeichen der Lebewesen

1 **a** Lebewesen weisen immer alle Kennzeichen des Lebens auf. Gegenstände können einzelne Merkmale des Lebens zeigen, doch erst die Summe aller Merkmale kennzeichnet das Lebewesen.

2 **a** Ein Roboter zeigt Bewegung und reagiert auf Reize. „Reizbarkeit" steht aber bei Lebewesen für das Vorhandensein von Sinnesorganen und deren Tätigkeit.
b Dem Roboter fehlen die Kennzeichen *Fortpflanzung* und *Vererbung*, *Stoffwechsel*, *Wachstum* und *Entwicklung*.

3 Im Text weisen die Jungziegen auf Fortpflanzung und Vererbung sowie Wachstum und Entwicklung hin. Ernährung mit Milch und Pflanzen sind ein Teilbereich des Stoffwechsels. Erschrecken, Davonrennen und Erfahrungsammeln zählen zur Reizbarkeit.

4 **a** Individuelle Lösungen.
b Individuelle Lösungen.

5 Wichtige Teile eines Lichtmikroskops sind Okular, Tubus, Objektivrevolver, Objektiv, Objekttisch, Blende, Grobtrieb, Feintrieb, Lampe, Stativ.
Nachdem das Objekt auf den Objekttisch gelegt wurde, wird immer zuerst mit der kleinsten Vergrößerung mikroskopiert. Die Vergrößerung erhält man, wenn die Zahl auf dem Okular mit der Zahl auf dem Objektiv multipliziert wird.

6

Bestandteile der Pflanzenzelle	Bestandteile der Tierzelle
Zellmembran Zellplasma Zellkern Vakuole (Zellsaftraum) Blattgrünkörner	Zellmembran Zellplasma Zellkern

Was lebt in meiner Nachbarschaft?

1 Beide Aussagen sind richtig. Der Baum ist eine Pflanze und Pflanzen sind Lebewesen. Das „Lebewesen Baum" ist zugleich Lebensraum für viele andere Lebewesen (Pflanzen und Tiere).

2 Sammeln – Ordnen und Vergleichen – Erkennen und Benennen – Aufbewahren.
a Die Blätter werden zuerst nach ihrer Form geordnet (rundlich, herzförmig, nadelförmig, eiförmig). Anschließend wird der Blattrand untersucht (glatt, gezähnt, gesägt, gebuchtet). Mithilfe von Bestimmungsbüchern kann dann bestimmt werden, zu welchen Pflanzen die gesammelten Blätter gehören.
b Die Blätter werden zwischen Zeitungspapier gelegt und gut getrocknet. Dazu legt man die Zeitungen mit den Blättern zwischen zwei Bretter und beschwert das Ganze mit einem Stein. Nach etwa einer Woche sind die Blätter so getrocknet, dass sie auf einen Zeichenkarton geklebt werden können und haltbar sind.

3 Die Hecke von Herrn Müller ist vielfältiger als die Ligusterhecke von Herrn Maier. Je vielfältiger eine Hecke ist, umso mehr Tieren kann sie mit ihren Früchten Nahrung bieten und umso mehr Tierarten finden hier einen Platz zum Verstecken, Wohnen und Nisten. Durch das häufige Schneiden der Ligusterhecke werden in der Hecke von Herrn Maier auch keine Vögel brüten.

4 **a** Insekten bestehen aus Kopf, Brust und Hinterleib. Am Kopf sitzen die Fühler (Geruchsantennen), die Mundwerkzeuge und die Facetten- oder Netzaugen. An der Brust befinden sich 6 Beine und meistens zwei Paar Flügel.
b Wirbeltiere: Grundbauplan: Kopf, Rumpf, 4 Beine; Innenskelett aus Knochen mit Wirbelsäule; geschlossener Körper-/Blutkreislauf und Herz; Sauerstoffaufnahme erfolgt durch die Lunge.
c Insekten: Grundbauplan: Kopf, Brust, Hinterleib, 6 Beine, 4 Flügel; Außenskelett aus Chitin, das in Körperringe gegliedert ist; Sauerstoffaufnahme durch Atemlöcher, Sauerstoffverteilung in den Tracheen, röhrenförmiges Herz, das das Blut frei in den Körper pumpt – offener Blutkreislauf.

5 **a** Eine Nahrungskette ist die Verknüpfung zwischen Pflanzen, Pflanzenfressern und Fleischfressern. Wenn mehrere Nahrungsketten miteinander verknüpft werden, entsteht ein Nahrungsnetz.
b Erzeuger: … Verbraucher … Zersetzer: …
c Beispiel 1: Die Blattlaus saugt den Pflanzensaft der Heckenrose und des Holunderblatts. Sie wird vom Marienkäfer, aber auch vom Laufkäfer gefressen. Marienkäfer und Laufkäfer dienen dem Rotkehlchen und dem Neuntöter, aber auch der Zauneidechse oder der Erdkröte als Nahrung und diese wiederum sind die Beute des *Sperbers*.
Beispiel 2: Der Blattkäfer frisst am Holunderblatt und am Blatt der Heckenrose. Er wird von der Zauneidechse und vom Rotkehlchen gefressen. Der Sperber frisst das Rotkehlchen.
d Individuelle Lösungen.

6 Der Stoffkreislauf beginnt bei der Heckenrose, die als Erzeuger mithilfe von Licht, Wasser und Mineralstoffen energiereiche Stoffe herstellt und an die Verbraucher Blattlaus, Marienkäfer, Zauneidechse, Amsel, Sperber weitergibt. Der Regenwurm als Zersetzer stellt aus den toten Überresten von Erzeugern und Verbrauchern Mineralstoffe her und schließt damit den Stoffkreislauf.

7 Naturschutzverbände setzen sich für den Artenschutz und den Naturschutz ein. Auch bedrohliche Ursachen für das Artensterben wie Luft-, Wasser- und Bodenverschmutzungen und große Wetterveränderungen versuchen Naturschutzverbände zu bekämpfen.

Tiere in ihren Lebensräumen

1 Stromlinienförmiger Körperbau, dachziegelartig aufeinanderliegende Fischschuppen, Schleimhaut, Flossen, Seitenlinienorgan, Schwimmblase, Kiemen.

2 **a** Gründe der Gefährdung: Zerstörung des natürlichen Lebensraumes durch Trockenlegung von Sumpf-, Feuchtgebieten, Wanderung zu Laichgewässern, Überquerung stark befahrener Straßen, Gefahr durch Fressfeinde im Wasser (Laich und Kaulquappen).
b Maßnahmen zum Schutz der Lurche: Aufstellen von Krötenzäunen, Einsammeln der Lurche und Verbringung in das Laichgewässer, Schutz des natürlichen Lebensraumes, Anlegen von Feuchtbiotopen.

3 Schlangen schlängeln sich mit dem ganzen Körper über den Boden. Sie kriechen auf ihren Rippen. Mithilfe von Muskeln richten sie dabei ihre Bauchschuppen auf. So finden die Schlangen Halt am Boden und stoßen sich ab.

4 Vögel besitzen ein Federkleid, das gegen Kälte und Nässe schützt. Sie besitzen ein kräftiges Brustbein, an dem die starke Flugmuskulatur ansetzt. Die Knochen sind hohl und luftgefüllt. Vögel legen Eier, durch die Eiablage wird das Körpergewicht verringert. Sie besitzen einen schnellen Stoffwechsel, Unverdauliches wird nicht lange im Körper gehalten.

5 1: Winterruhe; 2: Winterstarre; 3: winteraktiv; 4: Winterschlaf.

6 b

7 Pinguin

8 Die langen Beine schützen den Körper vor den heißen Temperaturen am Wüstenboden. Die spreizbaren Füße verhindern, dass das Dromedar im Wüstensand einsinkt. Das dichte Fell schützt es vor der Hitze am Tag und der Kälte in der Nacht. Das Dromedar kann außerdem seine Nasenlöcher verschließen und ist so bei Sandstürmen geschützt. Das Tier kann in seinem Rückenhöcker Fett speichern. In Hungerzeiten dient das gespeicherte Fett als Nahrung und Energiequelle.

9 Fortpflanzung an Land: Kriechtiere und Vögel legen Eier. Säugetiere bringen lebende Jungtiere zur Welt. Fortpflanzung im Wasser: Fische und Lurche legen Laich im Wasser ab. Die Entwicklung der Jungtiere findet ebenfalls im Wasser statt.

Pflanzen in ihren Lebensräumen

1 → S. 117.

2 Mithilfe von Licht können grüne Pflanzen aus Kohlenstoffdioxid und Wasser Traubenzucker herstellen. Bei dieser Reaktion entsteht Sauerstoff, der an die Umgebung abgegeben wird.
Ausgangsstoffe: Wasser, Kohlenstoffdioxid;
Endstoffe: Traubenzucker, Sauerstoff.

3 **a** richtig
b falsch
c richtig

4 1: Fruchtknoten, 2: Narbe, 3: Pollenkorn, 4: Pollenschlauch, 5: Samenanlage mit Eizelle, 6: Pollenschlauch, 7: männliche Geschlechtszelle, 8: Samen, 9: Fruchtfleisch.

5 Durch Übertragung von Pollen auf die Narbe findet die Bestäubung statt. Bei der Bestäubung übertragen Wind oder Insekten den Pollen auf die Narbe. Nach der Bestäubung wächst ein Pollenschlauch durch den Griffel bis zur Samenanlage.

6 2: Windverbreitung, die Früchte des Ahorns fliegen wie ein Propeller mit dem Wind. 3: Windverbreitung, die Früchte des Löwenzahns werden vom Wind fortgetragen. 4: Tierverbreitung, das Eichhörnchen vergräbt Nüsse, die im kommenden Jahr keimen können.

7 **a** Wenn Pflanzen sich ohne Samen mit Ablegern, Stecklingen, Sprossknollen oder Brutpflanzen vermehren, wird dies als ungeschlechtliche Vermehrung bezeichnet.
b Ein Vorteil der ungeschlechtlichen Vermehrung ist, dass man nur eine einzige Ausgangspflanze benötigt. Pflanzt man hingegen Samenpflanzen, benötigt man viele Samen, damit man neue Pflanzen bekommt. Außerdem dauert die ungeschlechtliche Vermehrung wesentlich kürzer.

8 Aylin sollte beachten, dass die Samen Erde und ausreichend Wasser, Licht und Nährstoffe benötigen, um zu keimen und zu wachsen.

9 Speicherorgane sind Sprossknollen, Wurzelknollen und Zwiebeln.

Test Lösungen

Nutztiere und Nutzpflanzen

1 Haustiere: Wellensittich, Katze, Hund;
Nutztiere: Schwein, Kuh, Huhn, Hund.

2 1: Der Hund ist aufmerksam und freut sich. 2: Der Hund hat Angst und zeigt seine Unterlegenheit. 3: Der Hund droht, dass er gleich angreifen und beißen wird, wenn die Situation sich nicht ändert. 4: Der Hund zeigt seine Unterlegenheit an.

3 Die Katze hat ein gutes Gehör. Sie schleicht sich auf leisen Sohlen an. Ist die Beute in Reichweite, setzt die Katze zum Sprung an. Während des Sprungs fahren ihre Krallen aus. Sie packt die Beute und hält sie fest. Die Beute ist nun wehrlos der Katze ausgeliefert.

4 Das Rind reißt das Gras zunächst nur ab und schluckt es runter. Im Pansen wird das Gras eingeweicht, im Netzmagen in kleinen Portionen gesammelt. Diese gehen zurück ins Maul. Dort wird gründlich gekaut. Das aufwendige Wiederkäuen ist notwendig, um an die Nährstoffe des Grases zu gelangen.

5 Keine Säugetiere: c Storch – ist ein Vogel, hat Federn und legt Eier; f Pinguin – Vogel, legt Eier; g Hai – ist ein Fisch, säugt seine Nachkommen nicht; i Schlange – legt Eier, hat kein Fell, ist wechselwarm.

6 Die Nüsse (a) gehören zum Nagetiergebiss (d). Mit den Nagezähnen kann die Schale der Nuss geknackt und aufgenagt werden. Das Reh (b) gehört zum Fleischfressergebiss (c). Mit den Reißzähnen kann das Fleisch gut zerteilt werden.

7 **a** Der Mehlkörper befindet sich im Weizenkorn.
b Aus der Blüte des Weizens entsteht die Ähre mit den Weizenkörnern.
c Die Blätter sitzen am Halm.

Gesundheitsbewusstes Leben

1 **a** Der Mensch nimmt Energie in Form von Nahrung zu sich.
b Wenn du schläfst, benötigst du keine Energie: Diese Aussage ist falsch. Auch im Schlaf arbeiten die Organe und benötigen Energie. Es ist egal, was man isst: Diese Aussage ist falsch. Nicht alle Lebensmittel enthalten in ausreichender Menge die Inhaltsstoffe, die wir für eine gesunde Ernährung benötigen.

2 Aussage a gehört zu Abbildung 1: Die Mahlzeit aus Gemüse, Kartoffeln und magerem Hühnerfleisch enthält eine gesunde Mischung von allen wichtigen Nährstoffen.
Aussage b gehört zu Abbildung 3: Das Frühstück aus Joghurt und Obst enthält Calcium und Vitamine.
Aussage c gehört zu Abbildung 2: Pizza, Kuchen und Cola enthalten zu viel Fett und Zucker im Mund.

3 Berechnung von Annas BMI:
$1{,}63\,m \cdot 1{,}63\,m = 2{,}66\,m^2$
$43\,kg : 2{,}66\,m^2 = 16{,}16$
Ihr BMI beträgt 16,2.
Damit hat sie Untergewicht und ist daher auf keinen Fall zu dick.

4 **a** Abbildung 4 zeigt den Brustkorb.
b Der Brustkorb schützt die Organe, wie das Herz und die Lungen.

5 Beim Beugen des Arms verkürzt sich der Beugermuskel. Da Muskeln sich nicht alleine wieder strecken können, verkürzt sich beim Strecken des Arms der Streckermuskel. Der Beuger wird dadurch gestreckt. Beuger und Strecker arbeiten somit als Gegenspieler. Zeichnung → S. 191.

6 Das Mädchen rechts auf der Abbildung trägt die Tasche richtig. Auf dem Rücken wird die Wirbelsäule nicht einseitig belastet.

7 Durch Mund oder Nase gelangt der Sauerstoff mit der eingeatmeten Luft in die Luftröhre und anschließend in die beiden Lungenflügel. In den Lungenbläschen wird er schließlich an die Kapillaren abgegeben und über das Blut in alle Zellen des Körpers transportiert.

8 Nur durch das ständige Zusammenziehen und Ausdehnen des Hohlmuskels Herz kann das Blut laufend durch den Körper gepumpt werden. Körper- und Lungenkreislauf funktionieren nur, wenn der Motor, das Herz, ständig arbeitet.

9 Rauchen schadet deiner Gesundheit und du wirst süchtig. Deshalb ist es wichtig, erst gar nicht mit dem Rauchen anzufangen.

Sinne und Wahrnehmung

1 Auge: Linse, Iris, Netzhaut, Pupille, Glaskörper, Sehnerv
Ohr: Ohrmuschel, Gehörgang, Gehörknöchelchen, Gehörnerv, Schnecke, Trommelfell, Hörsinneszellen

2 Augenmuskel, 2: Ringmuskel, 3: Hornhaut, 4: Iris, 5: Pupille, 6: Linse, 7: Linsenbänder, 8: Lederhaut, 9: Aderhaut, 10: Netzhaut, 11: Glaskörper, 12: Blinder Fleck, 13 Sehnerv

3 a Das Licht, das auf das Bild fällt, wird zurückgeworfen und gelangt durch die Pupille in das Auge der Frau. Die hinter der Pupille liegende Linse bündelt das Licht und es erscheint ein kleines, scharfes Bild auf der Netzhaut. Dieses Bild steht durch die Bündelung auf dem Kopf.

b Nachdem das Licht auf die Netzhaut gefallen ist, werden die Stäbchen und Zapfen gereizt und beginnen zu arbeiten. Diese Sinneszellen wandeln die Lichtreize in Signale um. Diese Signale werden über den Sehnerv an das Gehirn weitergeleitet.

c Das Gehirn verarbeitet die über den Sehnerv weitergeleiteten Signale und setzt die unterschiedlichen Bilder beider Augen zu einem einzigen, räumlichen Bild zusammen. Außerdem dreht das Gehirn das auf der Netzhaut auf dem Kopf stehende Bild richtig herum.

4 h, e, c, f, g, a, b, d

5 Wenn beim Experimentieren im Chemieunterricht ätzende Stoffe oder Staubteile ins Auge gelangen: Schutz durch Schutzbrille;
wenn man in gechlortem oder stark salzhaltigem Wasser schwimmt: Schutz mit einer Taucherbrille;
wenn die Sonne stark scheint: Schutz durch Sonnenbrille;
wenn man über eine Stunde lang am Computer spielt oder arbeitet: regelmäßig Pausen machen und sich mit anderen Dingen beschäftigen.

6 1: Schweißpore, 2: Haar, 3:Talgdrüse, 4: Wärmerezeptor, 5: Haarwurzel, 6:Oberhaut, 7: Lederhaut, 8: Tastrezeptor, 9: Kälterezeptor, 10: Schweißdrüse, 11: Hautarterie, 12: Hautvene, 13: Unterhaut

7 1: Zellkern, 2: Zellkörper, 3: Synapse, 4: Endknöpfchen, 5: Dendriten, 6: Nervenfaser mit Hüllzelle, 7: Leitung elektrischer Impulse, 8: Synapse, 9: Muskelfaser

Wachsen und Erwachsenwerden

1 Die Pubertät beginnt mit der Bildung von Hormonen. Diese lösen körperliche Veränderungen aus, beeinflussen aber auch die Stimmung. Auf dem Weg zum Erwachsensein möchte man selbst über sein Leben bestimmen. Dabei fühlt man sich aber auch oft unsicher, weil man nicht weiß, ob man von den anderen akzeptiert wird.

2 a Bei den Jungen werden die Schultern breiter, die Stimme tiefer und die Geschlechtsorgane größer. Die ersten Bart- und Körperhaare sprießen.

b 1: Harnblase; 2: Bläschendrüse; 3: Vorsteherdrüse; 4: Schwellkörper; 5: Penis; 6: Spermienleiter; 7: Harnröhre; 8: Nebenhoden; 9: Hoden; 10: Eichel.

3 a Bei den Mädchen wird das Becken breiter, die Regelblutung setzt ein, die Geschlechtsorgane werden größer und die Brust wächst.

b 1: Eierstock; 2: Kitzler; 3: kleine Schamlippe; 4: große Schamlippe; 5: Gebärmutter; 6: Eileiter: 7: Harnblase; 8: Scheide; 9: Harnröhre.

4 a Abbildung 3 zeigt den Regelzyklus.

b Die Zeitspanne vom ersten Tag der Regelblutung bis zum ersten Tag der nächsten Regelblutung nennt man Regelzyklus. Die Regelblutung findet alle drei bis fünf Wochen statt und dauert 3 bis 7 Tage. Während die Eizelle im Eierstock reift, baut sich die Gebärmutterschleimhaut auf, um wie ein Nest die befruchtete Eizelle aufzunehmen. Die Eizelle gelangt über den Eileiter in die Gebärmutter. Wird die Eizelle nicht befruchtet, wird die Gebärmutterschleimhaut über die Scheide abgestoßen und es kommt zur Regelblutung.

5 Verhütungsmittel sind das Kondom und die Pille.

a Das Kondom wird vor dem Geschlechtsverkehr über den steifen Penis gerollt. Die Pille muss täglich zur gleichen Tageszeit eingenommen werden.

b Beim Spermienerguss werden die Spermien im Kondom aufgefangen und gelangen so nicht in die Scheide. Die Pille enthält Hormone. Diese hemmen die Reifung der Eizelle und somit den monatlichen Eisprung. Sie verändert außerdem die Gebärmutterschleimhaut, sodass sich keine befruchtete Eizelle einnisten kann.

6 c: zwei Wochen nach der Befruchtung; d: sechs Wochen alter Embryo; a: acht Wochen alter Embryo; b: zwanzig Wochen alter Fetus.

Abwehrsystem schützt den Körper vor dem Angriff von Krankheitserregern.

After Ende des Verdauungstraktes; scheidet unverdauliche Stoffe als Kot aus.

Aids Immunschwächekrankheit, die von Viren übertragen wird. Im Endstadium stirbt der Patient oft an einer eigentlich harmlosen Infektion; Ansteckung erfolgt meist durch ungeschützten Sexualverkehr mit Infizierten.

Akne Entzündung der Haut, die durch Verstopfung der Talgdrüsen und Eindringen von Bakterien entsteht, insbesondere in der Pubertät.

Amphibien, Lurche; wörtlich: zwei Leben; Tiere, die in zwei Lebensräumen leben, im Wasser und auf dem Land (z. B. Frösche).

Anpassung, Angepasstheit Tiere und Pflanzen, die in der Umgebung des Menschen leben, sind an diese Bedingungen des Lebensraums angepasst.

Artenschutz Schutz bestimmter Tier- und Pflanzenarten, die vom Aussterben bedroht sind.

Arterien Blutgefäße, die das Blut vom Herzen weg transportieren.

Atmung ein Kennzeichen der Lebewesen; Aufnahme von Sauerstoff und Abgabe von Kohlenstoffdioxid. Sauerstoff wird von Tieren und Pflanzen benötigt, um in den Körperzellen aus Nährstoffen die für die Lebensvorgänge notwendige Energie bereitzustellen. Als Abfallprodukt entstehen bei der Atmung Kohlenstoffdioxid und Wasser.

Augentiere Tiere, die sich durch Sehen orientieren, beispielsweise Katzen.

Außenskelett Körperhülle von Insekten. Das Außenskelett kann nicht mitwachsen und macht Häutungen erforderlich.

Ballaststoffe unverdauliche Nahrungsbestandteile, die vor allem in pflanzlichen Lebensmitteln wie Getreide, Obst, Gemüse und Hülsenfrüchten enthalten sind. Sie können durch die Enzyme im Dünndarm nicht zerlegt und daher nicht direkt verstoffwechselt werden. Ein Großteil der Ballaststoffe wird im Dickdarm durch Bakterien so aufbereitet, dass der Körper sie verwenden kann.

Baum pflanzliches Lebewesen, bestehend aus Wurzelbereich, Stamm, Blättern oder Nadeln.

Bau- und Betriebsstoffe Stoffe in der Nahrung, die dem Köperwachstum und der Zellerneuerung (Baustoffe, z. B. Eiweiße) sowie als Energielieferanten dienen (Betriebsstoffe, z. B. Kohlenhydrate).

Befruchtung Eindringen eines Spermiums in die Eizelle.

Bestäubung Übertragung von Pollen auf die Narbe einer anderen Blüte.

Biotop Lebensraum für eine in diesem Gebiet (z. B. Wüste, Mischwald, Feuchtwiese) vorkommende Lebensgemeinschaft aus Pflanzen und/oder Pilzen und/oder Tieren.

Blatt Grundorgan der Blütenpflanzen. Die grünen Laubblätter dienen in erster Linie der Fotosynthese.

Blättermagen einer der Mägen des Wiederkäuers, in dem der Nahrung Wasser entzogen wird.

Blattgrün Farbstoff in den Zellen von grünen Pflanzen, der es den Blättern ermöglicht, das Sonnenlicht aufzunehmen.

Blut besteht aus dem flüssigen Blutplasma sowie den Blutkörperchen. Sie bilden den festen Bestandteil des Blutes. Es gibt rote und weiße Blutkörperchen sowie Blutplättchen.

Blüte Grundorgan von Blütenpflanzen, bestehend aus Kelchblättern, Kronblättern und Staubblättern. In der Blüte liegen die „Geschlechtsorgane" der Pflanze.

Blütenpflanze Pflanzen, die Blüten bilden. Viele sind auf eine Bestäubung und die Verbreitung der Samen angewiesen.

Blutplasma flüssiger Bestandteil des Blutes. Es besteht vor allem aus Wasser und transportiert Nährstoffe, Mineralstoffe, Hormone und Abfallstoffe.

Blutplättchen feste Bestandteile des Blutes. Sie sind am Verschluss von Wunden beteiligt.

Brennwert Energie, die ein Stoff liefert; wird in Kilojoule oder Kilokalorien gemessen. Lebensmittel haben unterschiedliche Brennwerte.

Chitin hornartige Substanz, die das Außenskelett, beispielsweise bei Insekten, bildet.

Chloroplast Blattgrünkorn. Chloroplasten befinden sich in den Zellen von grünen Pflanzen und enthalten einen Farbstoff, das Blattgrün oder Chlorophyll. Mithilfe dieses Farbstoffs findet in den Chloroplasten die Fotosynthese statt.

Dendrit kurze, stark verzweigte Fortsätze der Nervenzellen, die Signale von anderen Nervenzellen empfangen.

Dickdarm Teil des Verdauungsapparats. Hier wird den noch nicht verdauten Nahrungsresten Wasser entzogen.

Dünndarm Teil des Verdauungsapparats. Speisebrei kommt vom Magen in den Dünndarm. Fette werden hier in winzige Tröpfchen zerlegt.

Eierstöcke Teil der weiblichen Geschlechtsorgane; hier reift jeden Monat eine Eizelle, die vom Eierstock in die Eileiter geschwemmt wird. Eine Frau besitzt zwei Eierstöcke.

Eileiter Teil der weiblichen Geschlechtsorgane; führen von der Gebärmutter zu den Eierstöcken und nehmen jeden Monat die reife Eizelle aus den Eierstöcken auf. Hier kann die Eizelle von einer männlichen Spermienzelle befruchtet werden.

Eisprung Zeitpunkt, zu dem die reife Eizelle aus dem Eierstock ausgeschwemmt und vom Eileiter aufgenommen wird. Dieser Vorgang wiederholt sich monatlich und ist die Zeit, in der ein Mädchen / eine Frau schwanger werden kann.

Eiweiße Nährstoffgruppe, die der Körper zum Wachstum und zur Erneuerung von Körperzellen benötigt.

Eizellen werden in den Eierstöcken der Frau gebildet. Jeden Monat reift eine Eizelle heran und gelangt in den Eileiter.

Embryo menschliches Ungeborenes bis zum Ende des dritten Schwangerschaftsmonats.

Ernährungskreis gibt an, wie viel man von welchem Lebensmittel zu sich nehmen sollte.

Erzeuger Grüne Pflanzen sind die Erzeuger in einem Ökosystem, die durch die Fotosynthese energiereiche Stoffe herstellen und die Nahrungsgrundlage aller anderen Organismen bilden.

Facettenaugen Netzaugen der Insekten, bestehend aus mehreren bis vielen Tausend Einzelaugen.

Fette Nährstoffgruppe. Fette liefern sehr viel Energie.

Fetus menschliches Ungeborenes ab dem dritten Schwangerschaftsmonat bis zur Geburt. Beim Fetus sind alle Organe bereits ausgebildet.

Flachwurzler Bäume, die flache Wurzelteller bilden, beispielsweise Fichte.

Fleischfressergebiss Gebiss der Raubtiere mit spitzen Fangzähnen und gezackten Reißzähnen (z. B. bei Wölfen, Katzen, Hunden, Füchsen, Löwen).

Flossen Fortbewegungsorgan der Fische.

Fortpflanzung eines der Kennzeichen von Lebewesen. Neue Lebewesen entstehen, die ihren Eltern in vielen Eigenschaften ähneln.

Fotosynthese Alle grünen Pflanzen betreiben Fotosynthese. Mithilfe der Chloroplasten (Blattgrünkörner) nehmen die Pflanzen Lichtenergie auf. Diese Lichtenergie nutzen sie, um aus Kohlenstoffdioxid und Wasser energiereichen Traubenzucker herzustellen. Ein weiteres Produkt bei der Fotosynthese ist der Sauerstoff.

Freilandhaltung artgerechte Haltung von Nutztieren, die bei dieser Haltungsart ihren natürlichen Bedürfnissen nachgehen können.

Frucht entwickelt sich nach der Befruchtung aus dem Fruchtknoten. Im Innern der Frucht liegt der Samen.

Fruchtblase enthält Fruchtwasser, in dem der Embryo/Fetus schwimmt; schützt das ungeborene Kind.

Frühblüher Pflanzen, die bereits kurz nach dem Winter wachsen und blühen; speichern Vorratsstoffe in Zwiebeln oder Knollen (z. B.Schneeglöckchen).

Gasaustausch Austausch von Sauerstoff gegen Kohlenstoffdioxid. In den Lungenbläschen übernimmt das Blut den eingeatmeten Sauerstoff und gibt gleichzeitig Kohlenstoffdioxid ab. Das Blut gibt den Sauerstoff über Kapillaren an die Körperzellen ab, übernimmt das Kohlenstoffdioxid und transportiert dieses zurück zur Lunge.

Gebärmutter Teil der weiblichen Geschlechtsorgane; birnengroßer Muskel, der sehr dehnbar ist und dem Baby bis zur Geburt Platz bietet.

Geburt Ausstoßen des Babys aus dem Mutterleib unter Wehentätigkeit.

Gefiederfarbe wichtiges Merkmal zur Erkennung und Bestimmung von Vögeln.

Gegenspieler Bewegungsprinzip bei Muskeln. Jeder Muskel hat einen Gegenspieler. Wenn sich ein Muskel verkürzt, wird gleichzeitig der andere Muskel gestreckt.

Gehirn Teil des Nervensystems, der im Kopfbereich liegt. Beim Menschen und vielen anderen Wirbeltieren liegt es in einer Schädelhöhle. Man unterscheidet mehrere Bereiche: Großhirn, Kleinhirn, Zwischenhirn und Hirnstamm.

Gelenk Gelenke verbinden die Knochen des Skeletts und sorgen für Beweglichkeit. Man unterscheidet verschiedene Gelenktypen: Kugelgelenk, Scharniergelenk, Sattelgelenk.

Gesang artspezifisches Merkmal der Vögel; dient dem Anlocken von Weibchen und der Abgrenzung von Revieren.

Geschlechtsorgane, männliche Penis, Eichel, Spermienleiter, Hodensack, Hoden.

Geschlechtsorgane, weibliche Schamlippen, Kitzler, Scheide, Gebärmutter, Eileiter, Eierstock.

Geschlechtsreife Alter, in dem Männer Kinder zeugen und Frauen schwanger werden können. Sie setzt beim Mann mit dem ersten Spermienerguss, bei der Frau mit ihrer ersten Regelblutung ein.

Geschlechtsverkehr Sex, Liebe machen. Der steife Penis gleitet in die Scheide. Beim Geschlechtsverkehr gelangen Spermien des Mannes in die Scheide der Frau.

geschlossener Blutkreislauf Wird das Blut vom Herzen in geschlossenen Adern durch den Körper gepumpt, spricht man von einem geschlossenen Blutkreislauf.

Gestalt Bestimmungsmerkmal für Vögel.

gleichwarm Tiere, deren Körpertemperatur unabhängig von der Außentemperatur ist, sind gleichwarm (Vögel, Säugetiere).

Gleitflug Flugart der Vögel. Flügel werden ausgestreckt und nicht bewegt.

Großhirn größter Teil des Gehirns mit der Form einer Walnuss; Zentrum unserer Wahrnehmung und verantwortlich für Bewegungen. Das Großhirn ist der Sitz unserer Sprache und Intelligenz.

Haustiere Tiere, die der Mensch zu seinem Nutzen oder Vergnügen hält.

Haut größtes, vielseitigstes und schwerstes Organ des Menschen; aufgebaut aus Ober-, Unter- und Lederhaut.

Häutung Abstoßen der alten Haut. Die aus Hornschuppen bestehende trockene Haut von Echsen und Schlangen kann nicht mit dem Tier mitwachsen und wird deshalb von Zeit zu Zeit gewechselt.

Hecke Gehölzstreifen aus Bäumen, Sträuchern und Krautpflanzen; entstehen durch Anflug von Pflanzensamen oder werden vom Menschen als Begrenzung angepflanzt. Artenreiche Hecken bieten vielen Tier- und Pflanzenarten einen Lebensraum.

Heimtiere Tiere, die der Mensch zu seiner eigenen Freude hält.

Herz Hohlmuskel, der aus zwei Hälften besteht. Das Herzt pumpt das Blut in die Blutgefäße.

Hirnstamm Teil des Gehirns. Der Hirnstamm steuert Körperfunktionen wie Atmung, Herzschlag, Blutdruck, Augenbewegungen, Husten und Schlucken.

Hygiene Lehre von der Verhütung der Krankheiten und der Erhaltung und Festigung der Gesundheit.

Innenskelett Innen liegendes Skelett, das aus der Wirbelsäule und den Knochen besteht. Ein solches Skelett ist allen Wirbeltieren gemeinsam.

Insekten artenreichste Tierklasse mit 32 Ordnungen; Grundbauplan: Kopf, Brust und Hinterleib; 6 Beine, 4 Flügel und Facettenaugen; besitzen ein Außenskelett aus Chitin, haben einen offenen Blutkreislauf und atmen mithilfe eines Tracheensystems. Man unterscheidet vollkommene und unvollkommene Verwandlung.

Kapillaren die kleinsten Bluttransportgefäße. In den Kapillaren findet ein ständiger Stoffwechsel statt. Nährstoffe werden dem Gewebe zugeführt und die Abfallstoffe wieder abtransportiert.

Karies Bakterien im Zahnbelag, die eine Säure bilden, die den Zahnbelag angreift.

Kaulquappe Brut der Frösche, die sich aus dem Laich entwickelt. Kaulquappen atmen mit Kiemen, besitzen einen Ruderschwanz und leben vollständig im Wasser.

Kiemen Atmungsorgane der Kaulquappen und Fische; ermöglichen eine Atmung unter Wasser. Sauerstoff wird durch die gut durchbluteten Kiemen aus dem Wasser aufgenommen und Kohlenstoffdioxid abgegeben.

Klappzunge lange, klebrige Zunge der Frösche, mit der die Beute gefangen und ins Maul befördert wird.

Kleinhirn zweitgrößter Teil des Gehirns und neben dem Großhirn ein zweites Zentrum für Bewegungen, verantwortlich für das Gleichgewicht.

Knospe enthält die Anlagen für vollständige Blätter und Blüten und hilft den Pflanzen, den Winter unbeschadet zu überstehen.

Kobel rundliche Nester des Eichhörnchens aus Ästen und Zweigen, die mit Moos und Gras ausgepolstert werden; dienen für die Jungenaufzucht und zur Winterruhe.

Kohlenhydrate Nährstoffgruppe, die vor allem als Energieträger dient. Stärke und andere Zucker sind wichtige Kohlenhydrate, die im Darm zu Traubenzucker (Glucose) abgebaut werden. Die Zellen benötigen Traubenzucker zur Energieumwandlung.

Kondom Verhütungsmittel; dünnes Gummi, das über den Penis gezogen wird. Es schützt außerdem vor Geschlechtskrankheiten und vor Aids.

Körperkreislauf Weg des Blutes von der linken Herzkammer durch die Arterien in den Körper und durch die Venen zurück in die rechte Herzkammer.

Kriechtiere Echsen, Schlangen, Krokodile, Schildkröten; wechselwarme Tiere, die sich regelmäßig häuten.

Kulturfolger Tiere und Pflanzen, die in der Umgebung des Menschen leben. Sie haben meist keine großen Ansprüche an ihren Lebensraum und ernähren sich oft von menschlichen Essensresten.

Labmagen einer der Mägen eines Wiederkäuers, in dem die Nahrung endgültig verdaut wird.

Laich Eier von Tieren, die direkt ins Wasser abgegeben werden (Fische, Amphibien). Nachdem das Weibchen den Laich abgelegt hat, gibt das Männchen seine Spermienzellen darüber.

Lebensraum Bäume, Gärten, Gewässer, Hausfassaden, Hecken, Rasen, Wald; Lebensräume unterscheiden sich hinsichtlich Boden, Licht, Feuchtigkeit, Wind, Temperatur.

Lebewesen besitzen als Kennzeichen Bewegung, Stoffwechsel, Reizbarkeit, Wachstum, Entwicklung, Fortpflanzung.

Leitungsbahnen Bahnen in der Sprossachse von Pflanzen, durch die Wasser und Nährstoffe transportiert werden.

Lunge Atmungsorgan. Die Luft gelangt durch Nase oder Mund über die Luftröhre in die beiden Lungenflügel. In den Lungenbläschen findet schließlich der Gasaustausch statt.

Lungenkreislauf Weg des Blutes aus der rechten Herzkammer zur Lunge und zurück in die linke Herzkammer.

Lupe bauchige Linse mit einer Vergrößerungswirkung von 5- bis 20-fach.

Magen Teil des Verdauungsapparats. Der Speisebrei wird mithilfe des Magensaftes von Bakterien befreit, Eiweißstoffe werden zerlegt.

Massentierhaltung besonders kostengünstige Form der Tierhaltung. Tiere werden sehr beengt und in keiner Weise artgerecht gehalten, um einen möglichst hohen Profit abzuwerfen.

Menstruation vgl. Regelblutung.

Mikroskop Linsensystem, bestehend aus mindestens zwei Lupen. Gesamtvergrößerung von Lichtmikroskopen: bis 1000-fach.

Milchgebiss das erste Gebiss; beim Menschen bestehend aus 20 Milchzähnen, die bis zum etwa 12. Lebensjahr durch bleibende Zähne ersetzt werden.

Mineralstoffe wichtig für verschiedene Körperfunktionen. Calcium ist zum Beispiel wesentlich für den Aufbau von Knochen und Zähnen.

Mutterkuchen übernimmt bis zur Geburt die Versorgung des Ungeborenen und die Entsorgung von Ausscheidungsprodukten.

Nabelschnur versorgt das Ungeborene während der Schwangerschaft mit Nährstoffen.

Nachhaltigkeit im Naturschutz bedeutet, dass der Mensch natürliche Lebensräume so nutzt, dass diese sich wieder erholen (regenerieren) können.

Nagetiergebiss Gebiss der Nagetiere mit großen Nagezähnen als Vorderzähne (z. B. Kaninchen, Hamster, Biber, Eichhörnchen).

Nährstoffe Stoffe, die Energie liefern. Dazu gehören Stoffe aus dem Essen, aber auch der Sauerstoff aus der Atemluft. Mit der Energie aus den Nährstoffen können die Organe des Körpers arbeiten, der Körper kann wachsen und sich bewegen und die Körpertemperatur aufrechterhalten werden.

Nahrungskette Reihe von Pflanzen und Tieren, die durch ihre Ernährung direkt voneinander abhängig und wie die Glieder einer Kette miteinander verbunden sind. Meist sind Nahrungsketten zu einem Nahrungsnetz verknüpft.

Nahrungsnetz Die meisten Tiere fressen verschiedene Pflanzen- und/oder Tierarten. Verschiedene Nahrungsketten sind miteinander verknüpft.

Nasentiere Tiere, die sich in erster Linie über Gerüche orientieren, beispielsweise Hunde.

Naturschutz Erhaltung von Lebensräumen für bedrohte Pflanzen- und Tierarten. Beispiel: Schaffung von Naturschutzgebieten.

Nektar zuckerhaltige Flüssigkeit innerhalb der Blüte, die beispielsweise Insekten anlockt und sehr nahrhaft ist.

Nervenbahnen viele hintereinandergeschaltete Nervenzellen.

Nervenfaser Teil der Nervenzelle; langer Fortsatz, über den die elektrischen Signale weitergeleitet werden und von hier in die Synapse gelangen.

Nervensystem Gesamtheit der Nervenzellen und deren Verbindungen in einem Lebewesen.

Nervenzellen gehören zu den längsten Zellen des Körpers und sind in vier Abschnitte gegliedert: Dendrit, Zellkörper mit Zellkern, Nervenfaser, Synapse.

Nesthocker Tiere, die nach der Geburt oder nach dem Schlüpfen hilflos und auf die Hilfe der Eltern angewiesen sind. Nesthocker sind nach der Geburt oft blind und nackt.

Netzmagen einer der Mägen eines Wiederkäuers, aus dem kleine Portionen des gefressenen Grases zurück ins Maul befördert werden.

Nützling Lebewesen, die für den Menschen in irgendeiner Form nützlich sind. Dazu zählen vor allem einige Spinnentiere und Insekten, z. B. Florfliege, Marienkäfer, Raubmilben.

Nutztier Haustiere, die vom Menschen gehalten und gezüchtet werden und Nahrungsmittel liefern (Milch, Eier), selbst als Nahrungsmittel dienen (Fleisch) oder deren Fell und Häute vom Menschen verarbeitet werden.

offener Blutkreislauf Insekten besitzen einen offenen Blutkreislauf. Das farblose Blut fließt nicht in Adern und wird mithilfe des röhrenförmigen Herzens in den Körper gepumpt.

Ohrentiere Tiere, die sich über Geräusche orientieren, zum Beispiel Hunde.

Orgasmus Höhepunkt der sexuellen Lust; führt beim Mann zum Spermienerguss, bei der Frau zieht sich die Muskulatur der Scheide rhythmisch zusammen.

Paarhufer Tiere, bei denen der Huf geteilt ist (z. B. Rind, Schwein).

Paarung Bereitschaft, Nachwuchs zu bekommen, führt zusammen mit bestimmten Verhaltensweisen zur Paarung, in deren Verlauf es zur Befruchtung der Eizelle durch eine Spermienzelle kommt.

Pansen der erste Magen (Vormagen) eines Wiederkäuers, in dem die Nahrung eingeweicht wird.

Penis Teil der männlichen Geschlechtsorgane, äußerlich sichtbar.

Periode vgl. Regelblutung.

Pflanzenfamilien Pflanzen, die den gleichen Grundbauplan haben, gehören zu einer Familie. Man unterscheidet Rosengewächse, Schmetterlingsblütler, Korbblütler, Lippenblütler, Doldenblütler und Kreuzblütler.

Pflanzenfresser Tiere, die sich ausschließlich von Pflanzen ernähren.

Pille Hormontablette zur Empfängnisverhütung. Die regelmäßige Einnahme bietet einen hohen Schutz vor ungewollter Schwangerschaft.

Pollen enthält die männlichen Geschlechtszellen der Blütenpflanzen.

Pubertät geschlechtliche Reifung; Lebensphase, in der sich der Körper und das Leben eines jungen Menschen unter dem Einfluss von Hormonen stark verändert (10. bis 16. Lebensjahr).

Regelblutung Periode, Monatsblutung, Menstruation; monatliches Abstoßen der Gebärmutterschleimhaut, wenn die Eizelle nicht befruchtet wurde.

Reizbarkeit eines der Kennzeichen der Lebewesen; Aufnahme von Reizen aus der Umwelt und entsprechende Reaktion des Lebewesens.

Reizverarbeitung Im Gehirn werden die eingehenden Informationen verarbeitet und in Form von elektrischen Signalen weitergeleitet.

Rote Liste Warnliste von Tier- und Pflanzenarten, die vom Aussterben bedroht sind und besonders dringend Schutz brauchen.

Ruderflug Flugart der Vögel. Flügel werden schnell auf- und abbewegt.

Säugetier gleichwarme Tiere, die ein Fell besitzen und ihre Jungen eine Zeit lang mit Milch ernähren.

Scheide Teil der weiblichen Geschlechtsorgane; bildet die Verbindung zur Gebärmutter.

Schleichjäger haben eine besondere Art des Beutefangs: Anschleichen, Fangen, Töten und Fressen. Beispiel: Katze.

Schnabelform Bestimmungsmerkmal für Vögel. Schnabelformen unterscheiden sich deutlich entsprechend der Nahrung.

Schwangerschaft Zeit von der Befruchtung einer Eizelle bis zur Geburt des Babys; Dauer beim Menschen etwa 40 Wochen.

Schwimmblase mit Luft gefüllte Blase bei Fischen, durch die diese im Wasser schweben können.

Segelflug Flugart der Vögel; ist v. a. bei großen Vögeln zu beobachten, die sich mit ausgebreiteten Flügeln in die Höhe treiben lassen.

Seitenlinienorgan Orientierungsorgan der Fische, das aus vielen Sinneshärchen besteht, die in kleinen Hautöffnungen sitzen.

Selbstverbreitung Samen werden von den Pflanzen selbst, mithilfe unterschiedlicher Mechanismen und ohne die Hilfe von Tieren, des Menschen oder von Wind, verbreitet. Beispiel: Schleuderfrüchte des Springkrauts.

Signale entstehen durch Umwandlung der Reize durch die Sinneszellen der Sinnesorgane.

Sinnesorgane Organe, mit denen ein Lebewesen Reize aus der Umwelt aufnehmen kann (Augen, Ohren, Nase, Haut). Jedes Sinnesorgan ist auf einen bestimmten Reiz spezialisiert.

Sinneszellen nehmen Reize auf und wandeln sie in Signale um, die dann an das Gehirn weitergeleitet werden.

Skelett gibt dem Körper Festigkeit und Form. Das menschliche Skelett besteht aus über 200 Knochen. Man unterscheidet Kopfskelett, Rumpfskelett, Arm- und Beinskelett.

Speicherorgane Organe von Pflanzen, in denen alle Nährstoffe für das Wachstum gespeichert sind. Man unterscheidet Zwiebeln, Wurzelknollen, Sprossknollen.

Speiseröhre Teil des Verdauungsapparats, der die Nahrung vom Mund in den Magen befördert.

Spermienzellen werden in den Hoden des Mannes gebildet und sammeln sich in den Nebenhoden. Beim Geschlechtsverkehr gelangen die Spermienzellen in die Scheide der Frau. Eine Spermienzelle kann mit einer weiblichen Eizelle verschmelzen und so zu einer Befruchtung führen.

Sprossachse durch sie werden Wasser und gelöste Stoffe von den Wurzeln in die Blätter von Pflanzen transportiert.

Steckbrief schlagwortartige Beschreibung von Pflanzen und Tieren; enthält die wichtigsten Merkmale und Kennzeichen der Pflanze oder des Tieres.

Stempel Teil der pflanzlichen Blüte, der aus Fruchtknoten, Griffel und Narbe besteht.

Stoffkreislauf Kohlenstoffdioxid, Wasser, Mineralstoffe und Sauerstoff durchlaufen in der Natur einen sich ständig wiederholenden Kreislauf, bei dem das Sonnenlicht eine wichtige Rolle spielt. An den Kreisläufen der Natur sind Erzeuger, Verbraucher und Zersetzer beteiligt.

Stoffwechsel eines der Kennzeichen von Lebewesen; Stoffaufnahme, Stoffumbau im Körper und das Ausscheiden von nicht verwertbaren Abfallstoffen.

Tiefwurzler Bäume, deren Wurzeln mehrere Meter tief in den Boden wachsen, beispielsweise Kiefer.

Venen Blutgefäße, die das Blut zum Herzen transportieren.

Verdauung Weg der Nahrung und der Nährstoffe von ihrer Aufnahme bis zur Ausscheidung. Während der Verdauung gewinnt der Körper aus den Nahrungsmitteln die lebenswichtige Energie.

Vererbung Weitergabe bestimmter Informationen (Erbanlagen) wie Haar- oder Augenfarbe von einer Generation an die nächste.

Vermehrung, ungeschlechtliche Vermehrung von Pflanzen ohne Samen durch Stecklinge, Sprossknollen, Ableger und Brutpflanzen.

Vitamine lebenswichtige Stoffe, die mit der Nahrung aufgenommen werden müssen, da sie der Körper selbst nicht herstellen kann.

vollkommene Verwandlung Entwicklungstyp der Insekten. Aus der Larve bildet sich ein Puppenstadium. Hier findet der Umbau der Larve zum geschlechtsreifen Tier statt.

wechselwarm Tiere, die keine konstante Körpertemperatur haben, sondern sich der Außentemperatur anpassen (Fische, Amphibien).

Wehen rhythmisches Zusammenziehen der Gebärmutter während der Geburt.

weiße Blutkörperchen feste Bestandteile des Blutes. Sie sind auf die Bekämpfung von Krankheitserregern und Fremdkörpern spezialisiert.

Wiederkäuer Tiere (Pflanzenfresser) mit mehreren Mägen. Futter wird vorverdaut, anschließend wieder hochwürgt und nochmals zerkaut, bevor die Nahrung dann erneut verschluckt und endgültig verdaut wird (z. B. Rinder, Schafe, Ziegen).

Winterruhe Zustand von Tieren bei ungünstigen Außentemperaturen; fressen sich im Spätsommer eine Fettschicht an und verlassen ihr frostsicheres Nest, wenn sie hungrig sind (z. B. Eichhörnchen, Dachs, Biber, Hamster, Bär).

Winterschlaf Tiere ziehen sich in ein frostsicheres Versteck zurück und verschlafen die kalte Jahreszeit. Körpertemperatur, Atmung und Herzschlag werden verringert, sie nehmen in dieser Zeit keine Nahrung auf (z. B. Igel, Fledermäuse).

Winterstarre wechselwarme Tiere (Lurche, Kriechtiere) verfallen in der kalten Jahreszeit in eine Winterstarre; gleichen ihre Körpertemperatur in frostsicheren Verstecken der Außentemperatur an.

Wirbelsäule Teil des Skeletts; Kennzeichen aller Wirbeltiere. Die Wirbelsäule besteht aus einer Reihe aufeinandersitzender Knochen, den Wirbeln. Beim Menschen ist sie doppelt S-förmig gebogen.

Wirbeltiere Zusammenfassung aller Tiere, die eine Wirbelsäule besitzen: Fische, Lurche, Kriechtiere, Vögel, Säugetiere.

Wurzel Grundorgan von Blütenpflanzen, das die Pflanze im Boden verankert sowie Wasser und Mineralstoffe aufnimmt.

Zähmung Durch Zähmung werden Wildtiere zu Haustieren.

Zähne bestehen aus Zahnkrone, Zahnhals, Zahnwurzel. Die Krone ist von Zahnschmelz umgeben, der den Zahn schützt. Die Zähne werden von Blutgefäßen und Nerven durchzogen. Sie dienen der Zerkleinerung von Nahrung im Mund.

Zelle Grundbaustein aller Lebewesen mit einer Größe von 1 bis 10 µm. Tierzellen besitzen eine Zellmembran, Zellplasma und einen Zellkern. Pflanzenzellen haben zusätzlich eine Zellwand, einen Zellsaftraum (Vakuole) und Chloroplasten (Blattgrünkörner).

Zersetzer Lebewesen, die tote Tiere und Pflanzen sowie Ausscheidungen wie Kot verwerten und Mineralstoffe herstellen, die die Erzeuger wieder aufnehmen können.

Zivilisationskrankheiten Krankheiten, die besonders häufig in hoch entwickelten Industrieländern vorkommen und auch als „Wohlstandskrankheiten“ bezeichnet werden, z. B. Herz- und Gefäßkrankheiten, Bluthochdruck, Krebserkrankungen, Essstörungen, Übergewicht und Fettsucht. Zu den Ursachen gehören u. a. Alkohol- und Tabakkonsum, Über- und Fehlernährung und Bewegungsmangel.

Züchtung Durch Züchtung können besondere Fertigkeiten eines Tieres verfeinert werden. Auf diese Weise entstehen verschiedenartige Rassen.

Zwischenhirn Teil des Gehirns. Das Zwischenhirn ist verantwortlich für Gefühle, Hunger, Durst und Körpertemperatur.

Register

A
Ableger 128
Abwehrsystem 199, 266
Ackerwinde 12 f.
Aderhaut 219
Adleraugen 232
After 181, 266
Aids 251, 266
Akne 230, 266
Allergie 123
Amphibien 66 f., 266
Amsel 49, 75, 78 f.
angeborenes Verhalten 257
Angepasstheit 31, 63, 77, 88 f., 90, 132 f., 266
Angepasstheit, Hitze 90 f.
Angepasstheit, Kälte 88 f.
Armskelett 188
Artenschutz 53, 266
Arterien 202 f., 266
Atemloch 41
Atmung 63, 200 f., 266
Augapfel 218
Auge 218 ff., 226 f.
Auge, Fremdkörper 226 f.
Auge, Lichtweg 220
Augentiere 149, 266
Ausscheidungsorgan 230
Außenskelett 99, 266

B
Baby 255, 257
Bachforelle 64
Ballaststoffe 176, 266
Balz 78
Bänder 189
Bandscheiben 194
Bauchatmung 200
Bauchschuppen 73
Bauchspeicheldrüse 181
Baum 32 f., 108 f., 266
Baum, Stammquerschnitt 110
Baumschicht 36
Baustoffe 266
Befruchtung 122 f., 266
Beinskelett 188
Beratungsstelle 248
Berufe um Tiere und Pflanzen 166 f.
Bestäubung 122 f., 266
Bestimmungsschlüssel 44 f., 118 f.
Betriebsstoffe 266
Beuger 190 f.
Beutefang 66 f.
Bewegung 16, 198 f.
Biene 233
Biotop 266
Blatt 35, 108, 110 f., 113 f., 133, 266
Blatt, Aufbau 110 f.
Blättermagen 154 f., 266
Blätter, sammeln und ordnen 34 f.
Blattformen 35
Blattgrün 111, 266
Blinde 224 f.
blinder Fleck 218
Blindschleiche 72, 83
Blut 99, 181, 201 ff., 204 f., 266 f., 269
Blutdruck 205
Blutgefäß 201 f., 205
Blutgerinnung 205
Blutkörperchen 204 f., 271
Blutkreislauf, geschlossener 99, 203, 267
Blutkreislauf, offener 41, 99, 269
Blutplasma 204, 266
Blutplättchen 204 f., 266
Blüte 108, 116 f., 120 ff., 266
Blüte, Befruchtung 122
Blüte, Formen und Farben 116
Blütenbau 120 f.
Blütenpflanzen 108, 266
Blütenstand 121
BMI 184
Bodenhaltung 156
Body-Mass-Index (BMI) 184
Botenstoffe 204
Brailleschrift 225
Brennwert 175, 266
Bronchien 200 f.
Brustatmung 200
Brustkorb 188
Brutpflanzen 129
Brutschmarotzer 79
Bullterrier 145
Bund für Umwelt und Naturschutz (BUND) 53

C
Chitin 40, 99, 266
Chloroplasten 20, 112, 266
Coitus interruptus 251

D
Darm 153, 181
Dendrit 234 f., 266
Diagramm/Tabelle 86 f.
Diaphragma 250
Dickdarm 181, 266
Dreiviertel-Teller-Regel 182 f.
Drohhaltung 146
Dromedar 90
Duftmarke 146
Dünndarm 180 f., 266

E
Eichel 245
Eichhörnchen 29, 32 f., 83, 87, 124
Eierstock 246 f., 266
Eileiter 246, 266
Einzelgänger 148
Eisbär 88
Eisprung 267
Eiweiß 112, 176 f., 181, 267
Eizelle 246 f., 252, 267
elektrischer Impuls 235
elektrischer Sinn 233

Ellenbogengelenk 189, 191
Embryo 252, 267
Endknöpfchen 235
Energie 111 f., 126, 175, 201
Energiebedarf 174 f.
Ergänzungsstoffe 177
Ernährung 112, 162 f., 185
Ernährungskreis 182, 267
Erregungsleitung 215
Erzeuger 51, 267
Essverhalten 182 ff.
Experimentiere durchführen 130 f.

F

Facettenauge 40 f., 267
Fangzähne 160
Federn 76, 89
Fell 82, 88
Fett 88 ff., 112, 176 f., 181, 267
Fetus 252 f., 267
Fische 61 ff., 96 f.
Fische, Atmung 63
Fische, Fortpflanzung 64
Fische, Körperbau 62
Fitnesstest 196
Flachwurzler 109, 267
Fleischfressergebiss 160 f., 267
Fleischrind 152 f.
Flossen 62 f., 267
Flugarten 77
Flügelpaar 44 f.
Fortpflanzung 10 f., 64, 71, 150 f., 267
Fotosynthese 112 f., 126, 267
Fraßspuren 47
Freilandhaltung 156, 267
Froschlurch 66 ff.
Frucht 108, 124, 267
Fruchtblase 252, 254, 267
Fruchtknoten 117, 120, 122 f.
Frühblüher 119, 132, 267

G

Gallenblase 181
Gasaustausch 201, 267
Gebärmutter 246, 254, 267
Gebärmutterschleimhaut 247, 252
Geburt 254, 267
Gefieder 76
Gefiederfarbe 75, 267
Gefühle 243, 248
Gegenspieler 190 f., 267
Gehirn 199, 214 f., 221, 267 f., 271
Gelenke 267
Gelenktypen 189
Geradflügler 44
Geräusche 226 f.
Gerste 162 f.
Geschlechtskrankheiten 251
Geschlechtsorgane 244 ff., 267
Geschlechtsorgane, männliche 244 f., 267
Geschlechtsorgane, weibliche 246, 267
Geschlechtsreife 244, 267
Geschlechtsverkehr 250, 267
gesundheitsbewusstes Leben 174
Getreide 162 f.
Gewässerschutz 65
Giftzahn 72
Glaskörper 219, 221
gleichwarm 82, 97, 160, 267
Gleitflug 77, 268
Grasfrosch 66, 68
Greifreflex 257
Griffel 117, 121, 123
Grubenorgan 232

H

Haar 229
Hafer 162 f.
Hagebutte 37
Hai 65, 233
Haltungsschäden 195, 197
Harnblase 245 f.
Haustiere 140 f., 146, 268
Haut 228 ff., 268
Hautatmung 66
Hautflügler 44
Hautkrebs, schwarzer 230
Hautschuppen 73
Hauttyp 230 f.
Häutung 42, 71, 268
Hecke 36, 38, 48 f., 50 f., 59, 268
Hecke, Querschnitt 36
Hecke, Stoffkreislauf 50 f.
Heckenrose 26, 36 f., 121
Heimtiere 141, 268
Herz 173, 202, 268
Herzkammer 202 f.
Heuschnupfen 123
Hoden 244 f.
Hormon 242 f., 246
Hörnerv 215
Hornschuppen 71
Hörsinneszellen 226
Hühner 156 f.
Hund 139, 142 ff., 146, 232
Hund, Haltung und Erziehung 146
Hund, Körpersprache 146
Hund, Rassen 142 f.
Hundeschule 147
Hygiene 268

I

Igel 29, 39, 87
Imponierhaltung 146
Impuls, elektrischer 235
Innenskelett 98, 268
Insekten 29, 40 ff., 98 f., 122, 268
Insekten, Atmung 41, 99
Insekten, Entwicklung 42 f.
Insekten, Körperbau 40
Insekten, Skelett 98
Insekten bestimmen 44 f.
Insektenfresser 39
Internetchat 249

Internetrecherche 84 f.
Iris 218 f., 222

K
Käfighaltung 157
Kakao 164
Kälterezeptor 229
Kälteschutz 89
Kapillaren 203, 268
Karies 187, 268
Karpfen 62, 64
Katze 139, 148 ff., 158
Katze, Körpersprache 148 f.
Katze, Paarung 150
Katzenkralle 158
Kaulquappe 68, 268
Keimblatt 126 f.
Keimling 126 f.
Keimwurzel 126 f.
Kelchblatt 117, 120
Kernobst 120
Kiemenatmung 62 f., 68, 268
Kilojoule/Kilokalorien 175
Kindesentwicklung 256
Kirsche 107, 117, 120, 122 f.
Kitzler 246
Klapperschlange 232
Klappzunge 66 f., 268
Kleinkind 255
Knochen 188 f., 191
Knorpelskelett 65
Knospe 133, 268
Kobel 33, 268
Kohlenhydrate 176, 181, 268
Kohlenstoffdioxid 63, 112 f., 127, 201
Kohlenstoffkreislauf 51
Kondom 250 f., 268
Konflikthaltung 146
Kopfskelett 188
Korbblütler 119, 121
Körper 174 f., 188, 195, 198 f., 203 f., 228
Körper, Bewegung 174, 198 f.
Körper, Skelett 188
Körperkreislauf 203, 268
Körpermerkmale 44 f.
Körpersprache 146, 148 f.
Körpertemperatur 204, 228
Körperzellen 181
Krautschicht 36
Kreuzotter 72
Kriechtiere 61, 70 f., 72 f., 86, 268
Kriechtiere, Fortpflanzung 71
Kronblatt 117, 120 f.
Krötenwanderung 69
Kugelgelenk 189
Kulturfolger 31, 268

L
Labmagen 153, 155, 268
Laich 68, 268
Lärm 226
Laubblatt 29, 50, 110, 126, 133
Lautstärke 226
Leben, gesundheitsbewusstes 174
Lebensmittel 163, 176 f.
Lebensraum 30 ff., 36 ff., 46, 61, 76, 88 ff., 268
Lebensraum Baum 31 ff.
Lebensraum Gewässer 31
Lebensraum Hecke 31, 36 ff.
Lebensraum Kälte 88 f.
Lebensraum, Kartierung 46
Lebensraum Luft 76
Lebensraum Wald 31
Lebensraum Wüste 61, 90 f.
Leber 181
Lebewesen 10 ff., 16 f., 24 f., 113, 268
Lebewesen, Bewegung 16
Lebewesen, Fortpflanzung 17
Lebewesen, Kennzeichen 10 ff., 24 f.
Lebewesen, Stoffwechsel 16
Lebewesen, Vererbung 17
Lederhaut 218, 229
Leitungsbahn 110, 268
Lichtenergie 111 ff., 126, 133
Liebe 243, 250
Linse 219 ff.
Löwenzahn 30, 107, 121, 124 f.
Luftröhre 201
Lunge 200 f., 268
Lungenatmung 99
Lungenbläschen 200 f.
Lungenkreislauf 203, 269
Lupe 269
Lurche 61, 66 f., 97

M
Magen 180 f., 269
Magnetsinn 233
Mais 163
Massentierhaltung 157, 269
Mehl 162
Mensch 14 f., 174, 180 f., 188 ff., 194 f., 252 f., 255
Mensch, Befruchtung 252 f.
Mensch, Bewegung 190
Mensch, Muskulatur 190
Mensch, Nahrung 174
Mensch, Skelett 188, 190
Mensch, Verdauung 180 f.
Mensch, Vererbung 255
Menstruation 269
Methode Experimente durchführen 130 f.
Methode Insekten bestimmen 44 f.
Methode Internetrecherche 84 f.
Methode Mikroskopieren 18 f.
Methode Modelle/Modellbau 192 f.
Methode Pflanzen bestimmen 118 f.
Methode Sammeln und Ordnen 34 f.
Methode Steckbrief erstellen 144 f.
Methode Tabelle/Diagramm 86 f.
Mikroskopieren 18 f., 269
Milchgebiss 186, 269

Milchrind 152 f.
Mindmap 27, 55, 81, 94, 185
Mineralstoffe 126 f., 177, 269
Mitesser 230
Modelle 192 f.
Muskeln 190 f., 198
Mutterkuchen 252, 254, 269

N
Nabelschnur 252, 254, 269
NABU 53
Nachhaltigkeit 269
Nagetiergebiss 160 f., 269
Nährstoffe 175 ff., 180 f., 204, 269
Nährstoffe, Brennwert 175
Nährstoffe, Transport 181, 204
Nahrung 112, 153, 174 ff.
Nahrungskette 48, 269
Nahrungsnetz 49, 269
Narbe 117, 122
Nasentiere 146, 269
Naturschutz 53, 55, 269
Naturschutzbund (NABU) 53
Nebeltrinker-Käfer 91
Neinsagen 248 f.
Nektar 122, 269
Nelkengewächse 119
Nerven 215, 234 f.
Nervenbahn 234 f., 269
Nervenfaser 234 f., 269
Nervensystem 234, 269
Nervenzelle 234 f., 269
Nestflüchter 79
Nesthocker 79, 151, 269
Netzhaut 218, 221
Netzmagen 153, 155, 269
Neugeborenes 256 f.
Neuntöter 37, 49
Nützlinge 39, 43, 269
Nutzpflanzen 140, 164
Nutztiere 140 f., 152, 156 f., 269

O
Ohr 226
Ohrentiere 146, 269
Ordnung im Tierreich 42
Orgasmus 245, 269

P
Paarhufer 161, 269
Paarung 43, 79, 150, 269
Paarungszeit 150
Pansen 153, 269
Partnerschaft 79
Penis 244 f., 269
Periode 269
Petting 250
Pferd 139, 160 f.
Pflanzen 12 f. 20, 22 f., 50 ff., 108 ff., 120 ff., 124 f., 126 f., 128 f., 132 f., 162 f.
Pflanzen, Angepasstheit 132 f.
Pflanzen, Stoffkreislauf 50 f.
Pflanzen, Verbreitung 124 f.
Pflanzen, Vermehrung 128 f.
Pflanzen, Wachstum 12 f., 111, 126 f.
Pflanzen, Zellen 20, 22 f., 112
Pflanzen bestimmen 18 f.
Pflanzenfamilie 120 f., 270
Pflanzenfresser 153, 270
Pflanzenschutz 52
Pickel 230
Pille 251, 270
Pinguin 61, 89
Pollen 117, 122 f., 270
Projektplanung 94 f., 185, 206 f.
Protokoll 130
Pubertät 242 ff., 270
Puls 202 f.
Pupille 218 f., 221

R
Raps 116, 121, 165
Reaktion 215
Regelblutung 247, 270
Regelzyklus 247, 270
Reis 163
Reißzähne 160
Reiz 214 f.
Reizbarkeit 16, 270
Rennmaus 9 ff., 16
Revier 146
Rezeptoren 229
Riechsinn 232
Rind 140, 152 f., 155
Ringelnatter 73
Rippen 188
Roggen 162 f.
Röhrenblüte 121
Rosengewächse 119 f.
Rosskastanie 12, 108, 110
Rote Liste 52 f., 270
Rückenmark 234
Rückenschmerzen 194
Rückentraining 195
Rudeltiere 147
Ruderflug 77, 270
Rumpfskelett 62, 188

S
Samen 122 ff., 128
Samenerguss 244 f.
Samenpflanzen 164
Sammeln und Ordnen 34 f.
Sattelgelenk 189
Säugetiere 90 f., 97, 160 f., 270
Säugling 254, 256
Saugreflex 257
Schädel 188
Schädlinge 43
Schalltrichter 90
Schamlippen 246
Scharniergelenk 189
Scheide 246, 254, 270
Schiffchen 120 f.
Schleichjäger 148, 270
Schleuderfrüchte 125
Schluckreflex 257

Schmerzsinn 228
Schmetterlingsblütler 120 f.
Schnabelform 74, 270
Schneeglöckchen 107, 132
Scholle 64
Schutzorgan 228
Schwangerschaft 250, 253, 270
Schwanzlurch 67
Schweißdrüse 228 f.
Schwellkörper 245
Schwerhörigkeit 226
Schwertliliengewächse 119
Schwimmblase 63, 270
Segelflug 77, 270
Sehbehinderte 224 f.
Sehnen 190 f.
Sehnerv 219, 221
Sehsinneszellen 218, 220 f.
Sehvorgang 220 f.
Seitenlinienorgan 62, 270
Selbstbefriedigung 245
Selbstverbreitung 125, 270
Sex 250
Siebenschläfer 85
Signale 214 f., 235, 270
Sinn, elektrischer 233
Sinnesorgane 214 f., 232, 270
Sinneszellen 270
Skelett 72 f., 76, 188, 270
Sonnenblume 121
Sonnenbrand 231
Spaltöffnung 111
Speicheldrüsen 181
Speicherorgane 132, 270
Speiseröhre 181, 270
Spermien 244 f.
Spermienleiter 245
Spermienzellen 252, 270
Spirale 250
Sport 174, 198 f.
Sprachentwicklung 257
Springkraut 125
Sprossachse 108, 110 f., 270
Sprossknolle 126, 128, 132
Stäbchen 220 f.
Stammquerschnitt 110
Standvögel 80
Stärke 112, 114 f., 126, 178
Staubblatt 117, 120 f.
Steckbrief 144 f., 270
Steckling 128
Steinobst 120
Stempel 117, 120, 270
Stickstoff 127
Stimmbruch 252
Stoffkreislauf 51, 270
Stoffwechsel 16 f., 270
Strauchschicht 36
Strecker 190 f.
Stretching 191, 197
Suchreflex 257
Synapse 235

T
Tabelle/Diagramm 86 f.
Talgdrüse 229
Tastsinn 224, 229
Tiefwurzler 109, 270
Tierhaltung 156 f.
Tierschutz 52
Tracheenatmung 41, 99
Tränendrüsen 218
Traubenzucker 112 f.

U
Ultraschallruf 233
Unpaarhufer 161
unvollkommene Verwandlung 42, 271

V
Vakuole 20
Venen 202, 270
Verbraucher 51
Verdauung 76, 180 f., 271
Vererbung 17, 255, 271
Verhalten, angeborenes 257
Verhütung 250 f.
Vermehrung, ungeschlechtliche 128 f., 271
Versuchsprotokoll 130
Verwandlung, vollkommene/unvollkommene 42, 271
Vitamine 177, 271
Vögel 74 ff., 76 f., 79, 97 ff., 267
Vögel, Angepasstheit 77
Vögel, Atmung 76, 99
Vögel, Paarung 79
Vögel, Skelett 76, 98
Vogelschutz 75
vollkommene Verwandlung 42, 271
Vorhof 202 f.

W
Wachstum 17, 111, 126 f.
Wahrnehmung 214 f.
Wärme 92
Wärme, in Natur und Technik 94
Wärmebilder 93
Wärmeregulation 228
Wärmerezeptor 229
Wärmesinn 232
wechselwarm 71, 83, 271
Wehen 254, 271
Weizen 162
Welpe 140, 151
Wiederkäuer 153, 155, 271
Wildschwein 141
Wildtiere 140
Wimper 218 f.
Windverbreitung 125
winteraktiv 82
Winterruhe 82, 271
Winterschlaf 83, 85, 271
Winterstarre 83, 271
Wirbellose 98
Wirbelsäule 188, 194 f., 271
Wirbeltiere 97 ff., 271
Wirbeltiere, Atmung 99
Wirbeltiere, Skelett 98

Wolf 142
Wundverschluss 204 f.
Wurzel 108 f., 126, 271
Wurzelknolle 132
Wüstenfuchs 90 f.

Z

Zähmung 140, 271
Zähne 186 f., 271
Zahnhals 186
Zahnkrone 186 f.
Zahnschmelz 186 f.
Zahnwurzel 186
Zapfen 220 f.
Zauneidechse 38, 70 f., 82, 86
Zelle 9, 20 f., 271
Zellkern 21
Zellmembran 20 f.
Zellplasma 20 f.
Zellwand 20
Zersetzer 50 f., 271
Zivilisationskrankheiten 271
Züchtung 140, 143, 164 f., 271
Zucker 112, 164
Zuckerrohr 164 f.
Zuckerrübe 164
Zugvögel 80
Zungenblüte 121
Zwerchfell 200
Zwiebel 132

Bildquellenverzeichnis

A1PIX/JPP: 176.1 re., /KTP: 194.2, /MCH: 74.1, 103 re.o., /PHA: 184.1, /REO: 128.1, 137.5, /TOF: 118.1 | action press/Lehtikuva Oy: 250.1.1 | Agentur Focus/SPL: 204.3 | akg-images: 140.2 | alimdi.net/Koenig: 41.3, /Rosseforp: 241.2, /Schauhuber: 40.2, /Siepmann: 36.2, 56 re., 58.1a, /Zoller: 122.1 | Angermayer, T.: 38.3, 40.1, 43.6, 71.5, 83.5, 139.1a | Angermayer/Pfletschinger: 72.1 | Archiv Hoyer/Beuster: 17.4 re., /Duty: 39.4, 83.4, /E. Hoyer: 78.1, 129.5, 170.2, /Wernicke: 104.4 | Arco Images/de Cuveland: 61.5, 104.3, /NPL: 149.5, /Reinhard: 82.2, 103 li.o., /Ruegner: 58.1b, /Steiner: 8.1, 9.1 li., 11.4, 11.5 li.o., 24 li.o., 147.5, /WHJ Sator: 148.2 | argus/Frischmuth: 198.1 li., 209 li. mi. | Avenue Images/life: 212 | Bach-Kolster, Helgard: 126.2 | Bevilacqua/Cedri: 252.2, 261c | Bilderbox/Wodicka: 26.1,2, 81.3 | BIOS/Courseaux: 32.1 | blickwinkel/fotototo: 96 (Schlange, Fisch), /Hartl: 68.2, /Hecker: 29.5, /Hecker/Sauer: 116.4, /Schmidbauer: 68.1, 82.1, 91.4, /Schuetz: 61.2, /van Haan: 16.3, 151.4 | Blümel, H., Mücka: 26.4, 67.6, 104.2 | botanikfoto/Take: 165.5 | Bruns, E., Osnabrück: 152.1 | Buff, Bieberach: 20.2, 112.2 | Buhtz, A.: 29.2 | BZgA, Köln: 207.3,4, 251.2, 259 re.o. | Carl Zeiss Jena GmbH, Jena: 9.5 | Caro/Teich: 190.1 | Corbis/Bannister: 43.5, /C. Lovell: 26.6, /Duomo: 198.1 re., /Morsch: 174.4, hint. Vors. 1 li.u., /Pelaez Inc.: 174.3, /RF: 24 li.u., 173.1, /Rotmann: 65.4, /T. u. G. Baldizzone: 10.2 | Cornelsen Verlag: 9.1 re., 18.2, 19.3,4, 27.8, 37.7, 53.3,4b, 56 u., 96 (Vogel), 186.1, 192.1, 195.3, 210.5, 221.4, 225.3 | Deutsche Gesellschaft für Ernährung e.V., Bonn: 182.3 | digitalstock.de: 29.4, 30.4, 52.2, 54.1, 96 (Bär), 107.1,3,4,7, 108.1 re., 116.1,3, 119.3,6,8, 120.1, 123.7, 132.1,4, 135 li.u., 139.6, 171.5a, 183.5, 209 re.u., 210.1,3, 224.1, 228.2, 232.2, 234.1, /gewoldi: 44.1, /Mikus: 85.3, /Milewsky: 29.6 | Döring, V., Hohen Neuendorf: 9.3, 11.5 re.o. + li.u., 13.8, 14.1,3, 15.4-7, 18.1, 24 re.o., 50.1 re., 55.6, 57 o., 69.6, 77.7, 110.2, 114.1,2, 123.4, 128.2, 148.3, 176.3, 177.4,5, 196.1-4, 212 li.u., 213.2, 214.1, 226.1 li., 227.4,5, 228.3, 230.2, 242.2, 247.4, 249.5, 251.3 | Ernst, Beat, Basel: 164.1 | f1 online/Becker: 48.1, /bilderlounge: 198.2, /Kopp: 142.1, /Onoky: 173.3, /Widmann: 183.4 | Fischer, R., Berlin: 210.2 | Flößer, R., Hirschberg: 29.7, 121.6 | Fotolia.com/Antoine Cupial: 29.3, /AVAVA: 84.1, /Ben: 163.3, /Bernd Wolter: 98.1 li., /contrastwerkstatt: 195.4, /Daniel Terence Mock: 231.4.2, /Dario Sabljak: 139.4, 157.5, /Elena Elisseeva: 213.1,/Eric Isselée: 5.1, /eyezoom1000: 7, /Fotolyse: 155.4, /Franz Pfluegl: 256.3, /fuxart: 226.1 re., /Harald Lange: 85.4, 153.5, /Ingo Bartussek: 81.4, /Joachim Neumann: 33.5, /julien méjean: 90.2, /Kaarsten: 3, 17.5, /Leito: 233.4, /m.arc: 218.2, /Marc Schobel: 236 li.o., /Marty Kropp: 5.2,/outdoorsman: 139.5 li., 160.2 o., /Paullyne: 257.4, /Reena: 30.3, /Sly: 139.3, /style-photographs: 218.1, /Thaut Images: 125.4, 135 re.o., 136.3, /Thomas Aumann: 187.5, /Thomas Renz: 50.1 li., /Tischenko: 121.4, /Zauberhut: 31.6 | Frei, H., Pforzheim: 64.2, 102 re.o. | Gemeinschaft deutscher Hundehalter: 139.1b, 170.1 | Getty Images/Dorling Kindersley/RF: 234.2, /Taxi: 206.2, 208 re., 248.1 re. | Greiner&Meyer, Braunschweig/Birke: 245.4 | Gruschwitz, M.: 72.3 | Hartmann, Braunschweig: 21.4 | Heinzel, K., Berlin: 169.4 | Helga Lade Fotoagentur: 60.1, 61.3 | Hollatz, J., Heidelberg: 76.2, 173.8, 203.5, 204.2, 216.1, 258 li.o. | IFA/Kienlein: 79.5 | images.de/Enters: 61.1, /Schulten: 173.2 | imago/blickwinkel: 45.4, 107.6 | iStockphoto.com/ac_bnphotos: 159.4, /Andrew Johnson: 65.5, /AnsonLu: 114.3, /Christopher Futcher: 14.2, /ene: 141.6, /Eric Isselée: 160.1 (Eichhörnchen, Luchs), /eva serrabassa: 246.1, /H. Jonsson: 213.5, /ingmar wesemann: 31.8, /Janis Litavnieks: 173.6, 209 re.o., /jeff gynane: 55.5, /Kenneth Man: 173.5, /Mc Corkle: 231.4.1, /Peter Engelsted Jonasen: 232.1, /Roger Whiteway: 125.5a, /Steve Debenport: 244.2, /syagci: 160.1 (Pferd), /Thanh Hung: 231.4.4, /Thomas Gordon: 244.1, /Tommounsey: 68.3, /Yobro10: 160.1 (Schwein) | Jaenicke, J.: 123.6 | Joker/Allgoewer: 163.4, /Ruehmekorf: 254.1 | Juniors Bildarchiv: 32.3, 66.1, 77.6, 90.3, 96 (Frosch), 102 li.o., 124.3, 136.4, 138.1, 139.5 re., 140.1, 142.3, 160.3 o., 170.4, /Layer: 25 re.o., /Schmidbauer: 82.3 | Karly, Florian: 23.5,7 | Kleesattel, W., Schwäbisch Gmünd 10.1, 12.1-5, 13.6,7, 105.5, 109.6, 135 re.u. | Kolde, G.: 230.3 | KPA/Kina: 73.7, 102 re.u. | Kretschmer, K., Berlin: 194.1, 197.5-11 | Kuttig, Siegfried: 242.1 | Landesverwaltungsamt Sachsen-Anhalt: 53.4a | Limbrunner, A., Dachau: 77.5, 79.4, 233.5 | LOOK-foto/Martin: 61.7, /Werner: 165.3 | mauritius images: 213.4, /age: 61.6, 143.1 re.o., /age fotostock: 250.1.2, /age fotostock/CMB: 144.1, /Alamy: 66.3, /Beck: 102 li.u., /Harscher: 143.1 re.u., /imagebroker.net/RF: 52.1, /IT Stock Free: 241.1, /Ley: 241.3, /Palais: 204.1, /Photononstop: 227.6, 256.1, /Pöhlmann: 143.1 li.u., 184.2, 255.3, /Rosenfeld: 182.2, /Schätzle: 154.2, /Schrempp: 72.4, /Schwarz: 169.3, /Spirit: 180.1, /SST: 146.1, 168 li.o., /Steve Bloom Images: 88.3, /Umstätter: 176.1 li., /Warburton-Lee: 20.1 li., /Yankushev: 180.2 | mediacolors/dia: 206.1 | Nilsson, L., Stockholm: 205.4, 252.1 re., 252.3,4, 259 li.u., 261a,d | Nordzucker: 165.4 | Okapia: 155.3, /Biophoto Ass/Science Son.: 9.6, /BIOS/Seitre: 89.4, /Brehm: 90.1, /Brehm: 103 re.u., /Bromhall/OSF: 253.5, 261b, /Brossette: 80.2, /Cogis/Lili: 145.2, /Grzimek: 205.5, /Hartl: 68.4, /imagebroker/Anton Luhr: 45.5, /Meul: 42.2, /Meyers: 104.1, /Morell: 119.4, /Naturbild/Schacke: 153.4, /OSF/Bernard: 154.1 li., /Reinhard: 16.2, 119.7, 150.1, /Schwind: 157.4, /Vock: 24 re.u., 146.2 | panthermedia/Holger Seliger: 45.7, /Marcus und Christoph Bosch: 45.8, /Simone Voigt: 45.3, /Susanne Krofta: 42.4 | Petry, P.: 111.7 | Philips Medizin Systeme: 253.6 | Picture press/Raith: 257.6 |

picture-alliance/Arco Images: 98.1 re., /dpa: 88.1,2, 107.5, 122.2, 124.1, 139.2, 141.4, 188.1, 209 li.o., 227.7, 236 re.u., hint. Vors. 2 li.o., /Okapia/Danegger: 213.3, /Okapia/Reinhard: 156.2, /Okapia/Roth: 37.6, /Perrey: 143.1 li.o., /Picture Press: 141.5, 199.4, /Rolf Kosecki: 220.1, /Sueddeutsche Zeitung Photo: 167.5, /ZB: 30.2, 56 o., 166.1-3, 167.4,6, 169.7 | pictureNEWS/Abraham: 70.1 | Pixelio.de: 116.2, 164.2, 165.7, 171.5b, 241.5 | plainpicture/Kuttig: 25 re.mi., /Normal: 248.2 | Project Photos: 22.3, 26.3, 29.8, 96 (Pinguin), 107.2, 112.1 o. + u., 121.5, 134 li., 154.1 re., 162.1, 165.6,7 re., 169.5,6, 172.1, 174.2, 175.5,6 li. + re., 176.2, 182.1, 192.2, 198.3, 208 li.o., 227.8, 241.4,6, 248.1 li., 255.4, 257.5, hint. Vors.1 re.u. | Redeker, T.: 58.2, 258 re.u. | Reinhard Tierfoto, Heiligkreuzsteinach: 9.2, 20.1 re., 25 li., 29.1, 31.5, 37.5, 39.5, 55.4, 119.5, 123.5, 126.1, 132.3, 148.1, 151.3, 156.1,3, 168 re.o. + re.u., 170.3 | Reinold, Ulrike: 30.1, 34.1, 36.1, 228.1 | Schrempp, Breisach-Oberrimsingen: 56 li., 70.3, 86.1 | Schuster, R.: 120.2 | Schütte, N., Berlin: 28.1 | SeaTops/Frei: 62.1 | Seilnacht, Thomas: 22.2 | Silvestris: 37.4 | Simon, S.: 200.1 | Sony Deutschland GmbH: 9.4, 26.5 | Spörhase-Eichmann, U.: 173.7, 202.2 | STOCK4B: 240.1, /Sudek: 174.1 | Strunk, Birgit: 11.3 | Studio-TV-Film: 236 li.mi. | Superbild: 231.4.3, /BSIP: 252.1 li. + 259 re.u., /Phania: 173.4, /Schmidbauer: 106.1 | Theuerkauf, H., Gotha: 67.5, 108.3, 110.4, 111.6, 117.5b,6b, 121.7, 128.3, 129.4, 134 re.u., 135 li.o., 136.2, 152.2, 168 li.u., 208 li.u. | Thomas, H.: 71.4 | Topic Media/Martin Rüger: Titelbild | vario images: 207.6, 211.6 | Weiß, Neckarsteinach: 227.3 | Whiskas: 160.1 (Katze) | Widmann, Peter: 202.1, 243.4 | Wikipedia/Jerzy Opiola: 113.4, /KENPEI: 22.1, /Köhler, Nicole: 159.3, /public domain: 23.4, /Rasbak: 125.5b, /Rocky: 237 li.o., /Rocky CC-2.0-BY: 232.3, /Schmidti: 109.5 | Wildlife: 61.4, 76.1, hint. Vors.2 re.o., /F.Stich: 45.6, /Freund: 69.5, /Harms: 63.3,4, 132.2, /Harvey: 73.6, /HPH: 91.5, /Kottmann: 38.2, /Mallwitz: 108.1 li., /Muller: 89.5, /Usher: 80.1, /Wilmshurst: 124.2 | Zahnklinik Charité: 187.4 | Zapf Creation: 16.1

Biologie verstehen mit Basiskonzepten

In der Biologie gibt es einige grundlegende Vorstellungen, die in vielen verschiedenen Zusammenhängen eine Rolle spielen. Diese Basiskonzepte können dabei helfen, Biologie besser zu verstehen, leichter zu lernen und Zusammenhänge herzustellen.

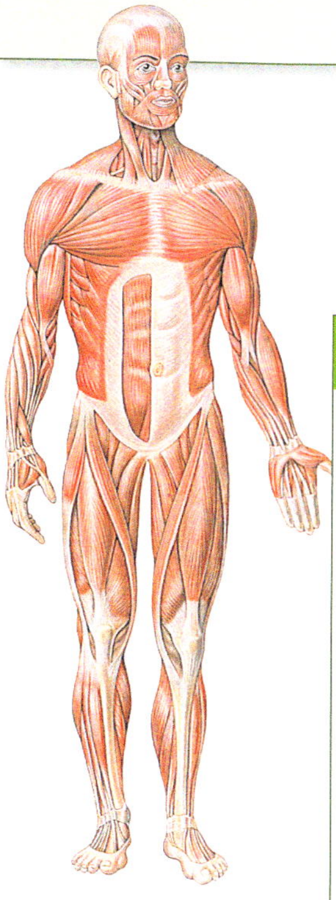

System

Lebendige Systeme bestehen aus unterschiedlichen Elementen, die miteinander in Wechselwirkung stehen. Beispielsweise besteht die Zelle aus verschiedenen Zellbestandteilen. Verschiedene Systeme können zu höheren Systemen zusammengefasst werden. So bilden verschiedene Zellen ein Gewebe und verschiedene Gewebe ein Organ usw.

Systeme sind unterschiedlich komplex. Sie können auf Einflüsse dynamisch reagieren. Das heißt, durch Änderungen im System können die Einflüsse kompensiert und dadurch das System stabil gehalten werden. So kann der Körper Temperaturänderungen durch Regelmechanismen – z. B. durch Schwitzen – ausgleichen oder Sauerstoffmangel im Blut durch die Atmung regulieren.

Wichtig ist immer das Zusammenspiel der einzelnen Elemente eines Systems. Beispielsweise sind bei Bewegungen des menschlichen Körpers Muskeln, Knochen und die Sinnesorgane beteiligt.

→ S. 174, 188, 190, 198